"十二五"国家重点图书

Springer 精选翻译图书

多模交互模式识别与应用

Multimodal Interactive Pattern Recognition and Applications

[西班牙] Alejandro Héctor Toselli

Enrique Vidal 著

Francisco Casacuberta

叶 亮 马 婷 译

哈尔滨工业大学出版社
HARBIN INSTITUTE OF TECHNOLOGY PRESS

内 容 简 介

本书深入浅出地对多模交互模式识别技术进行了介绍,条理清晰,内容全面;对交互式模式识别的体系结构和性能特点进行了详细论述;通过多种应用系统实例对交互式模式识别技术进行了细致的分析,所涉及应用领域包括手写文档/语音转录、机器翻译、文本生成、图像检索等;而且书中的多数实例都在 Internet 上开放,读者可以下载系统原型,亲自动手实验,对交互式模式识别技术的原理和运用有更深入的了解。

本书始终以实例结合原理讲述交互式模式识别中的新算法,不论是作为研究生教学的教科书还是研发的工具书,都有很好的参考价值。

黑版贸审字 08－2016－114 号

Translation from English language edition:
Multimodal Interactive Pattern Recognition and Applications
by Alejandro Héctor Toselli，Enrique Vidal and Francisco Casacuberta
Copyright © 2011 Springer London Ltd.
Springer London is a part of Springer Science＋Business Media
All Rights Reserved

图书在版编目(CIP)数据

多模交互模式识别与应用/叶亮,马婷译. —哈尔滨:哈尔滨
工业大学出版社,2017.6
　ISBN 978－7－5603－6191－8

　Ⅰ.①多… Ⅱ.①叶… ②马… Ⅲ.①模式识别－研究
Ⅳ.①TP391.4

中国版本图书馆 CIP 数据核字(2016)第 220248 号

电子与通信工程
图书工作室

责任编辑	李长波
封面设计	高永利
出版发行	哈尔滨工业大学出版社
社　　址	哈尔滨市南岗区复华四道街 10 号　邮编 150006
传　　真	0451－86414749
网　　址	http://hitpress.hit.edu.cn
印　　刷	哈尔滨市石桥印务有限公司
开　　本	660mm×980mm　1/16　印张 18　字数 325 千字
版　　次	2017 年 6 月第 1 版　2017 年 6 月第 1 次印刷
书　　号	ISBN 978－7－5603－6191－8
定　　价	48.00 元

(如因印装质量问题影响阅读,我社负责调换)

译者序

本书深入浅出地对多模交互模式识别技术进行了介绍，条理清晰，内容全面；对交互式模式识别的体系结构和性能特点进行了详细论述；通过多种应用系统实例对交互式模式识别技术进行了细致的分析，所涉及应用领域包括手写文档/语音转录、机器翻译、文本生成、图像检索等；而且书中的多数实例都在 Internet 上开放，读者可以下载系统原型，亲自动手实验，对交互式模式识别技术的原理和运用有更深入的了解。本书始终以实例结合原理讲述交互式模式识别中的新算法，不论是作为研究生教学的教科书还是研发的工具书，都有很好的参考价值。

本书的翻译由哈尔滨工业大学电子与信息工程学院的叶亮和哈尔滨工业大学（深圳）的马婷完成。本书共分为 12 章，其中第 1、2、5~9 章由叶亮翻译，第 3、4、10~12 章由马婷翻译。叶亮负责全书的统稿、修改与校对工作，并对原书中存在的疏漏进行了修订。本书的出版尤其要感谢李月、石硕、于启月、许震宇、朱师妲、高书莹、王鹏、任浩、任千尧、孙裕人、张佳伟、于婷、李亚添，他们在专业术语翻译、公式符号录入以及校对等方面花费了大量的时间和精力。没有他们的辛勤工作和严谨态度，就不能保证本书在这么短的时间内与广大读者见面。

本书的翻译是在国家自然科学基金（61602127）和教育部留学回国人员科研启动基金支持下完成的，特此感谢；还要感谢哈尔滨工业大学提供的各种设施，保证了本书翻译所需的各种资源。

由于译者水平有限，翻译过程中的疏漏和不当之处还请读者不吝指正，以便我们在下一版中进行改进。

译　者

2016 年 5 月 24 日

序

　　一般来说，模式识别的目的是自动解决复杂的识别问题。然而我们在很多实际应用中发现，全自动的识别系统很难达到所要求的正确识别率，因此经常需要用一些人工后期处理来修正识别系统产生的错误。但是另一方面，这些后期处理过程有时又会成为识别系统的瓶颈，因为它们会引入操作开销。

　　与其他模式识别方面的书籍相比，本书有两个特点。其一，本书使用一种完全不同的方法来修正识别系统产生的错误。该方法将用户和识别系统紧密地结合在一起，用户不仅要参与识别结果的修正，还要参与到识别过程之中。因此，很多错误就可以提前避免，从而节省了修正工作。其二，本书提出了多模人机交互的概念，用来修正和防止识别错误。这种多模交互除了传统的键鼠输入模式之外，还包括手写、语音、手势等输入模式。

　　本书中的素材都是基于成熟的数学理论，其中大部分是基于贝叶斯理论。书中包含很多多模交互模式识别这一新兴领域中的原创成果，并且针对一些具体应用展开了细致讨论。结果表明，相对于机器自动识别—用户后期处理的传统方法，多模交互识别系统具有很大的优势和发展潜力。本书的应用实例包括手写文本识别、语音识别、机器翻译、文本预测、图像检索和解析。

　　总之，本书给出了模式识别领域中一个非常新颖的观点，据我所知，这是第一本以统一、集成的方式介绍多模交互模式识别技术的书籍。这本书可能会成为这个新兴领域中的一个标准参考文献。我特别将这本书推荐给从事模式识别研究的研究生、学术或工程的研究者以及从业人员。

瑞士, 伯恩

Horst Bunke

前　言

　　我们对人机交互的关注始于 TT2 项目（"Trans-Type－2"，2002～2005，$http://www.tt2.atosorigin.es$），该项目由欧盟（European Union，EU）资助，Atos Origin 协调，研究基于统计技术的计算机辅助翻译。

　　若干年前，我们完成了一个欧盟资助的语音机器翻译项目（EuTrans，1996～2000，$http://prhlt.iti.es/w/eutrans$），到 TT2 项目开始时，我们已经积累了几年的机器翻译（machine translation，MT）经验。因此我们很清楚机器翻译技术在实际应用时的关键瓶颈在哪里：当需要纠正翻译结果中的（大量）错误时，很多专业的翻译员宁愿自己从头输入所有的文本，也不愿意利用翻译系统正确翻译的（少量）单词。显然，在对 MT 系统给出的错误百出的翻译结果进行后期编辑时，这些专业人士并不认为是他们在掌控着翻译进程，反而更像是在给一个愚蠢的系统打下手——系统总是给出一些奇怪的翻译结果，而他们只能考虑如何去进行补救（这些年来后期编辑的方式可能得到了改进，但这种翻译过程完全"失控"的感觉仍然存在）。

　　在 TT2 项目研发过程中我们发现，如果能够充分考虑系统开发时所依照的数学公式，那么用户的反馈在计算机辅助技术的开发中可以起到核心作用，而且可以很大程度地提高系统性能。同时我们也注意到，传统的基于识别率的评价体系已不能全面地评价这些辅助技术，还需要有关人机交互工作量的评估指标。总之，计算机辅助技术的发展必须要遵循这样的原则：用户觉得系统的运行在其掌控之下，而不再是被动的修修补补，而且在设计系统时，也要把用户工作量指标作为一个基本出发点。在 TT2 项目中我们还意识到，多模处理实际上在所有的交互系统中都是存在的，并且可以利用多模处理来提升系统的整体性能和可用性。

　　继 TT2 成功之后，我们的研究团队（PRHLT——$http://prhlt.iti.upv.es$）开始研究，如何将这些理念应用到更多需要辅助技术的模式识别领域之中。不久之后我们就又组织了一个庞大的西班牙研究工程,名为"模式识别与计算机视觉中的多模交互"(MIPRCV,$2007\sim2012,http://miprcv.iti.upv.es$)。这项工程的研究团队由来自 10 个科研院所的超过 100 名优秀博士构成,目的是开发交互式应用领域中的计算机辅助核心技术,例如语言和音乐处理、医学图像识别、生物识别和监控、先进驾驶辅助系统、机器人,等等。

本书的大部分内容是 MIPRCV 项目中 PRHLT 研究团队的研究成果,因此我们感谢所有直接或间接为本书贡献理念、探讨及技术合作的 MIPRCV 研究者,同时也感谢将其实现的所有 PRHLT 成员。

本书基于统计决策论的模式识别框架,以统一的形式介绍这些研究成果。首先,本书介绍了多模交互建模与搜索(或推导)的基本概念和通用方法;然后,给出一些基于这些概念和方法的具体应用系统,包括交互式手写文档或语音转录、计算机辅助翻译、交互式文本生成与解析、基于相关性的图像检索;最后,在最后一章给出这些应用系统的原型,其中大部分原型系统已有在线演示版本,并且在 Internet 上开放下载,读者可以亲自动手实验,学习如何在多模交互框架下应用模式识别技术。

本书内容如下:

第 1 章介绍了交互式模式识别的概念,讨论了在模式识别中引入用户交互框架的研究前景。本章基于现有的解决非交互式搜索问题的方法,给出了解决基本交互式搜索问题的通用方法,此外还给出了交互式框架下的现代机器学习方法总览。

第 2 章给出了计算机辅助转录技术(第 3~5 章内容)的通用基础和基本框架。第 3 章和第 5 章讨论了手写文档转录的不同方法,涉及方面包括多模态、用户交互方式和人体工程学、主动学习等。第 4 章则重点关注语音信号的转录,所用方法与第 3 章类似。

第 6 章介绍了交互式机器翻译,给出了一种人机交互框架,可以提高任意两种语言之间的翻译质量。这一章还展示了用户如何通过交互框架利用现有多模接口来提高系统效率。第 7 章和第 8 章分别讲解交互式机器翻译中的多模接口和自适应学习。

第 9~11 章讨论另外三种与前面技术大不相同的交互式模式识别课题:交互式解析、交互式文本生成和交互式图像检索。其中,交互式文本生成的特点是没有输入信号,而交互式解析和交互式图像检索的特点是在分析输入信号时,使用的不是从左到右式协议。

　　最后,第 12 章给出了一些多模交互模式识别具体应用的系统原型演示,就如前面所说的,这些系统都是本书所介绍模式识别方法的应用实例,是真正可以用到实际系统中,实现人机交互的。

西班牙,瓦伦西亚
E. Vidal
A. H. Toselli
F. Casacuberta

术 语 表

缩写	全称	中文名称
3G	Third Generation（mobile networks）	第3代(移动网络)
3—gram		3词文法
AJAX	Asynchronous JavaScript and XML	异步Java脚本与XML
ANOVA	Analysis of Variance	方差分析
API	Application Programming Interface	应用程序接口
ASR	Automatic Speech Recognition	自动语音识别
ATROS	Automatically Trainable Recognizer of Speech	可自动训练的语音识别器
bi—gram		双词文法,或写作2—gram
CAT	Computer Assisted Translation	计算机辅助翻译
CATS	Computer Assisted Transcription of Speech	计算机辅助语音转录
CATTI	Computer Assisted Transcription of Text Images	计算机辅助文本图像转录
CBIR	Content Based Image Retrieval	基于内容的图像检索
CE	Confidence Estimation	置信估计
CER	Classification Error Rate	分类错误率
CKY	Cocke-Kasami-Younger(algorithm)	科克—卡西米—雅戈尔(算法)
CM	Confidence Measure	置信度
CNF	Chomsky Normal Form	乔姆斯基范式

缩写	全称	中文名称
CS	Cristo Salvador(corpus)	克里斯托萨尔瓦多(语料库)
CYK	Cooke-Yamakura-Kasami（algorithm）	库克－镰仓－卡萨米(算法)
DAG	Directed Acyclic Graph	有向无环图
DCT	Discrete Cosine Transform	离散余弦变换
DEC		(一种无约束语音解码方案)
DEC－PREF		(一种前缀约束语音解码方案)
DT	Decision Theory	决策论
ECP	Error Correcting Parsing	纠错解析
EFR	Estimated eFfort Reduction	预计工作减少量
EM	Expectation Maximization	期望最大化
ER	(classification) Error Rate	(分类)错误率
EU	European Union	欧盟
FER	Feedback decoding Error Rate	反馈解码错误率
FKI	Research Group on computer Vision and Artificial Intelligence	计算机视觉与人工智能研究小组
FS	Finite State	有限状态
GARF	Greedy Approximation Relevance Feedback	贪婪近似相关反馈
GARFs	Simplified GARF	贪婪近似相关反馈算法简化版
GIATI	Grammatical Inference Algorithms for Transducer Inference	用于转导推理的语法推理算法
GIDOC	Gimp－based Interactive transcription of old text DOCuments	基于 GIMP 的旧文本文档交互转录
GIMP	GNU Image Manipulation Program	GNU 图像处理程序

缩写	全称	中文名称
GPL	GNU General Public License	GNU 通用公共许可
GSF	Grammar Scale Factor	语法比例因子
HCI	Human-Computer Interaction	人机交互
HMM	Hidden Markov Model	隐马尔可夫模型
HTK	Hidden Markov model ToolKit	隐马尔可夫模型工具包
HTML	HyperText Markup Language	超文本标记语言
HTR	Handwritten Text Recognition	手写文本识别
HTTP	HyperText Transfer Protocol	超文本传输协议
IAM	Institute of Computer Science and Applied Mathematics	计算机科学和应用数学研究所
IAMDB	IAM Handwriting Database (handwritten English text)	IAM 手写数据库（手写英文文本）
IHT	Interactive Handwriting Transcription	交互式手写转录
IMT	Interactive Machine Translation	交互式机器翻译
IMT－PREF		（一种前缀约束语音解码方案）
IP	Interactive Parsing	交互式解析
IPP	Interactive Predictive Processing	交互式预测处理
IPR	Interactive Pattern Recognition	交互式模式识别
IRM	Independent Retrieval Method	独立检索方法
ITG	Interactive Text Generation	交互式文本生成
ITP	Interactive Text Prediction	交互式文本预测
JNI	Java Native Interface	Java 本地接口
KSR	Key Stroke Ratio	击键率
LOB	Lancaster-Oslo/Bergen	兰开斯特－奥斯陆/卑尔根
LSI	Latent Semantic Indexing	隐式语义索引
MERT	Minimum Error Rate Training	最小误差率训练

3

缩写	全称	中文名称
MFCC	Mel Frequency Cepstral Coefficients	梅尔频率倒谱系数
MI	Multimodal Interaction	多模交互
MIPR	Multimodal Interactive Pattern Recognition	多模交互模式识别
MM—CATTI	Multimodal Computer Assisted Transcription of Text Images	多模计算机辅助文本图像转录
MM—IHT	Multimodal Interactive Handwriting Transcription	多模交互手写转录
MM—IMT	Multimodal Interactive Machine Translation	多模交互机器翻译
MM—IP	Multimodal Interactive Parsing	多模交互解析
MM—IST	Multimodal Interactive Speech Transcription	多模交互语音转录
MM—ITG	Multimodal Interactive Text Generation	多模交互文本生成
MT	Machine Translation	机器翻译
n—gram		n 词文法
NLP	Natural Language Processing	自然语言处理
ODEC—M3	Spontaneous Handwritten Paragraphs Corpus	自发手写段语料库
OOV	Out of Vocabulary	超出词汇库
PA	Pointer Action	指针动作
PA—CATTI	Computer Assisted Transcription of Text Images using Pointer Actions	使用指针动作的计算机辅助文本图像转录
PAR	Pointer—Action Rate	指针动作率
PCFG	Probabilistic Context Free—Grammars	概率上下文无关文法

缩写	全称	中文名称
PDA	Personal Digital Assistant	个人数字助理
POI	Probability of Improvement	改进的可能性
POS	Part of Speech	词性
PR	Pattern Recognition	模式识别
PRCFG	Probabilistic Context Free—Grammars	概率上下文无关文法
PWECP	Probabilistic Word Error Correcting Parsing	概率字纠错解析
REA	Recursive Enumeration Algorithm	递归枚举算法
RF	Relevance Feedback	相关反馈
RISE	Relevant Image Search Engine	相关图片搜索引擎
rWER	residual WER	剩余 WER
SER	Sentence Error Rate	语句错误率
SFST	Stochastic Finite—State Transducers	随机有限状态转换器
SLM	Suffix Language Model	后缀语言模型
SMT	Statistical Machine Translation	统计机器翻译
SRI	Stanford Research Institute	斯坦福研究院
SRILM	SRI Language Modeling	SRI 语言模型
SVD	Singular Value Decomposition	奇异值分解
SVM	Support Vector Machine	支持向量机
TCAC	Tree Constituent Action Rate	树成分动作率
TCER	Tree Constituent Error Rate	树成分错误率
TCP	Transfer Control Protocol	传输控制协议
TMX	Translation Memory eXchange	翻译存储交换
TT2	TransType2	"TransType2"工程
UI	User Interface	用户界面
uni—gram		单词文法,或写作 1—gram

缩写	全称	中文名称
WDAG	Weighted Directed Acyclic Graph	加权有向无环图
WER	Word Error Rate	误词率
WG	Word Graph	词图, 或"字图"
WIP	Word Insertion Penalty	单词插入惩罚
WSJ	Wall Street Journal	Wall Street 期刊
WSR	Word Stroke Ratio	单词键入率

目 录

1

第1章　总体框架

最近,模式识别(Pattern Recognition,PR)系统设计的理念正在从全自动型向用户反馈型转变。出现这种转变是因为在一些实际应用中,当全自动型模式识别系统在试图用人工智能代替人脑时,经常会出现意想不到的结果。

本章主要探讨将模式识别与人机交互技术融合后带来的新研究机遇,包括:① 直接利用用户在每个交互环节中的反馈信息来提高模式识别系统的性能;② 通过多模交互技术提高系统的整体性能;③ 通过自适应学习方法,利用反馈数据修正模式识别系统,使其适应用户的具体任务需求。

在过去几十年模式识别技术的飞速发展中,最具影响力的研究热点之一是基于标签训练和测试语料库的评估方法,如今这些方法已得到广泛应用。本章讨论简单实用的用户模型、交互协议和评估准则,这些元素可以使基于标签语料库的评估方法胜任于交互式模式识别场景。

基于现有的非交互式搜索方法,本章还介绍了一些解决交互式搜索问题的常用方法,并总览了可用于交互式框架的现代机器学习方法。

1.1　简　介

经典的模式识别通常致力于"全自动化"。传统模式识别技术的最终目标是:即使对于复杂任务,机器也能完全取代人脑的感知或认知技术。然而,即使只是"辅助"而非"取代"人脑,"全自动化"模式识别也经常会产生一些出乎意料的结果。要知道,没有任何一个模式识别系统是完全无错的,不论全自动方法看上去有多吸引人,模式识别技术最终总会发展成"半自动"系统或是"计算机辅助"系统。

另一方面,在经典模式识别技术中,一个很常见、几乎约定俗成的观点是系统的开发依赖于大量的标签数据。这些数据再被划分为训练集和测试集。这种观点曾被证实是正确的,也依此开发出很多实际系统和设备,然而现在很多实际应用并不满足于传统训练集和测试集的开发模式。

这种应用的一个例子是大量手写文档的转录(详见第3章和第5章)。当然可以要求用户手抄一段足够长的文字作为训练集,然后将文档的剩余部分作为测试集。如果训练集太小，转录系统对测试集中文字的识别率必然会很低，因此用户必须手抄大量的文字以降低系统的误识别率。反之，如果增加训练集中手抄文字的数量，虽然可以使系统在测试集中取得较高的识别率，但这将花费用户大量的精力。由于任务是转录整个文档，而最终结果却是用户的工作量决定系统的性能，在训练集和测试集之间找一个最佳比例的经典观念显然并不是一个好办法。

既然意识到，如果用户的工作不仅是提供训练集，还需要对识别系统进行指导和更正，那么传统的批处理方式就必须转变成一种明确的人机交互式框架。

主流模式识别很少意识到这些问题。起初的问题通常是假设模式识别为全自动化，且人机交互的需求在数学推导中被忽略。由于忽视了用户反馈的基本需求，分类技术和系统通常无法利用交互式框架的优势，而其中最显著的优势是可以利用用户反馈直接提升系统性能。本书后面还将讨论交互式框架会带来更多的研究热点，例如多模处理和自适应学习。

人机交互并不是一个新概念。事实上，历史上有很多工具和机械是为了辅助人们工作而发明的。在过去几十年里，随着计算机的引入，对能够完全代替人工的全自动复合装置的渴望越来越强烈。尽管这是个投机性的目标，人们对交互技术的兴趣仍持续了数十年。1974 年，一个人机交互框架的早期版本出现在 *Computer* 杂志上：

"计算机交互环境是指通过人与机器之间的互动达到某一既定目标。为有效地模拟人脑解决问题时所用的思维方式、直觉、联想力、结合上下文分析的能力，这种环境应满足计算速度、准确性、逻辑／迭代结构上的要求。图形算法、图像处理和模式识别领域是最适合实现人机交互的方法。"

这一构想实际上已经在多个领域有所应用，例如计算机图形学，产生了时下引人瞩目的图像化用户界面和虚拟现实设备等系统。然而，在图像处理、计算机视觉和模式识别领域，人机交互框架的巨大潜力目前只被开发了很小的一部分。

要使模式识别方法能适应动态变化的交互系统，挖掘这些潜力需要一些机遇和挑战。本书探索其中的几种，并展示现有的模式识别技术如何能自然过渡，帮助开发先进的多模交互系统，以实现人机之间的无缝协同。

1.2　经典模式识别范式

设 x 是输入激励、观测量或信号；h 是输出或假设（未经确认的输出结果，或称为系统的"猜测"),是系统通过对 x 的分析计算得到的。设 M 是一个或一组模型,系统从中得到 h。一般而言,M 是经过一个由任务给定的训练序列对 $(x,h)_i$ 的批量训练过程得到的。图 1.1 给出这种系统的结构图。

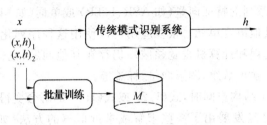

图 1.1 传统模式识别系统结构图

传统模式识别用决策论来使错误假设的代价最小化。在最简单的情况下,用 0/1 代价函数来最小化错误假设的数量。在这种误差最小化准则下,最佳假设是使后验概率 $\Pr(h \mid x)$ 最大的那个。在 M 模型下约为[①]

$$\hat{h} = \arg\max_{h \in H} \Pr(h \mid x) \approx \arg\max_{h \in H} P_M(h \mid x) \tag{1.1}$$

其中 H 是有效假设的集合(可能是无限的)。

用训练数据训练 M 参数时,误差最小化也是引导开发统计学习方法的主要准则。最大似然法是最有效且最常用的方法之一。然而,在很多情况下很难直接估算 $P_M(h \mid x)$,对式(1.1)应用 Bayes 准则获得如下分解:

$$\hat{h} \approx \arg\max_{h \in H} \frac{P(x \mid h) \cdot P(h)}{P(x)} = \arg\max_{h \in H} P(x \mid h) \cdot P(h) \tag{1.2}$$

其中 $P(x)$ 项被舍弃,因为它不依赖于变量 h。

分解后,需要估算两个模型:似然模型 $P(x \mid h)$ 很容易用最大似然法由训练对 $(x,h)_i$ 单独估算出来;先验模型 $P(h)$ 可以用训练对的输出 $(h)_i$ 估算出来。

分类算法是传统模式识别框架的重要组成之一。这里,所有可能假设的集合 H 是一组类别标签或整数的有限集(通常很小),例如,$H = \{1, 2, \cdots, C\}$,其中 C 是类别的数量。在这种情况下,搜索工作的任务是找到式(1.2)或式(1.1)最优化时对应的 C 的概率值。

虽然分类技术已经在很多应用中被使用,随着兴趣的增长,人们希望分类算法的框架不再那么严格,例如当分类结果不再是简单的标签,而是结构化的

---

① 真实概率表示为 $\Pr(\cdot)$,模型概率表示为 $P_M(\cdot)$,在不影响理解时,M 可以根据上下文语境省略掉

信息时,又带来了很多其他实际问题。这类应用的例子包括自动语音识别(Automatic Speech Recognition,ASR)、手写文本识别(Handwritten Text Recognition,HTR)、机器翻译(Machine Translation,MT) 等。在这些应用中,输入 x 是一系列的特征向量(如 ASR、HTR)或单词(如 MT),输出 h 是一系列的单词或其他语言单元。很多应用可以使用这种序列化的输入、输出结构。但在图像处理和计算机视觉领域却仍存在其他问题,它们需要更复杂的结构,例如输入、输出数组,图形向量,标签等。

当 H 是一个结构空间时,式(1.2)或式(1.1)的解会变得非常复杂,幸而在近几十年里已经发展出了一些求解或求近似解的方法,如 Viterbi 搜索、A^*、概率松弛法(Probabilistic Relaxation)、信任扩展法(Belief Propagation)等。此外,用结构化输入 — 输出数据训练也变得更复杂,因为在很多情况下(如 ASR、HTR、MT 等),个体输入元素(ASR 和 HTR 中的向量序列,MT 中的单词)到输出记记(语言单元)的映射通常不是一种明确关系,而是一种隐藏变量或潜变量。为在更复杂的结构中解决时序数据的训练难题,人们开发出诸如后向 — 前向算法(backward — forward)的期望最大化(Expectation — Maximization,EM) 方法和如文献[20,21,26]中介绍的其他(贝叶斯)方法。

为使本章所介绍的概念更清晰,下面将详细论述一个简化的经典模式识别问题:人类染色体组型识别。单条染色体识别是一种经典模式识别案例,而整个染色体组型的识别则涉及结构化输入 / 输出,本章下面将进行详细讨论。

【例 1.1】　人类染色体组型识别。

为方便起见,忽略初始的图像分割任务,并假设一组未分类的标准染色体组型中的所有 46 条染色体都已经被绘制成单独的图像①,那么这个问题变成如下所述:

给定一组 46 幅未分类的带状染色的人类染色体图像,把每幅图像用一组 24 个标签标记,{"1","2",…,"22","X","Y"},这样每个标签刚好被分配给两幅图像,除了"X,Y"标签。对于"X,Y"标签来说只有以下两种组合:("X","X") 和 ("X","Y")。

为便于说明,不考虑实际的全部染色体组型识别问题,而只是一种简化情况。只考虑单一染色体图像,不考虑染色体对,并忽略性别染色体"X"和

---

① 此外,忽略所有近年出现的高级染色体组型分析方法,如基于荧光染料的光谱组型分析。光谱组型分析可以获得彩色染色体图像,并可显著简化人类染色体组型分析的实际问题

"Y"(图 1.2)。

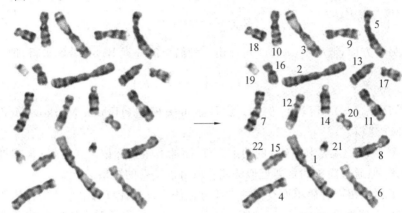

图 1.2　简化的人类染色体组型图例。每条染色体被分配从"1"到"22"的不同标签,所示标记是正确的情况

简化　给定一组 22 幅未分类的人类染色体带状图,每幅图像用一组 22 个标签标记,{"1","2",…,"22"},如此一来每个标签对应一幅图像。

在这个简化问题中,$x = x_1, \cdots, x_{22} \in X$ 是一系列 22 幅未分类的染色体图像,从左到右以某一顺序排列,这个序列记为 x_1^{22}。对应的,$h = h_1^{22} \in H$ 是 22 个标签的序列,$h_i \in$ {"1","2",…,"22"},$1 \leqslant i \leqslant 22$。$H$ 是有限的,但是非常巨大($|H| = 22^{22}$)。图 1.3 是这种标记法的图形表示。在下面内容中,每个个体染色体的图像用从图像中提取出的特征参数来表示,例如,每个 x_i 可以用它的染色体图像在它中轴线上的灰度投影轮廓表示。

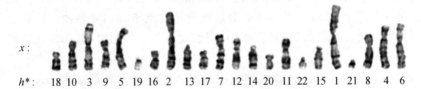

$x:$

$h^*:$　18 10 3 9 5 19 16 2 13 17 7 12 14 20 11 22 15 1 21 8 4 6

图 1.3　简化的人类染色体组型:表示和标记。图示为正确标记 h^*

参照这种标记法,式(1.2)简化染色体组型识别问题的解为

$$\hat{h} \approx \arg \max_{h \in H} P(x \mid h) P(h) \tag{1.3}$$

其中,$P(x \mid h)$ 是给定标签序列 h 后图像序列 x 的概率;$P(h)$ 是标签 h 的先验概率。

这个问题中先验概率 $P(h)$ 是已知的,但并非毫无价值。理想情况下,当 h 包含重复标记时,$P(h)$ 为 0,否则 $P(h)$ 为一常值,即

$$P(h) = \begin{cases} 0 & (\text{当 } \exists\, i \neq j\colon h_i = h_j, 1 \leqslant i, j \leqslant 22) \\[2mm] \dfrac{1}{22!} & (\text{其他}) \end{cases} \tag{1.4}$$

另一方面,概率 $P(x \mid h)$ 可以由一种简单的朴素 Bayes 分解求得,即

$$P(x \mid h) = \prod_{i=1}^{22} P(x_i \mid h_i) \tag{1.5}$$

其中,$P(x_i \mid h_i)$ 可以由(例如)隐马尔可夫模型(Hidden Markov Model,HMM)建模。

鉴于 H 的规模和 $P(h)$ 的约束条件(不能有重复标记),式(1.3)很难得到精确解,但通过简单的贪婪近似法能获取可以接受的结果。

下面介绍一种简单而有效的贪婪近似法。首先计算每幅个体染色体图像 x_j 的最大似然度 $\max_{k \in \{1, \cdots, 22\}} P(x_j \mid k)$,这一步是为了对个体染色体图像分类。根据计算结果对图像排序,并设定此后图像都按照这个顺序处理。然后依照这个最大似然顺序,对每幅染色体图像 x_i 标记 $\hat{h}_i = \arg\max_{k \in K} P(x_i \mid k)$,注意每个标签只能分配一次,即 $K = \{\text{"1"}, \cdots, \text{"22"}\} - \{\hat{h}_1, \cdots, \hat{h}_{i-1}\}$。

显然,对式(1.3)的贪婪解法只能达到局部最优,因为对于完整的标签 $h \neq \hat{h}$,可能存在 $P(x \mid h)P(h) > P(x \mid \hat{h})P(\hat{h})$。

决策论与模式识别

如上所述,决策论(Decision Theory,DT)可用于统计模式识别(Statistical Pattern Recognition)。为获得式(1.1)的最优决策,传统模式识别通常使用 0/1 代价函数(cost function,或称之为 loss function 损失函数),这使得系统致力于最大限度减少提出的错误假设的数量。然而在很多问题和任务里,0/1 代价(损失)并不能充分反映所用性能指标的复杂度。例如在前面所述的 MT、ASR 或 HTR 任务中,当假设是一个序列时,就会出现这种情况。

以前面所述人类染色体组型识别为例,0/1 代价有严重影响。对某一假设 h_1^{22},只记作一次错误,而与多少条染色体被错分无关,例如即使 22 条染色体中只有 2 条被错分。在这个例子中,人们可能更希望使用这样的系统:有较高的错分率,比如 50% 的组型被错分,但每个组型中只有一条染色体被错分;而不要这样的系统:有较低的错分率,例如 5% 的组型被错分,但每组中的所有染色体都被错分了。前者共有 2.28% 的染色体被错分,而后者有 5.00% 的染色体被错分。

这个问题在交互式模式识别(Interactive Pattern Recognition,IPR)中更为重要,因为其性能主要取决于交互工作的效果。用户交互的效果通常可以

根据充分标记的测试语料库来评估,1.4 节将进一步展开讨论。因此决策论使得针对给定任务定义代价函数以优化系统性能成为可能,至少理论上是可行的。

模式识别中有两个本质上相关的决策问题。其一是假设决策,即在一组可能的假设集合中找出最佳假设。例如,决策规则(1.1)是使用 0/1 代价时假设问题的解。其二是模型决策,即找出能够逼近假设决策概率的最佳模型 M。例如,最大似然估计是在 0/1 代价下解决这个问题的方法之一。在决策论框架下,这两个决策问题很接近,这里重点讲述第一个问题。

在形式上,代价函数定义为 $l: X \times H \times H \rightarrow \mathbf{R}$。公式 $l(x, h, h^*)$ 定义了系统承受的"代价",其中 x 是系统的输入,h 是系统给出的假设,h^* 是正确的输出结果。给定一个模式识别决策问题(用 l 表示),其解用决策公式 $\delta: X \rightarrow H$ 表示,对每一个可能的输入 x,给出输出 h。给定 l 和 δ,"整体风险"的期望总损失定义为

$$R_l(\delta) = \int_X \Pr(x) \cdot R_l(\delta(x) \mid x) \mathrm{d}x \qquad (1.6)$$

其中,$R_l(h \mid x)$(其中 $h = \delta(x)$)是"条件风险",或当给定输入 x 时,假设 h 可能承受的期望损失。条件风险定义为

$$R_l(h \mid x) = \sum_{h^* \in H} l(x, h, h^*) \cdot \Pr(h^* \mid x) \qquad (1.7)$$

注意每对决策和损失公式都有其各自的整体风险。

模式识别问题实际上就是找到能使整体风险最小化的决策公式。众所周知,要最小化整体风险,就要最小化每个输入的条件风险,这通常被称为最优 Bayes 决策规则,或简称 Bayes 决策规则[①]:

$$\hat{h} = \hat{\delta_l}(x) = \arg \min_{h \in H} R_l(h \mid x) \qquad (1.8)$$

如果用来计算式(1.8)中 $R_l(h \mid x)$ 的实际概率已知,那么 $R_l(\hat{\delta_l}(x) \mid x)$ 就是能达到的最小风险,对应的整体风险(1.6)称为 Bayes 风险。

经典模式识别最小误差准则对应一个 0/1 代价函数 $l(x, h, h^*)$,当 $h = h^*$ 时,$l = 0$,否则 $l = 1$。这样,条件风险(1.7)和对应的 Bayes 决策规则(1.8)可以简化为

$$R_{l_{0/1}}(h \mid x) = 1 - \Pr(h \mid x) \qquad (1.9)$$

---

① 注意每个代价函数都有其各自的最优 Bayes 决策规则,尽管使用最广泛的符号 $\hat{h}$ 并没有显式地表现出来

$$\hat{\delta}_{l_{0/1}}(x) = \arg\max_{h \in H} \Pr(h \mid x) \tag{1.10}$$

注意式(1.10)是式(1.1)使用的规则。

前面的论述仍然适用于结构化假设空间,特别是当假设是序列时。然而很常见的是,尽管决策是对整体假设来做的,损失却是在序列的元素级评估的。比如在染色体组型这个例子中,评估系统的性能并不是看有多少组型被错分,而是有多少染色体被错分。在这种情况下,损失为

$$l(x, h, h^*) = \sum_{k=1}^{22} l(x, h_k, h_k^*) \tag{1.11}$$

其中,$l(x, h_k, h_k^*)$是一个单标签0/1代价函数。这个代价函数与以往的不同之处在于易错系统中的假设优选类型。后者的 Bayes 决策规则致力于最小化错分的组型数量,而前者致力于最小化错分的染色体数量,即使这会使很多组型被错分。

1.3　交互式模式识别与多模交互

要将模式识别置于人机交互框架内,需要改变看待问题的角度。首先要对人机交互过程中用户的工作量做一个直接评估,然后用以辅助经典的模式识别最小误差性能准则。但要评估这些工作,应该坚持使用传统的基于测试语料库的方法,这种方法在模式识别中已被证实是很成功的。此外,由于所有现有的模式识别技术本质上都是基于误差最小化算法的,因此需要将它们进行修改,以适应新的用户工作量最小化的性能准则。有趣的是,这样一种转变带来了重要的研究机遇,使得新一代真正用户友好的模式识别设备成为可能。其中三种主要的机遇类型为反馈、多模态和(自)适应性。

反馈:直接利用每个交互环节中用户的反馈信息来提高系统性能。

多模态:这是交互式本身的自然产物,意识到这一点,就可以提高系统的整体性能及其可用性。

(自)适应性:利用反馈衍生数据来自适应地(重新)训练系统,使其适应用户行为,从而完成一些特殊任务。

下面将把这些理念的开发框架称为"交互式模式识别"。图1.4给出了这些理念的示意图。与经典模式识别系统一样,x是输入激励、观测量或信号,h是假设或输出,由系统根据x得出。通过观察x和h,操作员或用户可以提供一些(也可能没有)反馈信号f来帮助系统反复修正或改进输出假设,直到其最终被用户接受。M是系统用来得到输出假设的一个或一组模型。最初M

是在"批处理模式"中生成的,与传统模式识别系统一样,由训练对$(x,h)_i$获得(图中灰色部分)。而在现在的交互过程中,用户在每个交互环节反馈的信号都被用于自适应训练过程,从而逐渐调整M,使其适应具体的任务或适应用户使用此系统的习惯。

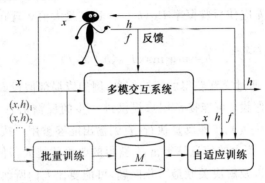

图 1.4 一种交互式模式识别系统示意图

需要注意的是,多模交互可能涉及两种类型的"多模"。一种是输入信号的"多模",它可能是一个由不同类型数据组成的复杂的混合体,从传统的键盘数据到复杂的图像,音频、视频流。另一种"多模"更微妙,但同样重要,是由于输入信号和反馈信号的性质不同而产生的。正是这第二种类型使"多模"成为人机交互的固有特性。

以老年人远程看护应用背景下的交互式模式识别为例,设x是一个来自人体监测传感器(如麦克风、摄像头或其他非侵入性医学传感器)的多模信号,令x通过一个交互式模式识别系统,该系统用来追踪用户的动作,以检测可能存在的异常或危险情况。显然,这种模式识别系统永远也不可能实现完全的自动化,而是为另一个人设置足够多的警报(h)供其参考并采取相应行动,这个人或操作员就是在图1.4中描绘的那个人。对于一个具体的系统输出假设h,操作员在检查输入信号x后可能会怀疑它的正确性,并尝试给系统提供一些反馈信息f以改进h。反馈复杂性的范围可能从简单的改进系统感知参数,如摄像头对焦、麦克风增益,到更加微妙的提高系统认知或决策性能的信息(见1.3.1节)。在任何情况下,操作员的反馈信号都很少会和x的性质一致。通常情况下,他们可能会涉及键盘 — 指针信号和 / 或手势或语音指令,因此说"多模"是"交互"的固有特性。

下面的小节将讨论一些应对交互式模式识别框架带来的机遇和挑战的通用方法。这里需要重点指出,只有当假设空间H是"结构化空间"的时候(例如集合空间、序列空间、数组空间等),下面讨论的多数问题才有意义。

1.3.1　直接利用用户反馈

不需要改变模型 M,用户交互就可以通过交互环节中的反馈信息,提供一种特有的方式以改进系统输出假设 h 的质量。1.2 节中讨论过,给定 M 和 x,最优输出假设 $\hat{h}$ 应使后验概率 $P_M(h \mid x)$ 达到最大值。现在"交互"使其加入了更多条件:

$$\hat{h} = \arg \max_{h \in H} P_M(h \mid x, f) \tag{1.12}$$

其中,$f \in F$ 表示通过交互获得的反馈信息,例如以局部假设或 H 约束条件的形式。新的系统假设 $\hat{h}$ 可能提示用户提供进一步的反馈信息,以开始新一轮的交互步骤。系统按此步骤反复执行,直到输出能够被用户接受。

显然,反馈 f 蕴含的信息越丰富,$\hat{h}$ 获得的改善就越大。但是对式(1.12)概率分布的建模以及解决关联最大化问题,可能要比人们所熟知的 $P_M(h \mid x)$ 相关问题更加困难。

式(1.12)相当于一个零阶方法,其中 $\hat{h}$ 是仅使用上一轮迭代步骤中的反馈信息获得的。然而,正如下面所讨论的,可以综合考虑或"合并"反馈和预测历史,并取代式(1.12)中的 f。

1.3.2　显式结合交互历史

一般情况下,交互过程会在之前的交互步骤中留下一些可利用的历史记录,而且在多数情况下,显式地利用这些历史记录可能会显著提高预测精度。此外,正如之后将看到的,这并不一定会增加预测问题的复杂度。

令 h' 为历史记录,它可以通过最优假设 $\hat{h}$ 来表示,而 $\hat{h}$ 则是给定 x 后由系统在之前的交互步骤[①]中得到的。既然之前的假设是由用户监督并更正的,那么 h' 的一部分对于给定的 x 来说应该是正确的。在当前交互步骤中,反馈 f 的目的在于进一步更正 h' 中的元素。下面的 IPR－History 算法展示了这个交互过程。加进历史记录后,式(1.12)变为

$$\hat{h} = \arg \max_{h \in H} P_M(h \mid x, h', f) \tag{1.13}$$

值得注意的是,将 (h', f) 对共同作为一种"综合历史记录",则这个公式在形式上和式(1.12)一致。

---

① 这本来应该是一个一阶方法,但更多情况下,h' 可以代表对于给定的 x,在先前所有交互步骤中得到的最优假设的适当组合

$$\text{Algorithm IPR} - \text{History} \qquad \text{// 令 } x \text{ 为输入}, \hat{h} \text{ 为输出假设}$$

$$\hat{h} = \arg\max_{h \in H} P_M(h \mid x) \qquad \text{// 初始化}$$

$$\text{do forever} \{ \qquad\qquad\qquad \text{// 交互循环}$$

$$f = user\_feedback(\hat{h}) \,; \text{if } (f = "\text{OK}") \text{ return } \hat{h}$$

$$h' = \hat{h} \,; \hat{h} = \arg\max_{h \in H} P_M(h \mid x, h', f)$$

$$\}$$

1.3.3 确定型反馈交互

仅使用传统的键盘、鼠标和/或其他确定型反馈形式可以很大程度上简化问题。令 D 为解码后的反馈信号空间,那么确定型反馈解码可以被表示为一个函数 $d: F \rightarrow D$,每个原始反馈信号 f 被映射到与之对应的唯一解码 $d = d(f)$。例如,如果 f 是敲击键盘上的"A"键时所得到的信号,那么 $d(f)$ 就是符号"A"本身(假设键盘不会输出错误的符号)。这种决策方法意味着反馈信号并不需要真的去"解码",可以交替使用反馈信号 f 及其简单但唯一的解码 $d = d(f)$。

用 d 代替式(1.13)中的 f,再应用贝叶斯准则,然后将 M 简化为符号,就可以得到 $\hat{h}$ 预测的更多细节:

$$\hat{h} = \arg\max_{h \in H} P(h \mid x, h', d) = \arg\max_{h \in H} P(x \mid h', d, h) P(h \mid h', d)$$

$$(1.14)$$

注意 H 和 D 是典型的紧相关域,因为 d 往往体现意在修正 h' 中部分元素的信息。因此,似然模型 $P(x \mid h', d, h)$ 可能会经常与无交互时的模型 $P(x \mid h)$ 相似或一致。另一方面,先前的假设现在将变成历史记录,反馈也被重新调整。(h', d) 对通常可以看作是 h' 的部分修正版,即上一步中的部分错误已经被修正。因此经过调整的 $P(h \mid h', d)$ 通常会变成(或正比于)经典的 $P(h)$,除了那些与 (h', d) 不兼容的 h(通常为空值或很小)。

在很多情况下,通过用一个更小的空间 $H' \subset H$ 代替 H(反馈衍生的约束适用于此空间),这些模型的变化可以被理解为搜索问题的一部分。这样,交互式模式识别问题通常可以被视为与之相应的非交互式模式识别问题的变种,它们的模型是一致的,但搜索策略需要做出更改。

在任何情况下都应该注意,相对于解经典的式(1.2),历史记录和反馈衍生的约束可能会大大增加解式(1.14)的难度。然而,正如将在本书中看到的,经典解法通常可以很容易被扩展来提供式(1.14)的(至少是)近似解。

【例 1.2】 交互式人类染色体组型分析。

在 1.2 节介绍的非交互式人类染色体组型识别问题中,识别系统所产生的所有个体染色体错误标记都必须由操作人员逐一地来更正(在操作员把染色体组型分析结果签署并交给提出组型分析需求的医生之前,必须确保分析结果是完全正确的)。

显然,这种"后期处理"过程无法使操作员在更正过程中充分利用系统的预测能力。相反,在交互式框架下,系统可以利用操作员的每一次修正来改进它对后续染色体图片的输出假设。这必然会大大减少操作员在组型分析修正过程中的工作量。

作为式(1.14)的实例,交互式人类染色体组型分析步骤如下。首先,系统利用式(1.3)～(1.5)以及 1.2 节提到的贪婪搜索方法给出初始的染色体组型 $\hat{h}$。在接下来的交互步骤中,$\hat{h}$ 成为历史记录 h',而新的 $\hat{h}$ 由式(1.14)生成。这一过程会在后续的所有交互环节中重复。

在交互过程中每个步骤产生的用户反馈 $f \in F$,包含在 h' 中指出上一个正确标签位置 c 的击键,和用来修正第一个错误标记的标签 $l \in \{$"1","2",$\cdots$,"22"$\}$。因为 f 是确定型的,它可以被简单地解码为 $d = d(f) \equiv (c,l) \in D$。$h'$ 中的第一个错误标签是 h'_{c+1},它的正确值应该是 l。这种通过交互获取的信息决定了 h 的可能取值如下:

$$
\begin{cases}
h_1^c = h_1^{'c} \\
h_{c+1} = l \\
h_i \notin \{h'_1, \cdots, h'_c, l\} & (c+2 \leqslant i \leqslant 22)
\end{cases}
\tag{1.15}
$$

即,h 中的前 c 个元素必须和 h' 中的前 c 个元素相同,第 $c+1$ 个元素必须是由反馈给定的标签,且其余的元素应该和已经验证的前 $c+1$ 个元素不同。

如果 $H'(h',c,l)$ 是符合式(1.15)的假设 h 的子集,那么条件先验概率模型可以写作

$$
P(h \mid h',d) = P(h \mid h',c,l) =
\begin{cases}
\alpha P(h) & (h \in H'(h',c,l)) \\
0 & (其他)
\end{cases}
\tag{1.16}
$$

其中 α 是一个适当的归一化因子。

另一方面对于似然模型,式(1.4)中采用的式(1.5)简单朴素贝叶斯分解给定时,交互的依赖关系不起作用。因此,这里使用与非交互情况下相同的模型,即 $P(x \mid h',c,l,h) = P(x \mid h)$。

历史和反馈的约束也可以理解为一种搜索形式：限定式 (1.14) 最优化时，对假设 $h \in H'(h', c, l) \subset H$ 的搜索。此外，实际上并不需要搜索完整的标签 h，而只需搜索 h 中在已经确定的子序列 h_1^{c+1} 后面的 $22 - c - 1$ 个标签。在任何情况下，精确的最优化与非交互情况相比至少是一样困难的，尽管可以很容易地修改次优的非交互式贪婪逼近来额外产生用 H' 表示的前缀约束。

图 1.5 显示了上述讨论内容。被系统错误预测的染色体标签被加粗并加下划线。第一个错误对应序列中的第 5 个图像（假设该序列已经在第一个非交互步骤中由贪婪搜索算法排序）。操作员为修正这个错误给出的反馈是 $(c, l) = (4, \text{``5''})$，因此所有 $h$ 的条件先验概率应为 0，这样 $h_{15} \neq$ "18" "10" "3" "9" "5" 或 $\{h_6, \cdots, h_{22}\} \bigcap \{\text{``18''}, \text{``10''}, \text{``3''}, \text{``9''}, \text{``5''}\} \neq \varnothing$。

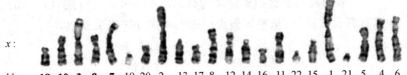

图 1.5　简化人类染色体组型中键盘指针交互实例。错误标签加下划线。用户反馈包括将光标定位在上一个正确标签（$c = 4$）和在其下一位置键入更正（$l = \text{``5''}$）

显然，通过修正这个错误，系统所获取的信息可能会自动帮助修正剩余的错误。例如，既然现在第 20 个染色体标签不能再是 "5" 了，那么很有可能第 20 幅图像的下一个最佳假设就是正确标签 "8"（参见图 1.3）。同样地，第 11 个错误标签（"8"）将被改变，而且很有可能被改为正确的 "7"。通过实际求解式 (1.14)，很多剩余的错误可能被自动修正，而不需要额外的人工干预。

1.3.4　交互式模式识别与决策论

再次回顾交互式模式识别的框架，系统的性能主要用用户交互工作量来衡量，某些情况下，可以用交互动作的次数来粗略估算（参见 1.4 节）。显然，这种测量方法从最小化错误假设数量的角度来说不一定是最优的（即 0/1 损失）。

从决策论的观点来看，经过 I 步交互后，系统收到 $F = f^{(1)}, \cdots, f^{(I)}$ 个用户反馈,产生 $H=h^{(1)},\cdots,h^{(I)}$ 个假设①。对于 1.2 节定义的损失,现在系统经时间跨度 I 后产生的损失应该考虑到新信息源,重新定义为 $l(x,h,h^*,H,F)$。通常希望损失正比于交互次数 I。

如 1.2 节讨论,对于这个损失函数 l,最佳假设为

$$\hat{h}=\arg\max_{h\in H}R_l(h\mid x,H,F) \tag{1.17}$$

其中 $R_l(h\mid x,H,F)$ 现在是交互条件风险,定义为

$$R_l(h\mid x,H,F)=\sum_{h^*\in H}l(x,h,h^*,H,F)\cdot\Pr(h^*\mid x,H,F) \tag{1.18}$$

式(1.17)和式(1.18)的简化方法主要取决于使用的交互协议(见 1.4 节)。一种基本的简化方法是忽略除最后一次交互和 / 或假设外的用户反馈,即根据 1.3.2 节的表示法将损失定义为 $l(x,h,h^*,h^{(I)},f^{(I)})$ 或 $l(x,h,h^*,h',f)$。在这种假设前提下,从整体假设层面上考虑 0/1 损失函数,

$$l(x,h,h^*,h',f)=\begin{cases}0 & (h=h^*)\\1 & (其他)\end{cases} \tag{1.19}$$

那么交互条件风险可简化为

$$R_l(h\mid x,h',f)=1-\Pr(h\mid x,h',f) \tag{1.20}$$

将这种简化方法用于式(1.17),可以得到与式(1.13)相同的贝叶斯交互决策规则:

$$\hat{h}=\arg\max_{h\in H}\Pr(h\mid x,h',f) \tag{1.21}$$

本节的所有讨论均在这些简化假设前提下展开。

1.3.5 多模交互

如前面所述,一般来说,反馈信息 $f\in F$ 不属于主数据 x 所在的原始数据域,也就是说 $F\neq X$。例如,在汽车牌照识别系统中,用户反馈显然不能和摄像头拍车牌一样用图像的形式,而是以键盘、鼠标动作或语音的形式给出。

这个现象在非确定型反馈的情况下有特别意义。在这种情况下,用户交互自然会导致某种类型的多模态,这可能增加输入信号本身就可能存在的多模性。多模性在计算机科学工程的很多领域都有体现。这里的挑战是取得充分的模态协同作用,以最终最大限度地利用所有相关模态的优势。

---

① 尽管看上去好像在这种方法下,用户被迫对交互式模式识别系统的每一个假设都做出互动,但实际情况不是这样,因为反馈集合 F 可以用空反馈 $\varnothing$ 填充

1. 基本多模融合

设 u 和 v 是某多模数据的两个信号。在非交互式框架下,所产生的模式融合问题在于找到一个使后验概率 $P_M(h \mid u, v)$ 最大的 $\hat{h}$。可以直接重写为

$$\hat{h} = \arg \max_{h \in H} P_M(u, v \mid h) \cdot P_M(h) \tag{1.22}$$

在很多应用中,给定 h 后,为方便起见可以假定 u 和 v 是独立的。以一个图像描述或标记问题为例,其中 u 是一幅图像,而 v 是描述这幅图像的语音信号。在这种情况下,一个朴素贝叶斯分解引出

$$\hat{h} = \arg \max_{h \in H} P_{M_U}(u \mid h) \cdot P_{M_V}(u \mid h) \cdot P_{M_H}(h) \tag{1.23}$$

从而使独立模型 M_U、M_V 和 M_H 对图像、语音分量和标记语言可以分别单独评估。这里唯一的"联合"问题是式(1.23)的联合优化。在多模处理相关文献中,这种近似通常被称为"后期融合"。

在交互式模式识别框架中,u 对应输入信号 x,v 对应反馈信号 f。但需要注意,这个简化的公式并不关心非确定型反馈信息可能的明确解码,在大多数情况下,这是交互式模式识别多模处理中最重要也是最有趣的问题之一。

2. 用交互信息帮助解码非确定型反馈信号

在前面的公式中,f 的解码 d 是个隐藏变量,可以通过下式对它进行求解:

$$\hat{h} = \arg \max_h \Pr(h \mid x, h', f) = \arg \max_h \sum_d \Pr(h, d \mid x, h', f) \tag{1.24}$$

用模式值逼近总和,应用基本概率规则,忽略不依赖于优化变量的项(h 和 d):

$$\hat{h} \approx \arg \max_h \max_d \Pr(h \mid h', d, x, f) \cdot \Pr(d \mid h', x) \cdot \Pr(f \mid d, h', x) \tag{1.25}$$

然后应用贝叶斯准则,假设给定 h'、d、x 后,$\Pr(h \mid h', d, x, f)$ 与 f 无关,给定 d 后,$\Pr(f \mid d, h', x)$ 与 h'、x 无关:

$$\hat{h} \approx \arg \max_h \max_d \Pr(f \mid d) \cdot \Pr(d \mid h', x) \cdot \Pr(h \mid h', d, x) \tag{1.26}$$

最后假设给定 h' 后,$\Pr(d \mid h', x)$ 与 x 无关[①]。然后用贝叶斯准则分解最后一项,并假设概率由充足的模型建模:

$$\hat{h} \approx \arg \max_h \max_d P(f \mid d) \cdot P(d \mid h') \cdot P(x \mid h', d, h) \cdot P(h \mid h', d) \tag{1.27}$$

---

① 一个略宽松的假设条件可以保持 f 和 x 之间的相互依赖性,并引出更有意义的折中融合方案

式(1.27) 的最后两项与用于确定型反馈的基本交互式模式识别方法的式(1.14) 相同。然后用另外两项处理非确定型反馈：

① $P(f \mid d)$ 是反馈似然模型，正如在传统模式识别中对 f 的识别。

② $P(d \mid h')$ 是历史条件反馈解码先验概率。

也就是说，除了先验概率的历史条件，这两项与用于传统模式识别中反馈信号识别的公式(1.1) 相同。不过现在可以用交互历史来调整先验概率，此外，式(1.27) 带来了主数据 x 与反馈数据 f 同步识别的联合优化。显然，比起仅用传统的模式识别系统做反馈信号识别，这种方法能提供更为精确的反馈解码。

但联合优化式(1.27) 通常涉及更多难题，很少能给出明确有效的搜索解决方案。不过，在多数情况下，简单的近似解就足够了。或许最简单的次优解是把式(1.27) 降解为一个两步计算：

首先忽略与主数据 x 直接相关的信息，通过可用历史信息获得一个"最优"反馈解码

$$\hat{d} = \arg \max_{d} P(f \mid d) \cdot P(d \mid h') \tag{1.28}$$

然后使用修正的 $\hat{d}$，优化式(1.27) 的前两项即独立于 d 和 h，从而引出与式(1.14) 相同的下式：

$$\hat{h} \approx \arg \max_{h} P(x \mid h', \hat{d}, h) \cdot P(h \mid h', \hat{d}) \tag{1.29}$$

这个简单的想法很容易改进，使其在一定程度上真正地将主数据信息考虑进来。为此，在第一阶段中，并不只是计算一个最优的 $\hat{d}$，而是获取一个包含 n 个最可能的解码的列表：

$$\begin{cases} \{\hat{d}_1, \cdots, \hat{d}_n\} = n\text{-}\mathop{\mathrm{best}}_{d} P(f \mid d) \cdot P(d \mid h') \\ \hat{h} \approx \arg \max_{h} \max_{1 \leqslant i \leqslant n} P(f \mid \hat{d}_i) \cdot P(\hat{d}_i \mid h') \cdot P(x \mid h', \hat{d}_i, h) \cdot P(h \mid h', \hat{d}_i) \end{cases}$$

$$\tag{1.30}$$

通过使用 n 次与式(1.29) 或式(1.14) 相同的方法就可以很容易地解出式(1.30)，同时，这样做的另一个好处是可能得到一个比式(1.28) 更好的 $\hat{d}$。

需要强调的是，非确定型反馈永远不会是无差错的。因此，相对于使用确定型反馈，在完成给定任务时，非确定型多模接口总需要增加交互的步骤。换句话说，为了可能的人机控制改善和 / 或用户友好性，必须牺牲一定的性能。因此，设计一个好的非确定型多模反馈接口最终等同于以最大限度利用交互框架的上下文信息来达到最高反馈解码精度。本节所介绍的概念和公式可能会对此类反馈接口的开发有一定帮助。

【例 1.3】 人类染色体组型分析中的非确定型反馈。

为便于说明，假设反馈由电子笔接口提供，故而 f 是笔尖的点或轨迹的序列，这个序列将由在线手写文本识别（Handwritten Text Recognition，HTR）技术解码。

这个由点构成的序列包含两个部分。第一部分用 τ 表示，基本上是确定的：它是 f 中的第一个点，假定其明确指出 h' 中第一个错误标签的位置 $c+1$。第二部分用 t 表示，是非确定的，对应 f 中的剩余点，确定修订笔画的实际轨迹。而这个轨迹必须解码成最佳标签 $\hat{l}$，也就是说，对于反馈信号 $f \equiv (\tau, t)$，它的解码应是 $d \equiv (c, \hat{l})$。

如图 1.6 所示，第一个错误（第 5 个标签"7"）用电子笔直接在原位置上手写覆盖修正。所得到轨迹的第一个点的横坐标可明确指出第一个错误标签的发生位置（在本例中第一个出错的是第 5 个标签），由此可确定上一个正确标签 $c=4$。现在将整个轨迹提交给 HTR 子系统，该系统可能会给出若干个标签解码假设，例如"3""5""6"等，希望包含正确的解码"5"。

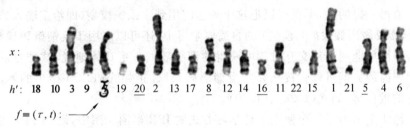

图 1.6　简化人类染色体组型分析问题中的电子笔多模交互。错误标签用下划线标出。电子笔的更正用手写体数字"5"覆盖第一个错误（印刷体）标签"7"。这个反馈 f 的可能解码将以 (c, l) 对的形式出现，比如 $(4,"3"), (4,"5"), (4,"6"), \cdots$，希望包含正确的解码"5"

为能在此处应用式（1.27），有以下几种建模方法可选：

① 反馈解码似然模型：$P(f \mid d) \equiv P(\tau, t \mid c, l) = P(t \mid l)$，因为 τ 是确定的，并且可以假设 $P(t \mid l, \tau, c)$ 与更正的写入位置（τ 或 c）无关。$P(t \mid l)$ 可以用与传统在线 HTR 同样的方法建模，比如用隐马尔可夫模型（Hidden Markov Models，HMM）。

② 历史条件约束的染色体标记先验概率：$P(d \mid h') \equiv P(c, l \mid h') = P(l \mid h', c)$，因为 c 是确定的。对于 h'_1^c 中已经验证的标签和错误标签 h'_{c+1}，这个有约束条件的先验概率为 0；对于其他标签，其为一恒定值。可以看到这样一个有趣的现象，如果不考虑交互所得信息，那么最好的先验概率恰好是 {"1"，"2"，$\cdots$，"22"} 上的一个均匀分布。

③另外两个模型与确定型反馈一样。特别的是，当 h 包含重复符号，或对于满足 $h_1^{c+1} \neq h'_1, \cdots, h'_c, l$ 或 $h_i \in \{h_1, \cdots, h_c, l\}, c + 2 \leqslant i \leqslant 22$ 的所有 h，$P(h \mid h', c, l)$ 为 0；否则为一常值。

另一方面，为求解式(1.27)，式(1.28) ~ (1.29)和式(1.30)两种搜索方案都可以使用，同时运用传统非交互式情形中的贪婪搜索算法。

当然，尽管使用了所有能从交互过程中得到的可用信息来提高反馈解码的准确率，但解码错误仍然在所难免。在这些情况下，操作员可能只是想再次尝试失败的更正，或者也许简单地使用诸如键盘之类的确定型设备给出一个失败确认信号。

1.3.6　反馈解码与自适应学习

正如 1.3 节开头所介绍的，IPR 框架带来的一个主要机遇就是，它能够让人们很自然地使用从反馈中获得的数据来调整系统，使其适应用户的行为习惯和具体的任务要求。

值得一提的是，不仅可以把这个理念应用到主系统模型（即给定输入数据 x 后，需要做出假设 $\hat{h}$ 的模型）的自适应学习中，还可以应用于反馈解码模型，只需要简单地利用从交互过程中获得的训练数据。更具体地说，这种自适应模型所需的数据可以直接从显式反馈解码获取，正如式(1.27)给出的解，或是它的近似解，如式(1.28)、(1.30)。

图 1.7 给出了一个使用这种学习方式的 IPR 框图。图中，设 M 包含主数据和反馈数据两种模型。这两种模型都可以先以批处理模式进行训练，然后再用从用户反馈信息中获取的训练对进行调整，使其适应具体的任务或用户需求。

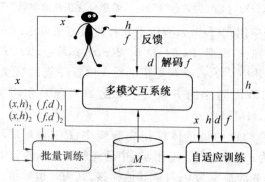

图 1.7　反馈解码有益于自适应学习

【例 1.4】　在人类染色体组型分析中应用 HTR 反馈模型。

在使用电子笔反馈的交互式染色体组型分析问题中，反馈解码所需的HTR 似然（HMM）模型 $P(t \mid l)$ 可以很容易地进行调整，以适应使用该系统的具体用户的书写风格。在这种情况下，所需要的训练数据以 (t, l) 对的形式给出，其中 t 是电子笔的轨迹，l 是与 t 关联的正确文本（从"1"到"22"的 1 位或 2 位数字标签）。显然，在每一个成功的修正性交互步骤之后，这些 (t, l) 对就都变成现成的了。

类似地，与 1.3.5 节所介绍的平坦反馈解码先验概率模型相比，$P(l)$ 能够调整适应一些染色体识别者常犯的典型错误，这些错误通常是在提高交互式修正过程中频繁出现的手写标签的后验概率时造成的。调整过程所需的数据只是不同标签用于修正的次数，而这些信息在每一个成功的交互步骤之后已经是现成的。

1.4 交互协议与评估

在多模交互系统中，人类操作员可以与系统进行交互的方式多到难以置信。这不仅是因为反馈（或反馈组合）的模式种类繁多，操作员可以选择的交互反馈方式也不可胜数。显然，若想实现 IPR 系统，必须对人类的行为加以制约或以某种方式进行预测，系统才能最大限度地呈现预期性能。

在 HCI 相关文献中，这种对操作员行为的制约或预测通常被称作"用户模型"。只考虑简单的、可用数学形式表示的用户模型，并将所有的交互行为以及用户使用这些交互行为的方式的集合统称为"交互协议"。根据应用的不同以及各模式选用反馈的不同，可以设计出很多种不同的协议。但由于交互处理过程要求响应时间很短，所选协议必须保证操作的高效性。设计一个优秀的、友好的、实用的、高效的交互协议也许是 IPR 系统设计中最重要的工作。然而，目前还没有完善的数学工具能支持这样的设计，设计人员更多的是凭直觉和反复试验。

交互协议规程制定好之后，可以用决策论中的损耗函数对协议中的预期交互行为进行建模，并通过研究相应的决策函数来使损耗最小化。这当然是一个很好的研究方向，但暂且只考虑如式（1.12）的基本 IPR 模型。

交互协议的定义也将影响系统测试的性能，在后续章节中将讨论这个问题。

1.4.1 交互协议的基本类型

交互协议最基本的分类取决于用户参与交互的方式。目前所讨论的例子都假定操作员全面地监督系统输出，并可以找到下一个标签错误的位置。从系统的角度来说，这种协议就是"被动的"。在被动型协议中，系统只是等待操作员的反馈信息，不关心操作员如何做决策。相反，主动型协议由系统（而非操作员）来决定操作员需要参与哪些操作。通常，系统根据其预测信息进行一定的计算来预估哪些假设元素是需要操作员监督的，以优化整个人机交互系统的性能。

显然，在被动型协议中，由于操作员可以完全控制结果的准确性，从用户的角度讲，可以保证结果的"完美性"。主动型协议则与之相反，结果的性能取决于系统选取用于操作员监督的合适的假设元素的能力。但是主动型交互却可以在用户干预程度及最终的结果准确性之间获得更好的折中。

在被动型协议中，假设元素被呈现给用户的顺序可能是相关的，无论是从效率还是可用性方面。例如，在一个手写文本转录任务中（详见第 3 章），假设元素是自然语言，那么给出这些元素的最佳顺序就是自然的语法顺序。但是在交互式染色体组型分析例子中，输入的图像没有固定的顺序，那么原则上说假设元素就可以以任意顺序给出。

为了规范交互协议，系统输出的假设可以表示为假设元素序列。即使这些元素为更复杂的结构，如集合、数组、树等（见第 9 章给出的例子），仍可以序列的形式表示。这样，可以建立被动型协议的二级二分法。

这些协议中最简单的类型是"从左到右"型。该类型中，假设元素以预先规定的顺序或与数据输入先后一致的顺序进行排列，操作员按照从左到右（或从右到左）的顺序监督序列。另一种类型的协议假定输出元素是无序的，在每个交互步骤中，操作员会选出更易于监督的假设元素，不需遵从事先规定好的顺序。

显然，与简单的被动型从左到右交互方式相比，其他类型的交互方式灵活性更大，所需的交互步骤可能更少，操作员的工作量会被减少。实际上，简单的从左到右的搜索方式满足不了实际需要，需要一些相对复杂的折中优化。

另一方面，上面讨论的所有协议的一个共同特点是，允许操作员在一次交互步骤中对一个以上的错误进行监督或纠正，而不再只是修正一个错误然后等待系统的反馈以执行后续修正。显然这种方式增加了搜索难度，但是所取得的更大灵活性可以在用户工作量和可用性方面得到回报。

下面对目前所讨论的交互协议类型进行总结：

被动型：由操作员决定需要监督哪些假设元素。

从左到右顺序：以固定的顺序监督假设元素。

无序：未对假设元素的监督顺序进行规定。

主动型：由系统来决定哪些元素需要监督，并确定监督顺序。

【例 1.5】 人类染色体组型分析交互协议。

被动型，从左到右：目前，在所有例子中考虑的都是这种方式。为使用1.2节介绍的贪婪算法，首先需要对染色体图像按照其最大后验概率进行排序。然后在后续交互步骤中，操作员按照该顺序进行数据监督。

被动型，无序：操作员可以不严格按照从左到右的顺序检验局部染色体组型的正确性，而是通过自己的判断来选择每个交互步骤中最严重或最明显的标签错误。

主动型：在每个交互步骤中，系统为该步骤中的每个染色体标签计算"可信度"。具有最低可信度的标签将被操作员监督；操作员对该标签进行验证，然后系统利用相应的反馈进行下一次预测。

1.4.2 从左到右交互－预测处理协议

当输出假设元素是序列的结构时，上述被动型从左到右协议可能是最简单的协议。该协议被称作"从左到右交互－预测处理协议"。

设式(1.14)中的h为一系列元素的输出假设$h_1, h_2, \cdots$，那么，历史信息h'和(确定型)修正反馈d可以放到一起作为h的正确前缀p，则式(1.14)变为

$$\hat{h} = \arg \max_{h \in H} P(h \mid x, p) \tag{1.31}$$

对于没有前缀p的h，$P(h \mid x, p)$应该为0，这就意味着$\hat{h}$一定是给定的p和某个最优后缀$\hat{s}$的串联。相应地，式(1.14)可以简化为

$$\hat{s} = \arg \max_{s \in H'} P(s \mid x, p) = \arg \max_{s \in H'} P(x \mid p, s) P(s \mid p) \tag{1.32}$$

其中H'是可能后缀的集合。

本书中所描述的大多数应用使用的都是从左到右交互－预测过程，或者是它的自然变形。

1.4.3 主动型交互

如前所述，在这种情况下，是系统而非用户，提出供操作员监督的下一个元素h。

设$S(h)$是系统计算出的"监督"函数，它决定输出假设h中的哪个元素需要监督，$C(h, k)$是"修正"函数，它表示操作员对假设元素h_k所做的更正(也可能是空函数，即什么也没做)，这样，式(1.14)中的(确定型)反馈d就是$C(h', S(h'))$，于是有

$$\hat{h} = \arg \max_{h \in H} P(h \mid x, h', C(h', S(h'))) \tag{1.33}$$

这种交互方式有一个很有趣的性质，就是它可以很方便地实现人类监督员的工作量与最终识别误差之间的一个良好的折中，这与其他旨在用最小监督力度获得最完美输出结果的协议大不相同。

这种交互方式将在第5章中展开讨论。

1.4.4 弱反馈交互

在染色体组型分析的例子中，操作员可能只想指出错误在哪儿，然后等着系统自己去更正它，并期望能够得到自己想要的结果。有趣的是，这种看上去很简单，但实际上又很有效，而且对用户来说非常便利的交互方式，通常实现起来也很容易，搜索复杂度也比较低。

还是基于式(1.14)，现在令 d 为错误假设元素的索引，那么

$$\hat{h} = \arg \max_{h \in H} P(x \mid h', d, h) P_d(h \mid h') \tag{1.34}$$

其中

$$P_d(h \mid h') = \begin{cases} 0 & (\text{当 } h_d = h'_d) \\ \alpha P(h \mid h') & (\text{其他}) \end{cases} \tag{1.35}$$

其中 α 是一个适当的归一化因子；$P(h \mid h')$ 是假设的后验概率，它只受(未修正的)历史记录 h' 约束。

另外，它也可以看作是基本搜索问题的一种变形。同样基于式(1.14)

$$\hat{h} = \arg \max_{h \in H_d} P(x \mid h', h) P(h \mid h') \tag{1.36}$$

其中 $H_d = \{h \in H, h_d \neq h'_d\}$。也就是说，错误的假设元素已经从搜索空间中剔除掉了。

无论在哪种情况下，这种简单的交互动作都经常需要被反复地执行，故此所有的 h'_d 都会被缓存下来，而 $P_d(h \mid h')$ (或 H_d) 在计算时也必须将所有之前丢弃的 h'_d 都考虑进来，而不仅仅是上一步中的 h'_d。

1.4.5 无输入交互

也有这样的交互式应用系统，它们没有输入数据 x。这种应用的一个例子是交互式文本生成，具体内容将在第10章介绍。在这种应用中，IPR系统通过预测当前文本最可能的后续文字来协助用户书写文档。其他一些应用，例如第9章将介绍的基于相关性的图像检索，也可以归为此类。在这些情况中，其公式实质上是式(1.14)的一种简化形式：

$$\hat{h} = \arg \max_{h \in H} P(h \mid h', d) \tag{1.37}$$

　　然而,这种简化可以将更多因素考虑进来,具体内容将在第 9 章和第 10 章再详细介绍。

1.4.6　IPR 系统评估

　　交互协议的定义很大程度上影响着系统的测试。真实的测试应该由真实的操作员参与系统的工作,但这对于日常系统开发工作来说开销太大了,不实际。在任何情况下,都应该尽力设计尽量"客观"的测试过程,比如可以基于标签测试语料库,就像由来已久的经典模式识别那样。显然,为使这成为可能,首先需要明确定义交互协议。然而,并不是所有的交互协议都能适应基于语料库的测试,因此在设计具体的交互协议时,有时需要考虑折中方案。

　　正如前面提到的,决策论以代价函数的形式提供了严谨的评价体系框架。但是,不是每种代价函数最终都能得到一个数学上易解的决策函数,因此就目前来说,考虑的都是一些最基本的简化版本。

1.4.7　用户工作量评估

　　在最近的几十年里模式识别技术迅速发展,其中基于标签训练和测试语料库的评价体系被认为是最重要的因素之一,它目前已得到了广泛的应用。在这个评价体系中,可以很方便地对不同的方法或算法进行自动而客观的测试和比较,而不需搭建完整的系统原型,评估过程中也不需要进行人工干预。

　　在交互式模式识别的框架中,用户相当于被嵌入在整个循环过程中,而系统的性能则以实现预期目标所需用户工作量的多少来衡量。显然,在这种情况下评估系统性能需要知道用户的工作量以及评价标准。如果精确地定义了预期目标和判断正误的准则,那么基于语料库的评估体系在大多数交互式模式识别任务中仍然是可行的。

　　为测试传统非交互式模式识别系统而设计的语料库通常包含一组对象,其中每个对象都有一个对应的"正确"标签。系统性能则通常用错误识别的元素个数来衡量,即系统识别结果(输出假设)与该元素对应的正确标签不相符的次数。

　　正如将在本书中看到的,同样的语料库和标签也可以直接用来评估交互式协议的性能。在这种情况下,不再关心错误率(因为操作员会通过交互来保障所得结果满足所需的准确率),而关心需要经历多少步交互才能得到正确的输出结果。为评估某个交互协议,需要获取在该协议下为完成某项任务,用户所需付出的交互工作量的充分估算。

　　例如,如果交互协议是从左到右的,可以这样来估算用户的交互工作量——为生成一个特定的测试集标签,用户进行的修正交互的次数。在每个交互步骤中,通过计算当前系统假设与其相应的参考标签之间最长的共同前缀 p' 来模拟用户行为。然后将这个共同前缀后面的第一个错误的系统假设元素用正确参考标签 r 来代替,并将修正交互的次数加 1。最后,交互式模式识别系统用得到的新正确前缀 $p = p'r$ 来计算新的后缀预测 s,如式(1.32)所示。

在本书所讨论的多数应用系统中,系统的假设(以及测试集标签)都是(自然语言的)单词序列,因此可以很自然地使用从左到右式协议。在这些交互式模式识别系统中,其性能主要由"单词键入率"(Word Stroke Ratio, WSR)来评价。单词键入率指的是,为生成测试集中的参考标签(即为得到正确的系统假设),(模拟)用户所需进行的平均修正交互次数。

需要注意的是,像单词键入率 WSR 这种评估指标,在评估交互系统的性能时,并没有考虑进用户的监督工作量,而只考虑了实际发生的修正交互动作的次数。在一些具体的实际应用中,需要把这一点当作前提条件,特别是对于被动型交互系统来说。在被动型交互系统中,完美的识别结果通常要由用户来保障,那么这就要求用户对系统的假设进行全面的监督,但只有修正交互的工作量能在系统性能上体现出来。因此,一般来说,交互系统的性能指标应该同时考虑进修正交互的工作量和用户监督的工作量(比如可以用某种加权的方式)。

当然,如果一个交互式模式识别系统已经非常成熟,那么最终的测试应该是由真实的人类操作员在真实的识别系统上完成规定任务时,所得到的性能指标。但如前所说,这种性能测试的开销太大,耗时太长,因此不便于频繁执行。此外,这种测试的结果除了系统的基本设计原理外,通常还受很多其他因素影响,比如用户界面(User Interface, UI)就是影响系统性能的一个重要因素。一个好的(用户界面)设计应该考虑进系统开发过程中所使用的 IPR(交互式模式识别)设计原理,并且应该针对该系统的交互协议做细致的调整。

第 12 章将给出一些针对不同应用的系统原型,不过 IPR 系统的用户界面设计和用户的主观测试不在本书的考虑范围之内。其中的大多数原型系统都是在 Internet 上开放的,方便读者自己来实验比较:本书中提出的这些交互式识别原理对于不同的应用对象,其实用性如何,有什么特点或优势。

1.5　IPR 搜索与置信估计

在本书所描述的很多应用场景中,多模交互都会引入很复杂的搜索问题,这时就需要采取近似方法来解决。对于那些可以将(输入和)输出数据进行有序排列的问题,"词图"是一种有效的近似方法。本节将介绍词图的一般概念。在本节的最后还将指出,词图同时还是一种估计假设元素的置信度的有效工具。

1.5.1　词　　图

"词图"中的"词"指的是一个结构化的假设元素 h,这种用法遵循着历史原因。词图的概念最早是数十年前一些学者在研究自动语音识别技术时提出来的。词图作为一种数据结构,可以非常有效地用于表示大量的单词序列,根据用来解码语音数据(声音向量序列)的声学(似然)模型和语言(先验)模型,这些单词需要有足够大的后验概率。

词图(Word Graph,WG),或称"字图",是一个加权的有向无环图(weighted Directed Acyclic Graph,weighted DAG),用一个八元组 $(Q,n_I,F, A,t,V,\omega,p)$ 的形式给出,其中:

①Q 是一个有限的节点集合。由于词图是一个有向无环图,因此节点之间就体现出一定的拓扑顺序。每个节点 n 都用其相应的顺序索引来标记:$Q= \{0,1,2,\cdots,\mid Q\mid-1\}$。

②$n_I \in Q$ 是一个特殊的起始节点:$n_I=0$。

③$F \subset Q$ 是终点集合。

④$A \subset Q\times Q$ 是一个有限的边的集合。每条边 e 用其起始节点和终止节点来表示:$e=(i,j)$,其中 $i,j \in Q$ 并且 $i < j$。

⑤$t:Q\rightarrow\{0,1,\cdots,T\}$ 是一个位置函数,它将各个节点(除 n_I 外)与输入语句 $x=x_1^T$ 中的一个位置关联起来,它必须满足 $t(n_I)=0$ 且 $\forall_{n\in F}t(n)=T$。

⑥V 是词汇库,是所有可能的假设元素或"词"的非空集合。

⑦$\omega:A\rightarrow V$ 是将"词"$\omega(e)$ 分配给边 $e=(i,j)$ 的词函数,这个"词"对应位于输入语句位置 $t(i)+1$ 和 $t(j)$ 之间的假设元素。

⑧$p:A\rightarrow[0,1]$ 是边概率函数。对于一个给定的边 $e=(i,j)$,$p(e)$ 是假设 $\omega(e)$ 出现在 $t(i)+1$ 和 $t(j)$ 之间的概率。

词图给出的"词"序列假设,是词图上从起始节点到终止节点的路径上"词"的串联。词图中的路径以一组连续边的序列形式给出:$\phi=e_1,e_2,\cdots, e_{|\phi|}=(0,q_1),(q_1,q_2),\cdots,(q_{|\phi|-1},q_{|\phi|})$,其中 $q_k \in Q-\{n_I\},1\leqslant k\leqslant\mid\phi\mid$ 且 $q_{|\phi|} \in F$。这条路径的概率是该路径上所有边的概率的乘积:

$$P(\phi)=\prod_{k=1}^{|\phi|}p(e_k) \tag{1.38}$$

设路径 ϕ 的单词序列假设为 $h=\omega(e_1),\omega(e_2),\cdots,\omega(e_{|\phi|})$。由于词图通常是模棱两可的(每个节点都有若干个可能的下一节点),可能有多条路径的单

词序列(假设)都是 h。令 $\gamma(h)$ 为所有与 h 关联的路径的集合，ϕ_h 为这些路径中的一个，则单词序列 h 的概率为

$$P(h) = \sum_{\phi_h \in \gamma(h)} P(\phi_h) \tag{1.39}$$

给定一个词图，最可能的单词序列可以写作

$$\hat{h} = \arg \max_h \sum_{\phi_h \in \gamma(h)} P(\phi_h) \tag{1.40}$$

一般来说，这个最大化问题是一个 NP 难题(NP-hard)。不过，可以通过求解式(1.39)中主导加数的近似和来获取一个充分逼近的结果。所得的近似概率用 $\widetilde{P}(\cdot)$ 表示，相应的近似最佳单词序列 $\hat{h}$ 定义为

$$P(h) \approx \widetilde{P}(h) = \max_{\phi_h \in \gamma(h)} P(\phi_h) \tag{1.41}$$

$$\hat{h} \approx \tilde{h} = \arg \max_h \max_{\phi_h \in \gamma(h)} P(\phi_h) \tag{1.42}$$

这些最优化公式可以用类似于维特比(Viterbi)算法的动态规划搜索算法(dynamic programming search algorithm)有效求解。

值得注意的是，对于一个明确的词图(节点的分支少，路径明确)来说，式(1.40)的最大化问题会变得非常简单。在这种情况下，由于 $|\gamma(h)| = 1, \forall h$，式(1.39)的和中只有一个加数，因此式(1.40)可以简化为

$$\hat{h} = \arg \max_h P(\phi_h) \tag{1.43}$$

其中 ϕ_h 是与 h 相关联的唯一路径。这个最优化问题相当于在 DAG 中找到最优路径，而这个问题已经有了简单且精确的解法。

有时可能不仅需要计算出最优的单词序列，还需要计算出该词图中 n 个最优(n-best)的单词序列。为此，要使用一种名为"递归枚举算法"(Recursive Enumeration Algorithm, REA)的算法，因为这种算法能够根据需要有效地提供下一最优路径。

在(有序的)交互式模式识别问题中，词图能够帮助解决诸如式(1.14)的最优化问题。首先，对于一个给定的输入 x，计算它的词图，通常是作为求解式(1.2)的非交互式搜索的副产品。那么，根据式(1.40)、(1.42)或式(1.43)，词图中最可能的单词序列就是式(1.2)的(非交互式)最优解。然后，在给定的交互步骤中，一些历史信息元素 h' 将被验证并固定，这些元素可以用于词图的搜索。利用这些信息，可以搜索完整的假设 h，所选择的 h 应与固定部分 h' 匹配，并使概率 $P(h \mid x, h', d)$ 达到最大。此外，与固定元素相关联的边以及与之相邻的边，要保存多模交互模式识别所要求的非确定型反馈信号的改进解码(式(1.27))所需的所有上下文信息。

既然词图是一个有向无环图,这些计算一般可以用动态规划(Dynamic Programming)方法有效完成。在从左到右的交互协议中,这些计算会变得更简单。具体的过程细节将在本书后续章节中结合具体应用给出。

【例 1.6】   人类染色体组型的词图。

在这个例子中,用词图来表示,给定一个有 22 幅染色体图像的序列 x 时,具有最高后验概率 $\Pr(h \mid x)$ 的 22 个标签的序列。为简单起见,忽略了将原始图像分割的步骤,也就是说,假设每条染色体都在一幅独立的图像中表示,这样这个问题的词图就变得非常明确了[①]。

图 1.8 给出了这个应用实例的词图。这种图通常可以作为求解式(1.3)的副产品得到,利用式(1.4)和(1.5)给出的先验和似然模型,以及第 1.2 节示例中介绍的贪婪搜索算法。

函数 t 将每个节点(除了初始节点)与一幅染色体图像关联起来。另一方面,函数 $\omega(e)$ 给边 $e=(i,j)$ 分配染色体标签,这个标签是与节点 j 相关联的染色体图像的假设,这个假设的概率用函数 $p(e)$ 表示。

在这个例子中,用黑色标出的两条路径分别对应于图 1.3 所示的正确标签和图 1.5 所示的系统预测的有误假设。随便一条路径:

$$\phi_1 = (0,1),(1,4),(4,6),(6,8),(8,10),(10,13),(13,16),(16,19),$$
$$(19,22),(22,25),(25,28),(28,31),(31,36),(36,41),(41,46),$$
$$(46,49),(49,52),(52,55),(55,58),(58,61),(61,64),(64,66)$$

的概率计算为

$$\begin{aligned}
P(\phi_1) = {}& p(0,1)p(1,4)p(4,6)p(6,8)p(8,10)p(10,13)p(13,16) \\
& p(16,19)p(19,22)p(22,25)p(25,28)p(28,31)p(31,36) \\
& p(36,41)p(41,46)p(46,49)p(49,52)p(52,55)p(55,58) \\
& p(58,61)p(61,64)p(64,66) = 0.4 \times 0.8 \times 0.7 \times 0.8 \times 0.3 \times \\
& 0.9 \times 0.4 \times 0.6 \times 0.7 \times 0.6 \times 0.4 \times 0.6 \times 0.5 \times 0.8 \times 0.7 \times \\
& 0.4 \times 0.9 \times 0.6 \times 0.4 \times 0.7 \times 0.6 \times 0.5 = 5.94 \times 10^{-6}
\end{aligned}$$

与这条路径相关联的标签序列为 $h^{(1)} =$ "20,10,3,9,5,19,18,2,13,17,7,12,14,16,11,21,15,6,22,8,1,4"。鉴于这个词图是明确的,每个序列 h 都有唯一的一条路径与之关联。那么,根据式(1.39)(或式(1.43)),$h^{(1)}$ 的确切概率为

$$P(h^{(1)}) = P(\phi_1) = 5.94 \times 10^{-6}$$

---

① 第 2 章将给出更一般化的例子

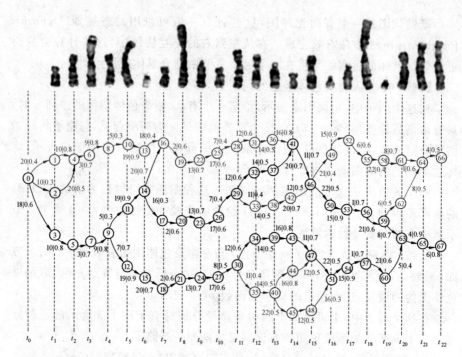

图 1.8   人类染色体组型识别中的词图示例。位置 t_i 与节点的关联如下：$t(0) = t_0 = 0, t(1) = t(2) = t(3) = t_1, t(4) = t(5) = t_2, t(6) = t(7) = t_3, \cdots$

为获得最可能的标签序列，词图上的所有"词"序列必须都被考虑进来。图 1.8 的词图上的一些标签序列及其相应的路径和概率为

$h^{(1)} =$ "20,10,3,9,5,19,18,2,13,17,7,12,14,16,11,21,15,6,22,8,1,4"

$\phi_1 = (0,1), (1,4), (4,6), (6,8), (8,10), (10,13), (13,16), (16,19),$
$(19,22), (22,25), (25,28), (28,31), (31,36), (36,41), (41,46), (46,49),$
$(49,52), (52,55), (55,58), (58,61), (61,64), (64,66)$

$P(h^{(1)}) = P(\phi_1) = 5.94 \times 10^{-6}$

$\cdots$

$h^{(9)} =$ "18,10,3,9,5,19,20,2,13,17,7,12,14,16,11,22,15,1,21,8,4,6",

$\phi_9 = (0,3), (3,5), (5,7), (7,9), (9,11), (11,14), (14,16), (16,19),$
$(19,22), (22,25), (25,28), (28,31), (31,36), (36,41), (41,46),$
$(46,50), (50,53), (53,56), (56,59), (59,63), (63,65), (65,67),$

$P(h^{(9)}) = P(\phi_9) = 8.19 \times 10^{-5}$

$\cdots$

$h^{(12)} =$ "18,10,3,9,5,19,16,2,13,17,7,12,14,20,11,22,15,1,21,8,4,6",

$\phi_{12} = (0,3),(3,5),(5,7),(7,9),(9,11),(11,14),(14,17),(17,20),$
$(20,23),(23,26),(26,29),(29,32),(32,37),(37,41),(41,46),$
$(46,50),(50,53),(53,56),(56,59),(59,63),(63,65),(65,67),$
$P(h^{(12)}) = P(\phi_{12}) = 3.07 \times 10^{-5}$
...

$\phi_{16} = (0,3),(3,5),(5,7),(7,9),(9,12),(12,15),(15,18),(18,21),$
$(21,24),(24,27),(27,29),(30,34),(34,39),(39,43),(43,47),$
$(47,51),(51,54),(54,57),(57,60),(60,63),(63,65),(65,67),$
$P(h^{(16)}) = P(\phi_{16}) = 1.4 \times 10^{-4}$
...

最可能的词序列是 $\hat{h} = h^{(16)} =$ "18,10,3,9,7,19,20,2,13,17,8,12,14, 16,11,22,15,1,21,5,4,6",其概率 $P(\hat{h}) = 0.000\,14$。这是式(1.3)(和式 (1.43))的最优解,对应于图 1.5 所示的系统预测标签序列。

由于假定本例中的交互协议是从左到右式的,操作员可以按照这个顺序来检验这个序列,直到发现第一处错误,也就是序列中的第五幅图像(可对照图 1.6 来看)。修正这个错误之后,可以确定一个前缀"18,10,3,9,5"。对前缀的搜索在节点 11 处终止。系统从这个节点出发,在词图中搜索最优后缀,并给出下一个与前缀匹配的最优假设 $h^{(9)}$。这实际上就是对式(1.14)求解的结果,进一步来说,既然交互协议是从左到右式的,这也就是式(1.32)的结果。在这个新的系统假设中,第 11 个和第 20 个错误标签被自动更正了。然后,在新一轮的交互步骤中,用户修正下一处错误,也就是本例序列中的第 7 个标签。最后,系统利用这个新验证过的前缀在词图中搜索与该前缀匹配的下一个最佳假设,得到了 $h^{(12)}$,这就是正确的染色体标签序列。

就像前面提到的,所有所需的计算都可以用众所周知的简单的图像处理算法来完成。

在多模反馈的情况下,词图也可以用来(近似)求解式(1.27)的最优化问题,改进非确定型电子笔反馈信号的解码(第 3 章将给出这一过程的更多细节)。

1.5.2　置信估计

由于模式识别系统通常都是易错的,人们希望这些系统能够预测它们所给出假设的可靠性。为此,在过去的 20 年里人们付出了大量努力研究这一课题,主要是针对经典的模式识别问题,例如语音识别、机器翻译、手写文本识别。现在,这些方法已经应用于交互式模式识别中。

置信估计(Confidence Estimation,CE)是评估模式识别系统输出正确性的方法。CE 用置信度 $C(h,x)$(通常介于 0、1 之间)来衡量,反映模式识别系统输出的可靠性。置信度可以用在很多交互式场景中,例如主动型交互协议(见 1.4.1 节)和不同的学习范式(见 1.6 节)。在本书中,将基于置信估计的主动型交互协议中的主动学习技术,应用于手写文本的计算机辅助转录(见第 5 章)。此外,还将基于置信估计的主动型交互协议应用于交互式机器翻译(见第 6 章)。

或许最简单的置信估计方法是根据(适当归一化的)后验概率 $\Pr(h \mid x)$ 来计算假设 h 的置信度。根据式(1.2),置信度可以计算为

$$C(h,x)=\Pr(h \mid x)=\frac{\Pr(x \mid h) \cdot \Pr(h)}{\Pr(x)}=\frac{\Pr(x \mid h) \cdot \Pr(h)}{\sum\limits_{h' \in H} \Pr(x \mid h') \cdot \Pr(h')}$$

$$(1.44)$$

式(1.44)计算的是整个假设 h(例如人类染色体组型例子中 22 个标签的序列)的可靠性。然而,对于很多交互式模式识别应用来说,预测每一个具体假设元素(例如人类染色体组型例子中每个单独的染色体标签)的可靠性更有用。给定一个假设 h,对于它的特定假设元素 $h_i, 1 \leqslant i \leqslant |h|$,其置信度(或后验概率)用位置 i 上包含 h_i 的所有解码假设的后验概率之和来计算:

$$\begin{cases} C(h_i,x)=\Pr(h_i \mid x)=\sum\limits_{h' \in H(i)} \Pr(h' \mid x) \\ H(i)=\{h' \in H \mid h_i'=h_i\} \end{cases} \quad (1.45)$$

一般来说,假设空间 H 可能是无限的或呈指数级增长的,很难用全部可能的假设来计算式(1.44)或(1.45)中的后验概率。因此,出于效率起见,需要使用近似计算[①]。一种简单的近似是使用(大量而非全部)最可能的假设,并将其表示为词图或 n-best(n-最优)列表的形式。词图可以用一种非常紧凑的方式来表示大量的最佳假设,因此在词图上计算后验概率通常能够获得(相对于 n-best 列表)更好的性能。这些概率可以通过动态规划技术来有效计算,例如众所周知的前向-后向(forward-backward)算法(一种词图版本)。

一旦计算出元素级(或假设级)的置信度,就可以用一个适当的决策门限 τ 来判断给定元素(或假设)是否正确,只要判断其置信度是否超过了门限 τ。

---

① 注意,在前面章节讨论过的所有模式识别和交互式模式识别最优化(搜索)公式中,现在已经可以避免使用无条件概率 $\Pr(x)$ 了

【**例 1.7**】 人类染色体组型置信度估计。

图 1.9 给出了一个与图 1.8 所示相同词图的置信估计的例子。这里,通过前面所述方式计算得到的后验概率被分配给各个边。例如,对于一个给定的边 $e=(15,18)$,染色体标签为"20",其后验概率为包含这条边的全部三条路径的后验概率之和,即

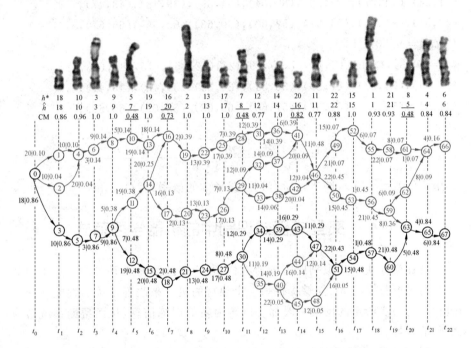

图 1.9 示例:在人类染色体组型识别问题中,在词图上计算最可能解码假设 $\hat{h}$ 的置信度 CM。每条边用一个染色体标签及其相应的后验概率来标记。位置 t_i 上每个染色体标签的置信度 CM,等于所有包含这个染色体标签并且终止于位置 t_i 的边的后验概率之和。h^* 是正确标记,CM 是每个假设元素 $\hat{h}$ 的置信度。识别错误用下划线标出。设门限 $\tau = 0.75$,五个错误识别结果中的四个能够被正确挑拣出来,而剩下的一个错误假设元素被误认为是正确结果

$\phi_{16} = (0,3),(3,5),(5,7),(7,9),(9,12),(12,15),(15,18),(18,21),$
$(21,24),(24,27),(27,29),(30,34),(34,39),(39,43),(43,47),$
$(47,51),(51,54),(54,57),(57,60),(60,63),(63,65),(65,67),$
$P(\phi_{16}) = 1.4 \times 10^{-4}$
$\phi_{17} = (0,3),(3,5),(5,7),(7,9),(9,12),(12,15),(15,18),(18,21),$
$(21,24),(24,27),(27,29),(30,34),(34,39),(39,43),(43,47),$
$(47,51),(51,54),(54,57),(57,60),(60,63),(63,65),(65,67),$
$P(\phi_{17}) = 6.50 \times 10^{-5}$
$\phi_{18} = (0,3),(3,5),(5,7),(7,9),(9,12),(12,15),(15,18),(18,21),$
$(21,24),(24,27),(27,29),(30,34),(34,39),(39,43),(43,47),$
$(47,51),(51,54),(54,57),(57,60),(60,63),(63,65),(65,67),$
$P(\phi_{18}) = 2.43 \times 10^{-5}$

$$P(e = (15,18 \mid x)) = \frac{(1.4 \cdot 10^{-4} + 6.50 \cdot 10^{-5} + 2.43 \cdot 10^{-5})}{4.75 \cdot 10^{-4}} = 0.48$$

其中 $P(x) = 4.75 \times 10^{-4}$ 是所有词图路径 ϕ 的概率 $P(\phi)$ 之和。

1.6　交互式模式识别中的机器学习范式

现在交互式模式识别所需的所有模型 M 都已经确定下来,不过,用户的交互通过调整模型 M,能够提供另一个独特的机会来改善系统的性能。交互过程中每一步产生的反馈一般都可以转为新的训练信息,从而帮助系统适应变化的环境。

很多年来,自适应学习以及一些相关的学习范式(例如在线学习、半监督学习、强化学习、主动学习等)一直都是深入研究的焦点。然而,这些学习范式中的大多数主要是面向理论的,理论成果的实际应用一般都很少。现在,交互式模式将提供一个自然框架,在这个框架下,这些学习范式都能够充分地发挥作用。

在交互式模式识别框架下运用这些方法,首先需要建立适当的训练准则。这些准则应该能使所开发的自适应训练算法最大限度地利用从交互过程中得到的数据,并从长远角度最小化用户的整体工作量。尽管本书并不准备对这些学习范式做深入的探讨,但在本节中将对其主体思想展开描述。

1.6.1　在线学习

在与用户的交互过程中,交互式模式识别系统为不可见的输入获取正确的假设输出。这个反馈为从新数据中学习提供了非常有利的机会。就像1.2节中所述,在交互式模式识别中,逼近最佳决策规则概率的模型 M,最初是用一个由批处理语料库 $T=\{(x,h)_i\}$ 训练过的模型估计出来的,就像在传统的模式识别中所做的那样。经过 I 轮交互之后,系统得到了一个新的语料库 $T'=\{(x',h')_j\}$,其中包含正确假设和输入激励。在线学习的目的是在这样的场景中学习:样本被视为一串数据流。

需要强调的是,初始语料库(或种子语料库)与在线获取的语料库具有不同的特性。前者是一个包括若干用例的大语料库,而后者是一个特定域的语料库,开始只有少量的训练对,随着用户的交互而缓慢增长。在线语料库从两个源获取信息:当前任务的特定域和用户偏好。下面来设想一个手写识别的例子,这里用一个文本语句语料库来估计语言模型。在这个例子中,用来训练种子语料库的语句越多,所获得的语言模型就更具普适性,发现词汇表以外单词①的可能性就越小。然而,随着系统与用户的交互,系统所学到的语言结构和词汇都是特定于被监督文档的。

对于一个交互式模式识别系统来说,可以通过两种方法从用户监督的新假设中获利。一方面,交互式模式识别系统可以从(新假设)中学习;另一方面,当进行在线学习时,交互式模式识别系统需要顺应不同的域。这两个目标往往是互相矛盾的。比如,为了适应新环境(域),系统应该遗忘从旧样本中学到的知识。但是,遗忘从旧样本中学到的知识又可能使系统的性能下降。

一种简单的在线学习方法是结合两个语料库来训练模型:种子语料库 T 和在线获取的语料库 T'。这种方法相当于假设最初两个语料库都是种子语料库的一部分。这种方法通常称为增量学习,因为只增添种子语料库。在实际应用中,这种增量学习可以被有效地运用于很多情况下。特别是,如果在建模时使用的是极大似然技术,那么增量学习就归结为对大量统计数据的更新。如果模型没有潜变量,那么这些统计数据大多是用来估计模型参数的计数。

如果模型有潜变量,极大似然估计就无法给出闭合形式的解。一种典型的方法是用期望最大化(Expectation and Maximization,EM)算法迭代地增加阶数。给定一个初始的参数估计,EM 算法首先在 E 步骤(Expectation)中计算一组统计数据,然后在 M 步骤(Maximization)中计算新的参数估计。这一过程反复执行直至收敛。EM 算法有一个增量版本,保留 E 步骤中统计数

---

① 指之前在系统中没有出现过的单词

据的历史记录(以计算增量)。当得到一个新的训练对时,更新增量 E 步骤中的统计数据,然后在 M 步骤中计算新的自适应参数。

增量学习假设两个语料库在系统建模时具有相同的偏差。显然,相对于种子语料库,在线语料库更类似于系统所处理任务的概率。然而,初始(种子)语料库比在线语料库大,因而它所建立的估计模型也就更好。因此,应该在两个语料库之间找到一个折中,或者换句话说,应该在真实性和自适应能力之间找到一个折中。为了找到这个折中点,发展出了若干种增量学习技术的扩展版本。例如,对于潜变量模型的情况,就有几种 EM 算法的在线版本。

一种用于在两个语料库之间找到折中点的简单方法是,对两个模型做线性插值,其中一个模型用种子语料库训练,另一个用在线语料库训练。例如,考虑对系统输出假设的先验概率分布建模。在这个例子中,初始模型为 $P_M(h)$,在线模型为 $P'_M(h)$,将二者结合得到一个新的在线模型 $P_\alpha(h)$,表示为

$$P_\alpha(h) = \alpha \cdot P_M(h) + (1-\alpha) \cdot P'_M(h) \tag{1.46}$$

其中 α 是一个自适应比例系数,如果 α 接近于 1,那么这个系统就近似于一个固定系统,它从输入信号中学得很慢;如果 α 接近于 0,那么这个系统从新的输入信号中学得就非常快。理想情况下,在一开始,当在线语料库很小时,自适应比例系数应该接近于 1;当在线语料库被新数据丰富之后,比例系数应该接近于 0。插值参数 α 可以用贝叶斯方法来估计。

自适应学习方法中一个老生常谈的问题就是如何在在线语料库和种子语料库之间找到一个折中点。由于在线语料库通常是随着域的变化而变化的,这个问题就延伸到了在线语料库本身。例如,在一个交互式手写文本识别系统中,可能是一个用户用此系统转录不同的书,也可能是多个用户用此系统转录同一本书的不同部分。

一种简单的适应环境变化的方法是,进行估计时用一组模型 $\{M_1, \cdots, M_K\}$ 取代单一模型 M',每个模型都收集一部分在线语料库来训练它的参数,例如,每个模型可以以指数递减的时间间隔采样,最终得到的自适应模型是初始模型和(全部)在线模型的结合。对数—线性自适应模型特别适合这种情况:

$$P_\lambda(h) = \frac{1}{Z_\lambda(h)} \exp\left(\sum_{k=1}^{K} \lambda_k \lg(P_{M_k}(h))\right) \tag{1.47}$$

其中 λ_k 表示自适应权重;$Z_\lambda(h)$ 是一个归一化常数,以确保概率之和为 1。那么之前的想法就可以延伸为如下所示的一个分值:

$$P_\lambda(h) = \frac{1}{Z_\lambda(h)} \exp\Big(\sum_{k=1}^{K} \lambda_k f_k(h)\Big) \tag{1.48}$$

其中 $f_k(h)$ 可以是任意一个合适的分值,比如概率分布模型的对数。这种建模技术就是所谓的最大熵模型或对数 - 线性模型。最大熵模型并不仅限于模型自适应技术,事实上,它已经被用在很多传统模式识别任务中的概率分布建模上,例如统计机器翻译、语言建模等。

另一种方法是,开始时使用初始模型,然后根据新获得的样本对对模型进行调整,只要该模型不需要对其参数做大幅调整。 例如,在线被动攻击(online passive aggressive)技术是一种线性分类器的自适应训练算法,根据新样本做自适应调整,只要对决策边界的调整不超过给定的门限(如果超过门限则视为出现了"攻击")。在这种情况下,分类器的决策边界在门限的限度内进行调整(即"被动"的情况)。然而,这种技术很难延伸到很多其他的模式识别分类算法中。

贝叶斯统计:

在自适应学习环境中,贝叶斯统计是一个非常有吸引力的框架,它将决策论应用于参数选择阶段。在传统的统计中,每个模型用一组参数来进行参数化,设之为 θ。其推断问题也就是找到使给定准则(如极大似然准则)最优化的参数问题。在这种情况下,假设参数没有不确定性。换句话说,在训练阶段,假设有足够的信息来获得实际参数的可靠估计。

在贝叶斯框架中,参数被视为随机变量,也是作为随机变量来处理的。因此,没有最优的参数可选,而只能对这些参数的概率分布进行建模。这个框架下的模型由两个概率分布给出:一个是似然分布,一个是参数先验分布。似然分布是给定参数后随机变量的概率,换句话说,它对应于传统模型。参数先验分布是参数值的概率分布,它结合参数整合先前获取的知识。这里要指出,确定先验概率分布的问题是一个建模问题。

下面来看一个例子,对式(1.2)中的输入概率 $\Pr(x \mid h)$ 进行建模。传统上这个概率用一组参数 θ 来建模。给定一个训练样本 T,选择最佳参数 $\hat{\theta}$ 以使训练样本的似然度最大。因此可以说,模型 M 是由这组参数和一个已知的概率分布给出的,即 $M = \{P_\theta(x \mid h), \hat{\theta}\} = P_{\hat{\theta}}(x \mid h)$。贝叶斯模型是由两个概率分布定义的,即 $M = \{P(x \mid h, \theta), \pi(\theta)\}$,其中 $P(x \mid h, \theta)$ 等同于 $P_\theta(x \mid h)$,即给定参数 θ 时 x 的似然度;$\pi(\theta)$ 则是参数的先验概率分布。最后,在给定模型 M 和训练数据 T 后,为预测新输入 x 的概率,参数需要被边缘化以计算预测概率分布(predictive probability distribution)

$$P_M(x \mid h, T) = \int_\Theta P(x \mid h, \theta) \cdot P(\theta \mid T) \mathrm{d}\theta \tag{1.49}$$

其中，$P(x \mid h, \theta)$ 是似然概率分布；$P(\theta \mid T)$ 是参数后验概率分布。

后验概率分布是指这样一些参数的分布：它们调整嵌入在参数先验分布 π 中的先验知识，使其适应在训练样本 T 中所观测到的结果。参数后验概率通常可以分解为

$$P(\theta \mid T) = \frac{P(T \mid \theta)\pi(\theta)}{P(T)} \tag{1.50}$$

其中，$P(T)$ 是一个归一化常数，可以通过对分子中参数的积分计算得到；$P(T \mid \theta)$ 是训练样本的传统极大似然概率。

就像前面所说的，"训练"样本并不是用来训练模型的，而是修正系统参数的。尽管贝叶斯框架中并没有训练环节，但需要对用来计算参数后验概率分布和预测概率分布的积分进行逼近，通常可以通过诸如马尔可夫链蒙特卡罗（Markov chain Monte Carlo）的采样技术来实现。

理论上，贝叶斯框架在自适应学习领域中是非常有吸引力的，因为只需要简单地修改参数后验概率分布，就可以得到一个新的模型观察结果。因此，理论上，只要简单地用参数后验分布来更新参数先验分布，贝叶斯模型就可以非常容易地适应新的环境。在这种方式下，模型的参数后验分布变成了后续步骤中的参数先验分布，依此类推。

进一步来说，在交互式模式识别中，先用这种方式给出初始贝叶斯模型：在最初批训练样本时计算得到了参数后验分布，令参数先验分布等于参数后验分布。然后，根据在线语料库调整参数先验概率分布，就像式（1.50）那样展开。然而，这种方法在实际运用时有一个很大的缺陷，那就是由于计算需求的缘故，大多数传统的模式识别模型都很难延伸成贝叶斯框架。

1.6.2 主动学习

在 1.4.1 节中，划分了两种交互协议：被动型和主动型。在被动型交互协议中，用户被要求按照与输入 x 出现相同的单调顺序来完全修正系统给出的假设；在主动型交互协议中，系统决定假设和输入被监督的顺序。在主动协议中，如果质量评估超过了一个给定的门限，系统可能会决定停止请求用户监督，用这种方式结束与用户的交互。

主动型交互协议与主动学习密切相关。在主动学习中，用一个池子存放正确假设未知的输入样本，此外还有一个 Oracle 数据库能够针对每个输入激励给出正确的假设。目标是保证性能最大化的同时最小化对 Oracle 数据库

的查询次数。为实现这一目标,对所有样本实施一个主动选择准则,从中选出最好的一个。然后将所选出的样本向 Oracle 数据库查询,以获取其正确假设。重复这一过程直到不再需要更多的样本。

主动学习策略有很多种,例如选择全部样本中离边界较近的样本或置信区间较小的样本。很多主动学习技术的目的是工作于在线学习场景中。一般来说,根据对在线模型的修改程度不同,可以把主动学习策略分为两大类:积极的(aggressive,或称"激进的")和缓和的(mellow)。积极学习策略的例子如委员会投票选择(query by committee)算法和分离度指数(splitting index)算法,而大多数缓和学习策略都基于通用缓和学习(generic mellow learner)算法。

在主动学习中一个需要牢记在心的核心思想是采样偏差。采样偏差可以理解为由主动采样策略生成的采样概率分布中的失真。如果没有应用主动学习策略,那么所有训练样本的出现应该是与数据的真实概率分布相符的。然而,当应用了主动学习策略后,只要有未修正的输入,那么样本的概率就会出现偏差。设想这样一个例子,在交互式机器翻译系统中,选择一条具有较多超出词汇表的生词的语句。在这种情况下,用户被要求更正一条翻译语句,其中超出词汇表的生词比其他源语句要多出一些。通过这样做,系统能够快速地扩充它的词汇表。然而,这会使实际的数据概率产生偏差,因为超出词汇表的生词是比较少的,如果主动去挑选这些语句,有些不可能的事件也会变得可能。这最终将导致系统的性能下降。

在交互式模式识别中一个有趣的情形是主动交互协议中要有一个给定的误差门限。在这种情况下,系统选择输入向用户请求更正,直到系统估计当前任务误差已经低于给定的门限。如果想用主动学习来减少用户的工作量,而主动策略又太过激进,可能会得到恰恰相反的结果。因此,当设计一个主动学习策略时,必须时时注意采样偏差的影响。

1.6.3　半监督学习

在一些交互式模式识别的主动交互协议中,系统有两种假设:

① 已验证假设:已经由用户验证(监督)过的假设。

② 全自动假设:由系统生成,未经用户监督的假设。

已验证假设可以通过在线训练或自适应技术被用来改善系统。不过,可能包含错误的全自动假设同样也可以用来提升系统性能。目前有多种技术研究这类问题,称之为半监督学习(semi-supervised learning)。半监督学习表述为一个用两种语料库共同设计最佳系统的问题,第一个语料库中每个输入都有对应的正确假设,另一个语料库只包含输入激励。

尽管半监督学习并不完全切合交互式模式识别的学习问题,不过在半监督学习中,经常会用到这样的情况:用全自动系统给出的假设来完成一个样本,然后在这个完成的样本的基础上运用半监督技术。例如,一种简单的技术是利用置信区间根据置信度选择足够可靠的样本,然后将这些样本作为(假设)已被验证过的假设来使用。这一过程可以概括为,为每个样本分配一个可靠性权重。

另一种非常常见的技术是,只用输入而不用它们对应的假设来推测输入概率分布。一种实现方法是用全部数据(包括已监督的和未监督的)来建立簇,然后用已监督数据来推测每个簇的最佳假设。这种技术通常结合主动学习技术一起使用,这样,当一个簇不知道哪个是最佳假设时,它就可以借助于新得到的被修正过的假设。

1.6.4　强化学习

在一些交互协议中,用户所给出的反馈并不总是翔实的,这就是 1.4.1 节所讨论的弱反馈的情况。交互系统可能会收到这样的反馈信息:输出假设是有错的,但是没有修正过来(即只检错而没有纠错)。在这种情况下,系统可以利用这条信息来重新给出一个新的假设,或者,它也可以请求用户提供关于前一假设的更多信息。显然,这个问题的目的是改进模型,这样当系统下次再遇到类似的输入时,它就能够正确地识别出来。原理上,这一过程可能会增加与用户的交互次数。 这一问题在机器学习文献中被称为有限反馈学习(learning with limited-feedback)。

有限反馈可以理解为强化学习的一个分支。在这类问题中,系统有一个收益函数,随着时间报偿和强化系统动作。系统希望在它工作期间,能够从环境中获取最大的收益(或最小的损失),为此,系统需要优化两个对立的目标:

① 探索:系统需要探索很多可能性来了解它的周围“环境”。

② 开发:系统利用它对环境的了解来从中获益。

只进行探索的系统收益很低,因为它将资源用于探索假设,试图获取一个非常精确的概率分布模型,而这个收益本身就很低。与之相对地,只进行开发的系统收益也非常低,因为它的环境模型非常差。这种二重性通常用“遗憾度(regret)”的形式描述。“遗憾度”是在过去的一段时间 T 里,系统从环境中获得的增强或收益,与它理论上能够获得的最大收益之差,这里系统已经给出了它的假设。在这种情况下,最佳系统应该是使“遗憾度”最小的系统。

从形式上看,令 $h^{(1)},\cdots,h^{(T)}$ 表示在一段时间内系统提出的 T 个假设,函

数 $B(h^{(1)}, \cdots, h^{(T)})$ 将系统从这些假设中获得的收益量化，则"遗憾度"表示为

$$R(h^{(1)}, \cdots, h^{(T)}) = B(h^{(1)}, \cdots, h^{(T)}) - \arg \max_{m^{(1)}, \cdots, m^{(T)}} B(m^{(1)}, \cdots, m^{(T)})$$

$$(1.51)$$

一个非常简单的交互式模式识别例子是对用户偏好进行建模。在一个交互式模式识别任务中，可以有两个不同的交互式模式识别系统，每个系统都最小化不同的代价函数。假设这两个系统的代价函数都不直接最小化与用户的交互（次数），那么也就无从知晓实际中哪个（系统）更好。不过可以在系统与用户的交互过程中运用强化学习策略，来推断哪个系统最好。一种可行的方法是，先使用一会儿系统 A，然后再使用一会儿系统 B，当采样结束时，就得到了一些统计数据，比如用户的修正次数或系统提出的假设数量。需要强调的是这是一个探索阶段。一旦得到了环境的适当模型，就可以在一定时间内在开发阶段使用最佳系统。注意，如果想最小化"遗憾度"，那么这两种策略都不能长时间保持不变。

本章参考文献

[1] Andrieu, C., de Freitas, N., Doucet, A., & Jordan, M. I. (2003). An introduction to mcmc for machine learning. *Machine Learning*, 50(1-2), 5-43.

[2] Berger, A. L., Pietra, S. A. D., & Pietra, V. J. D. (1996). A maximum entropy approach to natural language processing. *Computational Linguistics*, 22, 39-71.

[3] Bertolami, R., Zimmermann, M., & Bunke, H. (2006). Rejection strategies for offline handwritten text recognition. *Pattern Recognition Letters*, 27, 2005-2012.

[4] Canny, J. (2006). The future of human-computer interaction. *ACM Queue*, 4(6), 24-32.

[5] Cappé, O., & Moulines, E. (2009). Online EM algorithm for latent data models. *Journal of the Royal Statistical Society Series B*, 71(3), 593-613.

[6] Casacuberta, F., & Higuera, C. D. L. (2000). Computational complexity of problems on probabilistic grammars and transducers. In *ICGI'00: Proceedings of the 5th international colloquium on grammatical inference* (pp. 15-24), London, UK. Berlin: Springer.

[7] Chapelle, O., Schölkopf, B., & Zien, A. (2006). *Semi-supervised learning*. Cambridge: MIT Press.

[8] Christmas, W. J., Kittler, J., & Petrou, M. (1995). Structural matching in com-

puter vision using probabilistic relaxation. *IEEE Transactions on Pattern Analysis and Machine Intelligence*, 17, 749-764.

[9] Cohn, D. , Atlas, L. , & Ladner, R. (1994). Improving generalization with active learning. *Machine Learning*, 15(2), 201-221.

[10] Crammer, K. , Dekel, O. , Keshet, J. , Shalev-Shwartz, S. , & Singer, Y. (2006). Online passive-aggressive algorithms. *Journal of Machine Learning Research*, 7, 551-585.

[11] Dasgupta, S. (2005). Coarse sample complexity bounds for active learning. In *Neural information processing systems*.

[12] Dasgupta, S. (2009). The two faces of active learning. In *Discovery science* (p. 35).

[13] Dasgupta, S. , Hsu, D. , & Monteleoni, C. (2008). A general agnostic active learning algorithm. In J. C. Platt, D. Koller, Y. Singer & S. Roweis (Eds.), *Advances in neural information processing systems* (Vol. 20, pp. 353-360). Cambridge: MIT Press.

[14] De Bra, P. , Kobsa, A. , & Chin, D. E. (2010). *Lecture notes in computer science: Vol. 6075. User modeling, adaptation, and personalization*. Proceedings of the 18th international conference UMAP 2010.

[15] Dechter, R. , & Pearl, J. (1985). Generalized best-first search strategies and the optimality of A^*. *Journal of the ACM*, 32, 505-536.

[16] Dempster, A. P. , Laird, N. M. , & Rubin, D. B. (1977). Maximum likelihood from incomplete data via the EM algorithm (with discussion). *Journal of the Royal Statistical Society*, Series B, 39, 1-38.

[17] Duda, R. O. , & Hart, P. E. (1973). *Pattern classification and scene analysis*. NewYork: Wiley.

[18] Fischer, G. (2001). User modeling in human-computer interaction. *User Modeling and User-Adapted Interaction*, 11, 65-86.

[19] Freund, Y. , Seung, H. S. , Shamir, E. , & Tishby, N. (1995). Selective sampling using the query by committee algorithm. In *Machine learning* (pp. 133-168).

[20] Frey, B. J. , & Hinton, G. E. (1999). Variational learning in nonlinear Gaussian belief networks. *Neural Computation*, 11, 193-213.

[21] Geman, S. , & Geman, D. (1987). Stochastic relaxation, Gibbs distributions, and the Bayesian restoration of images. In *Readings in computer vision: issues*,

problems，principles，and　paradigms(pp. 564-584). San　Mateo：　Morgan Kaufmann.

[22] González-Rubio,J. , Ortiz-Martínez,D. , &. Casacuberta,F. (2010). Balancing user effort and translation error in interactive machine translation via confidence measures. In *Proceedings of the 48th annual meeting of the association for computational linguistics (ACL10)*(pp. 173-177).

[23] Groena,F. C. A. ,tenKateb,T. K. ,Smeuldersc,A. W. M. ,&. Youngd,I. T. (1989). Human chromosome classification based on local band descriptors. *Pattern Recognition Letters* ,9(3),211-222.

[24] Hanneke,S. (2009). *Theoretical foundations of active learning*. Machine Learning Department,School of Computer Science,Carnegie Mellon University,Pittsburgh,USA. Advisors： Blum,A. ,Dasgupta,S. ,Wasserman, L. ,&. Xing,E. P.

[25] Hazan,E. , &. Seshadhri,C. (2009). Efficient learning algorithms for changing environments. In *Proceedings of the 26th annual international conference on machine learning*.

[26] Hinton,G. E. (2002). Training products of experts by minimizing contrastive divergence. *Neural Computation* ,14,1771-1800.

[27] Jaksch,T. , Ortner,R. ,&. Auer,P. (2010). Near-optimal regret bounds for reinforcement learning. *Journal of Machine Learning Research* ,99, 1563-1600.

[28] Jaimes,A. , &. Sebe,N. (2006). Multimodal human-computer interaction： A survey. *Computer Vision and Image Understanding* ,108(1-2),116-134. Special Issue on Vision for Human-Computer Interaction.

[29] Jarvis,R. A. (1974). An interactive minicomputer laboratory for graphics, image processing,and pattern recognition. *Computer* ,7(10),49-60.

[30] Jelinek,F. (1998). *Statistical methods for speech recognition*. Cambridge： MIT Press.

[31] Jiménez,V. M. , &. Marzal,A. (1999). Computing the *k* shortest paths： a new algorithm and an experimental comparison. In J. S. Viter &. C. D. Zaraliagis (Eds.),*Lecture notes in computer science*： *Vol*. 1668. *Algorithm engineering* (pp. 15-29). Berlin： Springer.

[32] Kittler,J. , &.Illingworth,J. (1986). Relaxation labelling algorithms-a review. *Image and Vision Computing* ,3,206-216.

[33] Martin,S. C. ,Ney,H. ,& Hamacher,C. (2000). Maximum entropy language modeling and the smoothing problem. *IEEE Transactions on Speech and Audio Processing*,8(5),626-632.

[34] Martínez,C. ,García,H. ,& Juan,A. (2003). Chromosome classification using continuous hidden Markov models. In *LNCS. Pattern recognition and image analysis*(pp. 494-501). Berlin: Springer.

[35] Martínez,C. ,Juan,A. ,& Casacuberta,F. (2007). Iterative contextual recurrent classification of chromosomes. *Neural Processing Letters*,26(3),159-175.

[36] Neal,R. M. ,& Hinton,G. E. (1998). A view of the em algorithm that justifies incremental,sparse,and other variants. In *Learning in graphical models*(pp. 355-368). Dordrecht: Kluwer Academic.

[37] Och,F. J. ,& Ney,H. (2002). Discriminative training and maximum entropy models for statistical machine translation. In *Proc. of ACL*(pp. 295-302).

[38] Pastor,M. ,Toselli,A. H. ,& Vidal,E. (2005). Writing speed normalization for on-line handwritten text recognition. In *Proc. of the eighth international conference on document analysis and recognition* (*ICDAR'05*)(pp. 1131-1135),Seoul,Korea.

[39] Pearl,J. (1984). *Heuristics: intelligent search strategies for computer problem solving*. Reading: Addison-Wesley.

[40] Pearl,J. (1988). *Probabilistic reasoning in intelligent systems: networks of plausible inference*. San Mateo: Morgan Kaufmann.

[41] Plamondon,R. ,& Srihari,S. N. (2000). On-line and off-line handwriting recognition: a comprehensive survey. *IEEE Transactions on Pattern Analysis and Machine Intelligence*,22(1),63-84.

[42] Rabiner,L. (1989). A tutorial of hidden Markov models and selected application in speech recognition. *Proceedings of the IEEE*,77,257-286.

[43] Ritter,G. ,Gallegos,M. T. ,& Gaggermeier,K. (1995). Automatic contextsensitive karyotyping of human chromosomes based on elliptically symmetric statistical distributions. *Pattern Recognition*,28(6),823-831.

[44] Rosenfeld,A. ,Hummel,R. A. ,& Zucker,S. W. (1976). Scene labeling by relaxation operations. *IEEE Transactions on Systems,Man,and Cybernetics*, 6(6),420-433.

[45] Schröck,E. ,duManoir,S. ,Veldman,T. ,Schoell,B. ,Wienberg,J. W. ,Ferguson-Smith,M. A. ,Ning,Y. ,Ledbetter,D. H. ,Bar-Am,I. ,Soenksen,D. ,Gar-

ini,Y. ,&- Ried,T. (1996). Multicolor spectral karyotyping of human chromo-
somes. *Science*,273(5274),494-497.

[46] Serrano,N. ,Sanchis,A. ,&- Juan,A. (2010). Balancing error and supervision
effort in interactive-predictive handwriting recognition. In *Proceedings of the
international conference on intelligent user interfaces* (*IUI* 2010)(pp.
373-376).

[47] Shalev-shwartz,S. ,&- Tewari,A. (2008). Efficient bandit algorithms for
online multiclass prediction sham m. kakade. In *Proc. of the 25th international
conference on machine learning.*

[48] Toselli,A. H. ,Pastor,M. ,&- Vidal,E. (2007). On-line handwriting recogni-
tion system for Tamil handwritten characters. In *Lecture notes in computer
science: Vol. 4477. 3rd Iberian conference on pattern recognition and image
analysis* (pp. 370-377),Girona (Spain). Berlin: Springer.

[49] Ueffing,N. ,&- Ney,H. (2007). Word-level confidence estimation for machine
translation. *Computational Linguistics*,33(1),9-40.

[50] Viterbi,A. (1967). Error bounds for convolutional codes and an asymptotically
optimal decoding algorithm. *IEEE Transactions on Information Theory*,13,
260-269.

[51] Wessel,F. ,Schlüter,R. ,Macherey,K. ,&- Ney,H. (2001). Confidence measu-
res for large vocabulary continuous speech recognition. *IEEE Transactions on
Speech and Audio Processing*,9(3),288-298.

[52] Zaphiris,P. ,&-Ang,C. S. (2008). *Cross-disciplinary advances in human
computer interaction: user modeling,social computing,and adaptive
interfaces. Advances in technology and human interaction book series.*
Information Science Reference.

第 2 章　　计算机辅助转录:通用框架

本章描述了计算机辅助转录方法的通用基础,具体转录方法将在后续三章(第 3、4、5 章)中详细介绍。此外,还介绍了目前应用于手写文本和语音识别的最新系统的共同特征。

用于手写文本图像和语音信号的交互式转录的具体数学公式和建模方法来自于 1.3.3 节介绍的交互－预测式通用框架的实例化。另外,在此基础之上,在采用了 1.4.2 节介绍的从左到右被动式交互协议之后,这两种基础的计算机辅助手写文本和语音转录的方法得以改进,同时给出了用于评估其效用的方法(分别详见第 3、4 章)。

2.1　简　介

由于在线数词图书馆的数量不断增加,并且出版了大量数字化的手稿和音频(视频)文档,因此手写文本和语音信号的转录任务已经成为一个重要的研究课题。这些包含了几百太(T,1 TB＝ 1 024 GB) 字节的数字文本图像和语音信号材料,绝大部分都需要被转录成可以提供新的检索、参考和查询方法的电子文本格式(如 ASCII 或 PDF)。

手写文本识别(Handwritten Text Recognition,HTR) 和自动语音识别(Automatic Speech Recognition,ASR) 的最新系统都基于隐马尔可夫模型(Hidden Markov Model,HMM),其基本原理将在 2.2 节中介绍。然而,这些系统不够准确,所以它们并不能替代人工。由于手写风格的多样性、声波信号固有的复杂性,以及词汇的开放性问题,识别系统遇到了很多困难。为了使这些转录系统能够提供良好的转录结果,当文档的全自动识别过程结束之后,仍然需要大量的人工检错工作。但通常情况下,如果错误率很高,这种后期编辑的方法对于纠错者来说,不仅效率很低而且很不舒服。

根据不同转录任务的具体要求,转录大致可分为两种方式:含有可容忍误差的转录和完全正确的转录。第一种类型的转录可以作为(手写文本或音频) 文档索引、参考和查询的元数据,而第二种类型对应于传统的文字转录,例如对旧手稿文档的古文字转录。

第一种转录系统致力于减少定位错误发生位置的工作量,由于这套机制并不健全,如果需要可以为用户标记出被识别的字,让用户来监督和纠正。虽然局部监督并不能保证完美的转录,但是它能帮助系统自适应地训练其统计模型,以获得更高的精度。此外,如果在未受监督的部分,识别错误是可以接受的,那么监督工作量可能会大大减少。这种半监督式、主动的学习方法已在GIDOC系统中被开发出来,并应用于手写文本转录,这将在第5章中详细介绍。

对于需要完全正确转录的情况,计算机辅助文本图像转录(Computer Assisted Transcription of Text Images,CATTI)和计算机辅助语音转录(Computer Assisted Transcription of Speech,CATS)可以作为有效的方法来取代自动转录的后期编辑。在这些交互 — 预测方法中,识别系统和人工转录员需要紧密合作以获得最终的转录结果,从而能够把人工的精确和识别系统的高效结合起来。这两种系统(CATTI 和 CATS)将在第 3 章和第 4 章中详细介绍,而本章的剩余部分将着重介绍这两种方法的基础通用框架。

2.2 HTR 与 ASR 通用统计框架

根据 1.2 节中介绍的经典模式识别范式,无论手写文本还是语音信号的识别,都寻求用字符或单词来解码相应的文字和语音。在为两种系统整合的方法中,输入 x 是一个描述文本图像和语音信号的特征向量序列(沿着相应的横轴或时间轴)。系统的输出假设是某种语言的转录文字序列 w。在这种情况下,遵循与式(1.1) 和式(1.2) 相似的步骤(见 1.2 节):

$$\hat{w} = \arg \max_{w} \Pr(w \mid x) = \arg \max_{w} \Pr(x \mid w) \cdot \Pr(w) \approx$$
$$\arg \max_{w} P(x \mid w) \cdot P(w) \tag{2.1}$$

其中 $P(x \mid w)$ 来自于形态学文字模型;$P(w)$ 来自于语言模型。

形态学文字模型是由各自的词条建立的,它们都能由随机有限状态自动机(stochastic finite-state automaton) 建模,其中,自动机代表了所有能构成单词的单个字符或音素的可能串联。反过来,每个字符或音素是由从左到右连续密度的 HMM 建模的,并且每个状态都是高斯混合的。在每种模型状态下,特征向量以这种混合作为概率准则来建立。通过向单词自动机的边嵌入字符或音素的 HMM,就可以获得词汇的 HMM。这些 HMM(形态学文字模型) 估计了式(2.1) 中的单词条件概率 $P(x \mid w)$。状态和HMM的高斯模型的数量共同决定了需要估计的参数总数。因此,这些数量需要根据经验进行调整,以便在给定训练矢量总数的情况下,使整体性能最优。

通常情况下,将一串特定词语 w 转化成句子或文本行的真实概率 $\Pr(w)$ 可由下式给出：

$$\Pr(w) = \Pr(w_1) \cdot \prod_{i=2}^{l} \Pr(w_i \mid w_1^{i-1}) \qquad (2.2)$$

其中 $\Pr(w_i \mid w_1^{i-1})$ 是当已经看到由单词序列 $w_1 \cdots w_{i-1}$ 构成的句子时,单词 w_i 的概率。在单词 w_i 之前的单词序列就是所谓的"历史"。在实际应用中,由于句子可以是任意长的,为每个可能的 w 序列估计概率 $\Pr(w)$ 是非常困难的,事实上,许多(序列) 可能已经从估计过程的训练集中丢失了。注意,对于一个有 $|V|$ 个不同词汇的词汇表,长度为 i 的序列的不同历史数量就是 $|V|_{i-1}$。因此,对 $\Pr(w)$ 的精确估计通常是不可行的,所以经常用平滑 n-gram(n 词文法) 模型来逼近,这种模型使用之前的 $n-1$ 个单词来预测下一个:

$$\Pr(w) \approx P(w) = P(w_1) \cdot \prod_{i=2}^{n-1} P(w_i \mid w_1^{i-1}) \cdot \prod_{i=n}^{l} P(w_i \mid w_{i-n+1}^{i-1}) \qquad (2.3)$$

在本章以及后续的第 3、4、5 章中,将使用带有 Kneser — Ney 退避平滑的 n-gram 语言模型(在大多数情况下是 bi-gram(双词文法) 模型),该模型是由训练集的给定转录估计出来的。bi-gram 模型估计式(2.1) 中的概率 $P(w)$,同时也是"动态"的基础,式(2.8) 中的前缀约束语言模型 $P(s \mid p)$,具体将在 2.4 节中解释。

为了训练 HMM 和 n-gram 语言模型,需要一个语料库,其中每个训练样本(手写文本图像或口语发音) 都带有其正确的转录。这些转录必须准确地描述出每个样本中出现的所有元素,例如话语中的音素,或手写文本图像中的字母(包括小写和大写)、符号、缩写等。一方面,HMM 模型是利用期望最大化(EM) 算法的一个实例进行训练的,这个算法实例被称为前向 — 后向(forward — backward) 或 Baum —Welch 重新估计(Baum—Welch reestimation)。另一方面,n-gram 语言模型的概率可以从基于单词序列相对频率的训练转录的原始文本(或从外部文本语料库) 估计出。

当所有的字符／音素、单词和语言模型都可用时,就可以对新测试语句进行识别。根据所有这些模型的均匀有限状态(FS) 特性,它们可以很容易地集成到一个单一的全局的(巨大的)FS 模型上,这样式(2.1) 就可以很容易求解。给定一个特征向量作为输入序列,那么输出的词语序列假设与集成网络中最有可能生成输入序列的路径相对应。这个最优路径的搜索可以通过众所周知的(束搜索加速)Viterbi 算法有效实施。该技术允许在解码过程中进行动态整合。在这种方式下,只有搜索严格所需的内存才会被实际分配。Viterbi 算法也可以很容易地用于求解 CATTI 和 CATS 交互式框架所需的方程(2.6),具体内容将在 2.3 节中再做介绍。

应该指出,在实践中 HMM 和 bi-gram(log-) 模型的概率在使用式(2.1) 或式

(2.6) 前一般都是"平衡"的,这是通过使用一个"语法比例因子"(Grammar Scale Factor,GSF) 实现的,其值是根据经验来调整的。

2.3 CATTI 与 CATS 通用统计框架

使用1.3.3节所介绍的人工反馈(使用确定型反馈交互) 的 IPR 范式架构可以直接应用于手写文本和语音信号的转录。根据这个 IPR 范式,在交互式转录框架中,系统应考虑当前状态以改进接下来的预测。进程开始时,系统对输入图像/语音信号做出初步预测,并给出一个完整的转录结果。然后,用户阅读该预测结果,直到发现一处错误。这时,用户纠正这个错误,并产生一个新的扩展前缀(先前验证过的前缀加上用户输入的修正)。识别系统利用这个新的前缀来尝试给出一个新的预测,从而开始新一轮的循环,重复这个过程直至得到最终正确的转录结果。这个交互过程遵循"从左到右交互－预测处理协议",该协议已在 1.4.2 节中描述过。

人体工程学和用户偏好决定系统应该什么时候开始新的循环。通常情况下,它可以在用户每次按下按键或键入整词后开始。另一种可行的方案是定时系统,当检测到用户有一小段时间没有动作时,触发新的预测。尽管在实际应用中基于单次按键的交互是最好的,但为了清晰起见,除非另有说明,这里仅考虑基于整个单词的交互。这将能够正确地估计出,与传统的自动转录后人工编辑相比,由交互式转录带来的人工减少量(见 2.6 节)。

在形式上,交互式转录方法可以看作是式(1.14) 所阐述问题的实例,其中除了给定特征向量序列 x 外,还给出了已经由用户验证的转录前缀 p。这个前缀对应于式(1.14) 中的 (h', d),包含之前系统预测 (h') 和用户按键行为的信息,这里,按键行为以修正击键 (d) 的形式包含其中。在这种方式下,HTR 系统应该尝试通过寻找最可能的后缀来匹配前缀。为方便起见,将其中用到的式(1.32)(见1.4节) 再次列在下面:

$$\hat{s} = \arg\max_s \Pr(s \mid x,p) \approx \arg\max_s P(s \mid x,p) =$$
$$\arg\max_s P(x \mid p,s) \cdot P(s \mid p) \qquad (2.4)$$

式(2.4) 与式(2.1) 非常相似,其中 w 是 p 和 s 的串接。主要区别是这里的 p 是给定的。因此,搜寻一定要遍历 p 所有可能的后缀 s,并且语言模型概率 $P(s \mid p)$ 必须保证所用的词语可以写在固定前缀 p 的后面(即后缀要与前缀至少在一定程度上匹配)。

为求解方程(2.4),图像 x 可以考虑分解成两个部分:x_1^b 和 x_{b+1}^M,其中 M 是 x 的

长度。进一步将边界点 b 看成隐藏变量,可以将方程(2.4)写为

$$\hat{s} \approx \arg \max_s \sum_{0 \leqslant b \leqslant m} P(x, b \mid p, s) \cdot P(s \mid p) \tag{2.5}$$

现在可以简单地(但符合事实)假设,给定 p 时,x_1^b 的概率不依赖于后缀,给定 s 时,x_{b+1}^M 的概率不依赖于前缀,并用主导项对所有可能的分段求近似和,则方程 (2.5)可改写为

$$\hat{s} \approx \arg \max_s \max_{0 \leqslant b \leqslant M} P(x_1^b \mid p) \cdot P(x_{b+1}^M \mid s) \cdot P(s \mid p) \tag{2.6}$$

这个最优化问题相当于,找到一个与最佳后缀解码 $\hat{s}$ 匹配的最佳边界点 $\hat{b}$。也就是说,信号 x 实际上被分成两个部分,$x_p = x_1^{\hat{b}}$ 和 $x_s = x_{\hat{b}+1}^M$,第一部分对应于前缀,而第二部分对应于后缀。因此,搜索可以仅在对应于可能后缀的信号部分实行,另一方面,也可以利用来自前缀的信息,来实行由 $P(s \mid p)$ 建模的语言模型约束条件。

2.4   改进语言模型

或许处理 $P(s \mid p)$ 最简单的方法是改进 n-gram 语言模型来处理合并前缀。如果用传统 n-gram 模型对概率 $P(w)$ 进行建模(其中 w 是 p 和 s 的串接,换言之即是整个句子),那么就需要修改这个模型以将条件概率 $P(s \mid p)$ 考虑进去。

令 $p = w_1^k$ 为一个整合前缀,$s = w_{k+1}^l$ 是一个可能的后缀,就可以计算 $P(s \mid p)$,如

$$P(s \mid p) = P(p, s)/P(p) = \frac{\prod_{i=1}^{l} P(w_i \mid w_{i-n+1}^{i-1})}{\prod_{i=1}^{k} P(w_i \mid w_{i-n+1}^{i-1})} = \prod_{i=k+1}^{l} P(w_i \mid w_{i-n+1}^{i-1}) \tag{2.7}$$

此外,对于这个因式分解出的第 $k+1$ 个到第 $k+n-1$ 个因子,从已知的词语 w_{k-n+2}^k 中可以得到更多的信息,从而有

$$P(s \mid p) = \prod_{i=k+1}^{k+n-1} P(w_i \mid w_{i-n+1}^{i-1}) \cdot \prod_{i=k+n}^{l} P(w_i \mid w_{i-n+1}^{i-1}) =$$

$$\prod_{j=1}^{n-1} P(s_j \mid p_{k-n+1+j}^k, s_1^{j-1}) \cdot \prod_{j=n}^{l-k} P(s_j \mid s_{j-n+1}^{j-1}) \tag{2.8}$$

其中 $p_1^k = w_1^k = p, s_1^{l-k} = w_{k+1}^l = s$。

式(2.8)中的第一项决定后缀中 $n-1$ 个单词的概率,此概率受已验证前缀中的单词约束,而第二项则是后缀中剩余单词的常规 n-gram 概率。

2.5 搜索与解码方法

在本节中,将继续简要地讨论一些基于式(2.6)的交互转录解码器的可能实现方案。先从一种简单的方案说起,将解码分成两个步骤:首先,用已经过验证的前缀 p 将信号 x 分为 x_p 和 x_s 两部分,然后可以用"后缀语言模型"(Suffix Language Model,SLM)对 x_s 解码,正如式(2.8)所示。这里的问题是,如果仅考虑前缀 p 中的信息,那么就无法完美地将信号分成 x_p 和 x_s 两部分。

一种更好的方法是显式地利用式(2.6)在一步内完成解码过程,就像经典的手写文本/语音识别那样。解码器必须匹配之前确定下来的前缀 p,然后根据式(2.8)中的约束条件继续搜索后缀 $\hat{s}$。对于后一种方法,有两种不同的可能实现途径。一种是基于著名的 Viterbi 算法,另一种是基于词图技术,与文献[1,5]中描述的用于计算机辅助翻译和多模语音后期编辑的方法类似。两者的具体实现方法将在下面的小节中描述。

2.5.1 基于 Viterbi 的实现方法

在这种情况下,对应于式(2.6)和式(2.8)的搜索问题可以通过建立一个特殊的语言模型直接求解。这个模型可以看作是线性模型的"级联",它严格约束接在 p 后面的单词以及式(2.8)中的"后缀语言模型"。首先建立训练集的 n-gram 模型,然后构造已验证前缀的线性模型,最后将这两个模型组合成一个如图 2.1 所示的单一模型。由于这种特殊的语言模型具有有限状态性质,式(2.6)中的搜索就可以利用 Viterbi 算法高效执行。除了最佳后缀解码 $\hat{s}$ 外,还会额外得到 x 的相应的最佳分割。

需要注意的是,如果直接用 Viterbi 算法来实现这些技术,那么计算开销将随着每条语句中的单词数呈平方律增加。每一次用户交互都会动态地产生一个新的语言模型来执行解码搜索,对于长句或是需要细粒度(字符级)的交互框架来说这可能是有问题的,因为这个过程非常耗时。然而,如果应用类似于文献[1,5]中介绍的词图技术,那么这个过程就可以变得非常高效,而搜索的开销仅是线性的。

2.5.2 基于词图的实现方法

正如在 1.5.1 节中介绍的,词图(WG)是一种数据结构,它以一种非常高效的方式来表示字符串。在手写文本识别或语音识别中,词图表示给定文本图像或口语发音的具有最高 $P(w \mid x)$(见式(2.1))的转录结果。这时,词图就相当于转录给定的输入 x 时,所获得的(删减后的)Viterbi 搜索网格。

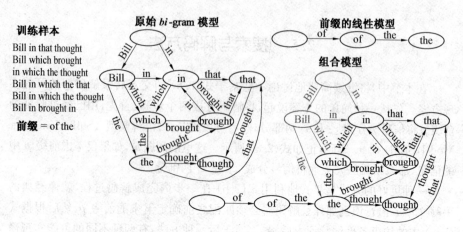

图2.1　交互式转录动态语言模型的构建实例。首先,为图像的训练集建立一个bi-gram模型,然后,建立一个对应前缀"of the"的线性模型,最后,将这两个模型合并成一个前缀约束模型

根据式(1.38)和式(1.39)(见1.5.1节),单词序列w在词图中的概率是所有产生w的路径的概率总和$\gamma(w)$:

$$P(w) = \sum_{\Phi_w \in \gamma(w)} \prod_{i=1}^{l} p(e_i) \tag{2.9}$$

其中Φ_w是边$e_1, e_2, \cdots, e_l$的序列,因此$w = w(e_1), w(e_2), \cdots, w(e_l)$。给定一个词图,那么具有最大概率的单词序列可以写为

$$\hat{w} = \arg\max_{w} \sum_{\Phi_w \in \gamma(w)} \prod_{i=1}^{l} p(e_i) \tag{2.10}$$

然而,由于这里的最大值问题是NP困难(NP-hard)的,因此用高效的Viterbi搜索算法来近似:

$$P(w) \approx \max_{\Phi_w \in \gamma(w)} \prod_{i=1}^{l} p(e_i) \tag{2.11}$$

$$\hat{w} \approx \arg\max_{w} \max_{\Phi_w \in \gamma(w)} \prod_{i=1}^{l} p(e_i) \tag{2.12}$$

边的概率函数$p(e)$(其中$e = (i, j)$),等于从词图节点i到j的特征向量子序列$x_{t(i)+1}^{t(j)}$的形态学/声学单词概率$P(x_{t(i)+1}^{t(j)} \mid w(e))$,与边$e$上给定单词的语言模型概率$P(w(e))$的乘积,即

$$p(e) = P(x_{t(i)+1}^{t(j)} \mid w(e)) \cdot P(w(e)) \tag{2.13}$$

在交互式转录过程中,系统为了给出能被人工转录员接受的前缀,必须利用这个词图。换句话说,搜索问题即是当给定前缀p时,寻找一个目标后缀s,使后验

概率 $P(s \mid x, p)$ 取得最大值,如式(2.4)所示。

词图的搜索包括两个阶段。第一阶段解析之前从词图中得到的已验证前缀 p,并寻找一组与单词序列 p 相关联的路径的终点集合 Q_p。在第二阶段中,解码器继续从 Q_p 中的任意节点开始搜索后缀 s,以使式(2.4)的后验概率最大。从词图的角度,可以得到式(2.6)的类似表达式:

$$\hat{s} = \arg \max_s \max_{q \in Q_p} P(x_1^{t(q)} \mid p) \cdot P(x_{t(q)+1}^m \mid s) \cdot P(s \mid p) \tag{2.14}$$

式(2.6)中的边界点 b 现在受限于 $t(q), \forall q \in Q_p$。

使用动态规划可以高效地执行这个搜索问题。为了使过程更快,首先,从最终节点倒退到起始节点,应用动态规划类 Viterbi(Viterbi-like)算法。在这种方式下,计算从任意节点到最终节点的最佳路径及其概率。然后,寻找边界节点集合 Q_p。接下来只需计算从初始节点到任意节点 $q(q \in Q_p)$ 的概率,再将其乘上从 q 到终止节点的(预先计算出的)概率,最后选择具有最大概率值的节点即可。

因为词图代表的是可能的源手写文本图像或语音信号转录结果的子集,所以有可能发生这样的情况,用户给出的一些前缀不能在词图中准确地找到。为了避免这个问题,随着本书对不同系统研究的深入,将看到一些已经实现的纠错解析算法。

【例 2.1】 手写文本的词图。

下面的例子是一个从手写文本图像识别中获得的特定词图,语音信号识别的过程与其基本一致。图 2.2 给出了一个例子,用词图表示一组由手写句子 "antiguos ciudadanos que en Castilla se llamaban" 得到的可能转录结果集合。在这个例子中,函数 t 连接手写图像中所有水平位置不同的节点。根据 1.5.1 节中介绍的词图表示法,函数 $w(e)$ 用位于图像水平位置 $t(i)+1$ 和 $t(j)$ 之间的单词假设来关联每条边,函数 $p(e)$ 则是 $w(e)$ 出现在 $t(i)+1$ 和 $t(j)$ 之间的概率。

对于图 2.2 中的词图,给定一条路径,例如路径 Φ_1:

$$\Phi_1 = \{(0,1),(1,5),(5,7),(7,10),(10,11),(11,12),(12,14),(14,17)\} \tag{2.15}$$

其概率计算为

$$\begin{aligned}
P(\Phi_1) = \; & p(0,1)p(1,5)p(5,7)p(7,10)p(10,11)p(11,12) \\
& p(12,14)p(14,17) = \\
& 0.6 \cdot 0.3 \cdot 0.8 \cdot 0.8 \cdot 0.5 \cdot 0.6 \cdot 0.6 \cdot 0.6 = 0.012
\end{aligned}$$

与它关联的单词序列是 $w^{(1)} =$ "*antiguos ciudadanos que en el Castillo sus llamadas*"。不过,Φ_1 并不是能产生 $w^{(1)}$ 的唯一路径,还有

$$\Phi_2 = \{(0,1),(1,3),(3,7),(7,10),(10,11),(11,12),(12,14),(14,17)\}$$

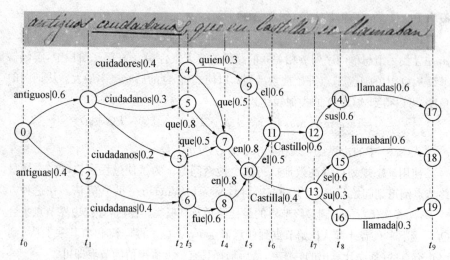

图 2.2　图像位置 t_i 与节点相关联 $t(0) = t_0 = 0, t(1) = t(2) = t_1, t(3) = t_2, t(4) = t(5) = t(6) = t_3, t(7) = t(8) = t_4, t(9) = t(10) = t_5, t(11) = t_6, t(12) = t(13) = t_7, t(14) = t(15) = t(16) = t_8, t(17) = t(18) = t(19) = t_9$

因此，$w^{(1)}$ 的确切概率是

$$P(w^{(1)}) = P(\Phi_1) + P(\Phi_2) = 0.012 + 0.005 = 0.017$$

用 Viterbi 算法近似，$P(w^{(1)})$ 是有最大概率路径的概率，也就是说：

$$P(w^{(1)}) \approx P(\widetilde{w}^{(1)}) = P(\Phi_1) = 0.012$$

现在，为了获得具有最大概率的单词序列，必须考虑词图中的所有单词序列。图 2.2 显示了词图中的所有单词序列及其对应的路径：

$w^{(1)} = $ "antiguos ciudadanos que en el Castillo sus llamadas",

$\Phi_1 = \{(0,1), (1,5), (5,7), (7,10), (10,11), (11,12), (12,14), (14,17)\}$,

$\Phi_2 = \{(0,1), (1,3), (3,7), (7,10), (10,11), (11,12), (12,14), (14,17)\}$,

$w^{(2)} = $ "antiguos ciudadanos que en Castilla se llamaban",

$\Phi_3 = \{(0,1), (1,5), (5,7), (7,10), (10,13), (13,15), (15,18)\}$,

$\Phi_4 = \{(0,1), (1,3), (3,7), (7,10), (10,13), (13,15), (15,18)\}$,

$w^{(3)} = $ "antiguos ciudadanos que en Castilla su llamada",

$\Phi_5 = \{(0,1), (1,5), (5,7), (7,10), (10,13), (13,16), (16,19)\}$,

$\Phi_6 = \{(0,1), (1,3), (3,7), (7,10), (10,13), (13,16), (16,19)\}$,

$w^{(4)} = $ "antiguos cuidadores quien el Castillo sus llamadas",

$\Phi_7 = \{(0,1), (1,4), (4,9), (9,11), (11,12), (12,14), (14,17)\}$,

$w^{(5)} = $ "antiguos cuidadores que en el Castillo sus llamadas",

$\Phi_8 = \{(0,1),(1,4),(4,7),(7,10),(10,11),(11,12),(12,14),(14,17)\}$,

$w^{(6)} =$ "antiguos cuidadores que en el Castilla sus llamaban",

$\Phi_9 = \{(0,1),(1,4),(4,7),(7,10),(10,13),(13,15),(15,18)\}$,

$w^{(7)} =$ "antiguos cuidadores que en Castilla su llamada",

$\Phi_{10} = \{(0,1),(1,4),(4,7),(7,10),(10,13),(13,16),(16,19)\}$,

$w^{(8)} =$ "antiguas ciudadanas fue en el Castillo sus llamadas",

$\Phi_{11} = \{(0,2),(2,6),(6,8),(8,10),(10,11),(11,12),(12,14),(14,17)\}$,

$w^{(9)} =$ "antiguas ciudadanas fue en Castilla se llamaban",

$\Phi_{12} = \{(0,2),(2,6),(6,8),(8,10),(10,13),(13,15),(15,18)\}$,

$w^{(10)} =$ "antiguas ciudadanas fue en Castilla su llamada",

$\Phi_{13} = \{(0,2),(2,6),(6,8),(8,10),(10,13),(13,16),(16,19)\}$,

它们的概率分别是

$P(w^{(1)}) = P(\Phi_1) + P(\Phi_2) = 0.012 + 0.005 = 0.017$,

$P(w^{(2)}) = P(\Phi_3) + P(\Phi_4) = 0.016 + 0.007 = 0.023$,

$P(w^{(3)}) = P(\Phi_5) + P(\Phi_6) = 0.004 + 0.002 = 0.006$,

$P(w^{(4)}) = P(\Phi_7) = 0.009$,

$P(w^{(5)}) = P(\Phi_8) = 0.010$,

$P(w^{(6)}) = P(\Phi_9) = 0.014$,

$P(w^{(7)}) = P(\Phi_{10}) = 0.003$,

$P(w^{(8)}) = P(\Phi_{11}) = 0.008$,

$P(w^{(9)}) = P(\Phi_{12}) = 0.011$,

$P(w^{(10)}) = P(\Phi_{13}) = 0.003$,

最后,不论从精确值($P(w^{(2)}) = 0.023$)看,还是从 Viterbi 算法的近似值($P(w^{(2)}) = 0.016$)看,具有最大概率的单词序列都是 $w^{(2)}$。

在交互式转录过程中,每当用户验证了一个前缀,系统遵循前面所述的词图搜索步骤,利用这个词图补全这个已验证的前缀。例如,给出前缀"antiguos ciudadanos"后,在第一阶段,解码器在词图上解析这个前缀,发现节点集合 $Q_p = \{3,5\}$,这对应于从初始节点开始,与单词序列"antiguos ciudadanos"相关联的路径。然后,解码器继续搜索从 Q_p 中任意节点出发使后验概率最大的后缀 s。在这个例子中,使后验概率最大的后缀是 $\hat{s} =$ "que en Castilla se llamaban"。

2.6 评估方法

正如 1.4.6 节所述的,基于语料库的评估范式仍然可以应用于交互式模式识别（IPR）任务。虽然识别错误在 IPR 中是没有意义的（因为用户会确保最终结果中没有错误），但是对每个对象的正确标记可以用于确定产生一个正确的假设需要多少步交互动作。对于交互式转录系统，产生正确转录所需的人工转录员的工作量是用单词键入率（WSR）进行估计的，可以通过对比参照转录来计算。每次给出识别假设后，可以得到假设和参照之间的最长共同前缀，并将假设中第一个不匹配的单词用相应的参照单词替换。这个过程将一直重复下去，直到假设与参照完全匹配（一致）。因此，WSR 可以定义为，为生成给定文本图像的正确（参照）转录用户需要交互的单词数除以参照转录中的总单词数。

另一方面，非交互式转录的质量可以用误词率（WER）来评估。它的定义是，将一个系统识别出的句子转变成相应的参照转录需要替换、删除或插入的最少单词数除以参照中的总单词数。WER 可以很好地估计用户后期编辑的工作量。

这些定义使得 WER 和 WSR 可以相互比较。此外，它们之间的相对差异为我们估计了用户工作减少量。用户工作减少量指的是，与传统转录系统的人工后期编辑相比，交互式转录系统能够减少多少用户工作量。预计工作减少量记为"EFR"。

评估非交互式转录系统的另一个指标是语句错误率（SER），也称为字符串错误率。它定义为至少有一个错误识别单词的语句数。因为 SER 远比 WER 严格，所以 SER 并不适合用于转录系统的评估，主要是由于 SER 没有反映出纠正句子中错误识别单词所需的用户工作量。然而，它在语音识别（第 4 章）、机器翻译（第 4 章和第 7 章）和交互式文本生成（第 10 章）中却得到了相当广泛的应用。

本章参考文献

[1] Barrachina,S. ,Bender,O. ,Casacuberta,F. ,Civera,J. ,Cubel,E. ,Khadivi,S. , Ney,A. L. H. ,Tomás,J. ,& Vidal,E. (2009). Statistical approaches to compu-ter-assisted translation. *Computational Linguistics*,35(1),3-28.

[2] Jelinek,F. (1998). *Statistical methods for speech recognition*. Cambridge：MIT Press.

[3] Katz,S. M. (1987). Estimation of probabilities from sparse data for the language model component of a speech recognizer. *IEEE Transactions on Acoustics, Speech ,and Signal Processing* ,ASSP-35,400-401.

[4] Kneser,R. ,& Ney,H. (1995). Improved backing-off for n-gram language modeling. In *Proceedings of the international conference on acoustics,speech and signal processing* (*ICASSP*)(Vol. 1,pp. 181-184).

[5] Liu,P. ,& Soong,F. K. (2006). Word graph based speech recognition error correction by handwriting input. In *Proceedings of the international conference on multimodal interfaces*(*ICMI'06*) (pp. 339-346),New York,NY,USA. New York: ACM.

[6] Serrano,N. ,Sanchis,A. ,& Juan,A. (2010). Balancing error and supervision effort in interactive-predictive handwritten text recognition. In *Proceedings of the international conference on intelligent user interfaces* (*IUI'10*) (pp. 373-376),Hong Kong,China.

第3章　计算机辅助文本图像转录

基于前面章节中介绍过的交互－预测转录框架,本章提出了一种用于转录手写文本图像的有效交互方法,及其更符合人体工程学的多模变量。所有这些已提出方法的主要目的,并不是为了达成全自动转录方式,而是在转录过程中有效地协助专业人员。出于这个目的,本章又提出了一种交互式应用场景,该场景中全自动的手写识别系统和人工转录者协同合作,来生成文本图像的最终转录结果。

此外,本章还对 CATTI 技术中嵌入的基本离线和在线 HTR 系统做了详细介绍,这些介绍主要集中在预处理、特征提取、建模与解码搜索过程中的一些特定方面细节,并对 2.2 节中已经介绍过的内容做了补充。

另外,本章将说明用户交互反馈是如何直接地提高系统精确性的,而多模态则会提升系统的人体工程学和用户的可接受性。在多模交互的开发中,主数据流和反馈数据流能够互相帮助与协作,从而优化系统的整体性能和实用性。从三个草书手写文本转录任务中得到的实验结果证实了上述方法的有效性,并且相对纯手工转录和非交互式后期编辑过程而言,上述方法能够节省用户相当多的工作量。

3.1　计算机辅助文本图像转录:CATTI

到目前为止,第 2.3、2.5 和 2.6 节分别提出并介绍了交互式转录框架、搜索方法和评估方法,它们都能够直接地应用到手写文档的转录任务中。通过应用前面提到的所有概念与方法,相关应用程序执行上述任务时的具体过程,即为文本图像的计算机辅助转录 (Computer Assisted Transcription of Text Images,CATTI)。

CATTI 方法涉及一个重要的交互场景,在此场景中,手写文本自动识别系统(Handwritten Text Recognition,HTR) 和人工转录者(此后将其称为用户) 协同工作,来完成文本图像的最终转录输出。用户在 CATTI 进程中的工作是直接参与到转录过程中,负责验证和纠正 HTR 的输出结果。如图 3.1 所示,转录过程的开始需要两个条件,第一个条件是遵从 2.3 节所描述的从左到

步 骤							
	x	*opposed the Government Bill which brought*（手写体图像）					
第0步	p						
第1步	$\hat{s}=\hat{w}$	oppostie	this	Comment	Bill	in that	thought
	p'	oppos					
	κ		*ed*				
	p	opposed					
第2步	$\hat{s}$		the	Government	Bill	in that	thought
	p'	opposed	the	Government	Bill		
	κ					*which*	
	p	opposed	the	Government	Bill	which	
最终结果	$\hat{s}$						brought
	p'	opposed	the	Government	Bill	which	brought
	κ						brought
	$p=T$	opposed	the	Government	Bill	*which*	brought

图 3.1 用来转录图像例句"opposed the Government Bill which brought" 的 CATTI 交互示例。最初，前缀 p 为空，系统给出一个针对输入 x 的完整转录 $\hat{s}\equiv \hat{w}$（就像普通的非交互式 HTR 系统）。在每一步交互过程中，用户阅读转录结果，接受其中的一个前缀 p'。然后，通过人工键入 k 来纠正一些系统错误，从而生成一个新前缀 p（原前缀 p' 加上用户键的文本 k）。之后，系统会给出一个针对该前缀的合适的延续 $\hat{s}$。此过程一直重复，直到获得输入文本图像的完整正确的转录结果。在最终的转录结果 T 中，用户键入的文本用斜体标注。在本例中，正确的转录结果有六个单词，而系统最初给出的假设 $\hat{w}$ 有六处错误，因此后期编辑的工作量（WER）是 100%。而在对应的交互式系统中，只有两个单词需要做出修正，用户的工作量（WSR）是 33%。因此，用户工作量的减少量（EFR）是 $(100-33)/100\times 100\%=67\%$（关于 WER、WSR 和 EFR 的定义参见第 2.6 节）

右的交互式转录协议，第二个条件是 HTR 系统针对一个给定的 x 给出一个完整转录结果 $\hat{s}$（或者一组最佳的 n 个转录），其中 x 是用来描述一幅手写文本图像的特征向量序列[①]。转录开始后，用户阅读 HTR 给出的转录结果来寻找是否有错误产生；例如，用户校对出转录结果中某个前缀 p' 后面的内容是错误的，那么用户可以通过键盘输入（字母或者完整的单词）k 来纠正所发现的错误，同时这一键入将产生一个新的前缀 p（之前已被确认的前缀 p'，加上用户的输入内容 k）。将新的前缀 p 添加到转录过程中，HTR 系统根据这个新前缀给出一个合适的延续（或一组最可能的备选延续），也就是一个新的 $\hat{s}$，进而开始一轮新的转录循环。上述过程将不断重复，直到一个完全正确的转录结果

① 为今后简单起见，直接用 x 代表所输入的手写文本图像

被用户所接受。此交互过程的一个关键就是，系统在每次用户与系统的交互过程中，都能利用已经被确认的前缀来改善文字预测的准确性。

图 3.1 中的例子显示了预计工作减少量（Estimated eFfort Reduction，EFR）是如何达到 67% 的（参见 2.6 节）。在这个例子中，非交互式转录的后期编辑过程使用户不得不从系统给出的假设中纠正六处错误，相比之下，通过交互式过程的用户反馈，用户只需要纠正两处错误便能够得到最终的无错转录内容。虽然图 3.1 中列举说明的交互过程是在字符层面上的实验，但本章中只考虑完整单词（即单词级）的转录过程，其原因已经在 2.3 节中给出。

本章接下来将主要集中解释基于词图的搜索技术的实施细节，用于解决之前 2.6 节提出的最优化问题。3.3 节描述了一种额外的交互方式及其涉及的理论背景，这种交互方式能够增强 CATTI 的转录性能，主要能提高 CATTI 的转录工效和实用性；3.4 节介绍了多种版本的 CATTI；3.5 节将分别描述通用的离线和在线文本转录系统，从而继续完善在 2.2 节中提出的一系列内容，3.6 节将展示实验任务、实验数据和所获结果。

3.2　CATTI 搜索问题

如 2.5.1 节所述，式（2.6）搜索问题的最优解可以用 Viterbi 算法获得，Viterbi 算法是基于相应的有限状态网络，受约束于线性模型（取决于前缀 p 中的单词）和传统 n-gram 模型（给出后缀 s 中可能出现的所有单词）共同构建的一种特殊语言模型。然而，鉴于直接应用 Viterbi 算法会增加计算开销，而且计算开销随着语句中单词数的增长而呈平方增长，所以将使用更有效率的基于词图（WG）的技术来获得线性开销的搜索方法。

3.2.1　基于词图的搜索方法

在 2.5.2 节中介绍过，从手写识别过程中提取出的词图可以用来计算一幅给定文本图像 x 的最高转录概率 $P(w \mid x)$。此外，给定词图的路径概率 $p(e)$ 也在式（2.13）中给出了定义。这里，为了避免概率相乘时产生数值溢出问题，需要使用对数来进行概率运算。于是式（2.13）可以被改写成如下形式：

$$\lg p(e) = \lg P(x_{t(i)+1}^{t(j)} \mid \omega(e)) + \lg P(\omega(e)) \tag{3.1}$$

类似地，如在 2.2 节末所述，为了平衡这些对数形式概率的绝对值，概率值将用语法比例因子（Grammar Scale Factor，GSF）α 和单词插入惩罚（Word Insertion Penalty，WIP）β 加权（参见文献[16]）。因此，每条路径的最终分值结果用如下公式计算：

$$\varphi(e) = \lg P(x_{t(j)+1}^{t(j)} \mid \omega(e)) + \alpha \lg P(\omega(e)) + \beta \qquad (3.2)$$

当 $\alpha = 1, \beta = 0$ 时，式(3.1)与式(3.2)相同。

在 CATTI 过程中，将 2.5.2 节中介绍的两步搜索方法应用于前面定义的词图上，以产生能被用户接受的前缀，也就是说，译码器会首先解析已被确认的前缀 p，并通过这种方法定义出一组路径终端节点集合 Q_p（参见 2.5.2 节），然后获得从 Q_p 中某一个节点出发得到的最可能的转录后缀。

3.2.2 词图纠错解析

如前所述，词图是一种针对给定手写文本图像的最可能转录结果集合的简洁表示，转录结果的数量主要取决于词图的密度，因此，用户给出的前缀有可能无法精确地在词图中找到对应的元素。这个问题的解决方法是，不使用用户给出的前缀 p，而是使用词图中所有可能的前缀中与 p 最接近的前缀 $\tilde{p}$，这个最接近的 $\tilde{p}$ 可以被视为一个隐藏变量，所以，从公式(2.4)出发，给定 p 搜索最可能后缀 $\hat{s}$ 的问题可用如下方法解决：

$$\hat{s} = \arg\max_s \Pr(s \mid x, p) \approx \arg\max_s P(s \mid x, p) = \arg\max_s \sum_{\tilde{p}} P(s, \tilde{p} \mid x, p) =$$

$$\arg\max_s \sum_{\tilde{p}} P(x \mid p, \tilde{p}, s) \cdot P(\tilde{p}, s \mid p) =$$

$$\arg\max_s \sum_{\tilde{p}} P(x \mid p, \tilde{p}, s) \cdot P(s \mid p, \tilde{p}) \cdot P(\tilde{p} \mid p) =$$

$$\arg\max_{\tilde{p}, s} \sum_{\tilde{p}} \sum_{q \in Q_p} P(x, q \mid p, \tilde{p}, s) \cdot P(s \mid p, \tilde{p}) \cdot P(\tilde{p} \mid p) \qquad (3.3)$$

此外还可以很自然地假设，给定 $\tilde{p}$ 时，$P(x, q \mid p, \tilde{p}, s)$ 和 $P(s \mid p, \tilde{p})$ 不依赖于 p，于是式(3.3)可被改写为

$$\hat{s} \approx \arg\max_s \sum_{\tilde{p}} \sum_{q \in Q_{\tilde{p}}} P(x, q \mid \tilde{p}, s) \cdot P(s \mid \tilde{p}) \cdot P(\tilde{p} \mid p) \qquad (3.4)$$

参照对式(2.6)所做的类似假设，式(3.4)还可以改写为

$$\hat{s} \approx \arg\max_s \max_{\tilde{p}} \max_{q \in Q_{\tilde{p}}} P(x_1^{t(q)} \mid \tilde{p}) \cdot P(x_{t(q)+1}^M \mid s) \cdot$$

$$P(s \mid \tilde{p}) \cdot P(\tilde{p} \mid p) \qquad (3.5)$$

式中，$P(\tilde{p} \mid p)$ 表示的是 $\tilde{p}$ 和 p 的概率分布的相似程度。$P(\tilde{p} \mid p)$ 可以用概率纠错解析建模，具体步骤如下：首先将一系列表示不同编辑操作的额外路径添加给每条原始词图路径 e，图 3.2 中的例子显示了在两个邻近节点 i 和 j 间的所有新增路径。新增路径的概率与 $\exp[-d(\omega(e), v)]$ 成正比，其中 V 是任务的词汇表（参见 1.5.1 节），$v \in V \cup \{\lambda\}$，$d(\cdot, \cdot)$ 是 $\omega(e)$ 和 v 之间的

Levenshtein 距离。如 1.5.1 节所述,每条路径是由它的始端和终端节点所定义的。然而由于在两个相邻节点之间存在多条路径,上述定义不再可行。所以,每条路径由它的始端节点、终端节点和一个与本路径相关的单词标签 $e' = (i,j,v)$ 共同定义。使用对数形式概率值后,不同路径的分值可以归结为如下形式:

$$\varphi(i,j,v) =$$
$$\begin{cases} \lg P(x_{t(i)+1}^{t(j)} \mid \omega(e)) + \alpha \lg P(\omega(e)) + \beta - \gamma d(\omega(e),v) & (i \neq j) \\ \beta - \gamma d(\lambda,v) & (i = j) \end{cases} \quad (3.6)$$

式中,e 是在节点 i 和 j 之间的原有路径;γ 是一个用来控制 $\omega(e)$ 和 v 之间不同字符总数的惩罚因子。γ 的值应该大于 0,否则将会得到不理想的词图路径,此路径对应的关联单词－标签序列与给定前缀的序列大为不同。更进一步,如果 $\omega(e) = v$,那么不同字符的总数为 0,此时式(3.6)和式(3.2)相同。

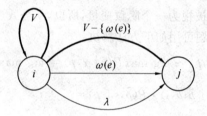

图 3.2　在词图中两个相邻节点 i 和 j 之间的新增路径,用于概率纠错解析的实例。标记为 $\omega(e)$ 的边是初始的边,表示用单词 $\omega(e)$ 做自身替换操作。标记为 $V - \{\omega(e)\}$ 的边,表示用词汇表内除了 $\omega(e)$ 以外的任意一个单词来替换 $\omega(e)$。标记为 λ(空符号)的边代表删除操作。标记为 V 的边代表插入操作,从 i 出发最后仍然回到 i

　　这种启发式算法可以通过动态规划来实现,如果以拓扑顺序访问词图节点,并结合定向搜索技术丢弃那些分值低于当前解析阶段分值最高的节点,其性能可以得到进一步改善。此外,考虑到 p 的增量特性,纠错算法只需要解析上一次交互过程中用户新添加的单词(序列)就可以了。

3.3　在 CATTI 中增加人体工程学交互:PA－CATTI

　　在 CATTI 应用中,用户一直反复地与转录过程进行交互,因此尝试使交互过程变得简单是一个能使 CATTI 得到普及的重要因素。

　　3.1 节描述了一个 CATTI 过程,在此过程中,用户为了纠正一个系统给出的错误假设,在键入新的单词之前,首先需要将光标位置移动到想要键入修改的地方。通过指针动作(Pointer Action,PA)——包括任何已知的指针设备(例如鼠标),能完成上述过程,进而用户能够向系统提供一些有用的信息:光标位置之前的前缀已经被用户验证过了,并且光标位置之后的单词是不正确的。因此,系统能够捕捉到这一系列用户举动,并直接在原后缀位置给出一个第一个单词不同于原后缀的合适的新后缀,这样可能会避免很多烦琐的用户纠错工作。

图 3.3 给出了一个使用新交互模式的 CATTI 进程的例子,此后这种新的进程将被称为 PA－CATTI。与传统 CATTI 方法一样,当 HTR 系统给出一个输入文本图像的完整转录 $\hat{s} \equiv \hat{w}$ 后,进程开始。然后用户阅读此转录内容直到发现转录中的第一处错误(记作 v),并在此处执行一次 PA(指针动作)定位光标,这样用户等于是验证了一个无误的转录前缀 p'。现在,在用户键入一个新单词来替换原有错误单词之前(这是传统 CATTI 进程中用户需要做的工作),HTR 系统将结合已被验证过的前缀和紧随其后的第一个错误单词 v 给出一个可能的新后缀 $\hat{s}$,如果这个错误单词在新后缀中已经被纠正了,那么就开始下一轮的循环;否则,就像传统 CATTI 一样,用户继续进行直接的人工纠错,手动输入正确的单词 k,生成一个新的前缀 p(先前的前缀 p' 加上新输入的 k),HTR 系统据此来产生新的后缀并开始新一轮的循环。这个过程被不断地重复直到输入文本图像 x 的(正确)转录结果被用户所接受。

图 3.3 同样显示出在没有用户交互的情况下,从 HTR 系统最初给出的假设 $\hat{w}$ 中用户必须纠正六个错误。如果使用传统 CATTI,用户只需要纠正两处错误。而在使用新的 PA－CATTI 方法的情况下,用户只需要纠正一处错误便能得到最终无错误的转录结果,这是因为 PA－CATTI 过程能够预测出用户可能要键入的纠正单词。但值得注意的是,在第一轮迭代中 PA 并没有成功,必须由用户手动键入一个正确的转录单词。

这种新的交互方式并不只限于(在同一位置上进行)单次 PA,在一些场景下用户也可以根据需要(在同一位置上)执行多次 PA。最简单的场景是,当用户需要移动光标时只进行了一次指针操作(单次 PA)。在这种情况下,PA 并没有引入额外的用户工作量,只是与传统 CATTI 一样执行了相同的操作,即用户在输入正确的单词前应先定位光标。另一种有趣的场景是,虽然光标已经处在了正确的位置上,但用户在键入文字之前仍然要执行一次(或多次)PA。在这种情况下,用户需要进行额外的指针操作,并且会引入一些与这一系列指针操作相关的开销,而这些额外的操作对整个转录过程的利弊并不确定。后面这种场景很容易进行拓展,允许用户在决定写入正确单词之前做

步骤	x	opposed the Government Bill which brought
第 0 步	p	
第 1 步	$\hat{s}\equiv\hat{w}$ PA p'	opposite this Comment Bill in that thought ↑
	$\hat{s}$ κ p	opposition this Comment Bill in that thought opposed **opposed**
第 2 步	$\hat{s}$ PA p'	the Government Bill in that thought ↑ opposed the Government Bill
最终结果	$\hat{s}$ PA $p'\equiv T$	which brought *opposed* the Government Bill which brought

图 3.3 带有指针动作(PA)的 CATTI 操作过程示例。此过程从最初的输出假设 $\hat{s}\equiv$ $\hat{w}$ 开始,用户首先通过 PA 来验证一个最长的正确前缀 p',p' 随后被系统用于产生新的假设 $\hat{s}$。鉴于 $\hat{s}$ 中的第一个单词可能仍然是错误的(见第 1 步迭代过程),用户需要手动键入正确的单词 k(此处与传统 CATTI 一致),产生新的前缀 p(p' 与 k 的串联),系统据此给出新的假设 $\hat{s}$ 并开始新一轮循环。另一方面,如果 p' 后面的单词已经在系统新给出的假设 $\hat{s}$ 中被纠正过来了(见第 2 步迭代过程),那么用户就不需要再做更正了,系统直接开始下一轮循环。整个过程一直重复执行,直至最终得到了没有错误的转录结果 T。在所得到的最终转录结果中,斜体的字表示是由用户手动更正的。注意,在第 1 步迭代过程中,PA 并没有起到作用,用户随后又手动键入了正确的单词"opposite";而在第 2 步迭代过程中,PA 成功地预测出了正确的单词"which",并得到了最终正确的完整转录结果

出多次 PA 操作。

已经解决了如何给一个给定的整合前缀 p(p' 加 k)寻找一个合适的后缀 $\hat{s}$ 的问题,接下来将致力于解决用户只执行单次 PA 操作的问题。在这种情况下,为了寻找最佳的转录后缀 $\hat{s}$,解码器必须能综合处理所输入文本图像 x、给定的前缀 p' 和紧随其后的错误单词 v:

$$\hat{s}=\arg\max_s \Pr(s\mid x,p',v)\approx\arg\max_s P(x\mid p',s,v)\cdot P(s\mid p',v)$$

$$(3.7)$$

PA – CATTI 交互过程会在某些情况下失败,比如在 1.4.4 节弱反馈交互过程中,当 h',d 和 h 分别由 p',v,s 实例化时,式(1.34)近似于式(3.7)。式(3.7)的第一项 $P(x\mid p',s,v)$ 可以通过对式(2.6)(参见 2.3 节)所做的类似假设和改进来建模。另一方面,$P(s\mid p',v)$ 可以由一语言模型给出,该语言模

型受限于已被验证的前缀 p' 以及紧随其后的错误单词 v。

为了能使用户在决定写入正确单词之前进行多次 PA 操作,v 的一系列相继弃用值必须要缓存下来,并用之前 v 的所有弃用值来计算 $P(s \mid p',v)$(而不仅仅是前一步骤中 v 的弃用值)。

语言模型与搜索

$P(s \mid p',v)$ 可以用 n-gram 语言模型来逼近,以处理已验证的前缀 p' 和紧随其后的错误单词 v,这个语言模型已经在 2.4 节中描述过,它可以对概率 $P(s \mid p')$ 直接建模,但考虑到 s 中的第一个单词是由 v 所限定的,为了更充分地对 $P(s \mid p',v)$ 建模,还要考虑一些附加条件。

令 $P' = w_1^k$ 为一个验证过的前缀,$s = w_{k+1}^l$ 为一个可能的后缀,并假设错误单词 v 只影响后缀 w_{k+1} 中的第一个单词,那么遵循与获得式(2.8)相似的过程,$P(s \mid p',v)$ 能够由如下公式计算出:

$$P(s \mid p',v) \cong P(w_{k+1} \mid w_{k+2-n}^k, v) \cdot \prod_{i=k+2}^{k+n-1} P(w_i \mid w_{i-n+1}^{i-1}) \cdot$$

$$\prod_{i=k+n}^{l} P(w_i \mid w_{i-n+1}^{i-1}) =$$

$$P(s_1 \mid p'^k_{k-n+2}, v) \cdot \prod_{j=2}^{n-1} P(s_j \mid p'^k_{k-n+1+j}, s_1^{j-1}) \cdot$$

$$\prod_{j=n}^{l-k} P(s_j \mid s_{j-n+1}^{j-1}) \tag{3.8}$$

式中 $p'^k_1 = w_1^k = p'$ 并且 $s_1^{l-k} = w_{k+1}^l = s$。考虑到可能后缀的第一个单词 s_1 必须与错误单词 v 不同,那么 $P(s_1 \mid p'^k_{k-n+2}, v)$ 可以归结为下式:

$$P(s_1 \mid p'^k_{k-n+2}, v) = \begin{cases} 0 & (s_1 = v) \\ \dfrac{P(s_1 \mid p'^k_{k-n+2})}{1 - P(v \mid p'^k_{k-n+2})} & (s_1 \neq v) \end{cases} \tag{3.9}$$

与传统 CATTI 一样,式(3.7)涉及的搜索问题可以通过建立特殊语言模型的方式来解决,在此模型中,式(3.8)的"后缀语言模型"需要参照式(3.9)做出修改。由于这种特殊语言模型的有限性,式(3.7)的搜索问题可以用 Viterbi 算法解决。

PA – CATTI 方法的特征是,每次当用户做出指针操作后,系统必须迅速地做出反应,给出一个新的建议后缀,因此系统的响应速度是一个非常关键的因素。出于这个原因,基于词图技术的搜索算法是一种更高效的解决方案。由式(3.9)带来的约束条件可以很容易地实现,只要在前缀匹配后直接删除标记为 v 的词图的边就可以了。图 3.4 给出了一个例子,假设用户验证了前缀"antiguos ciudadanos que en",并且错误单词是"el",因此,词图删除了标记为"el"的边。

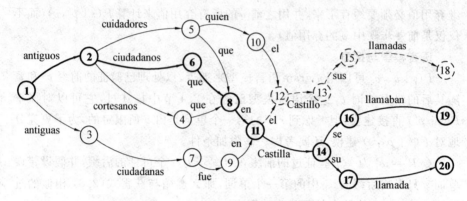

图 3.4　在用户验证了前缀"antiguos ciudadanos que en"(粗实线表示的路径)后生成的词图。与错误单词"el"关联的边被删除(虚线表示的路径)

3.4　多模计算机辅助文本图像转录:MM − CATTI

　　在介绍 CATTI 方法时曾经说过(见 3.1 节),为了得到所需的最终转录结果,用户需要不断地与系统进行交互。因此,系统成功的关键是人机交互的质量和工效。传统外设,如键盘、鼠标等,可以为后续的系统预测提供明确的验证或更正等相关反馈。在这个意义上,就像之前 3.3 节所描述的,基于 PA 这一理念,利用鼠标等指针设备可以使 CATTI 交互进程更容易地提供一个纠正反馈。

　　尽管如此,如果使用更符合人体工程学的多模接口,那么可以使人机交互更加简单舒适,但其代价是,反馈对于系统来说可能会变得不确定。其他的交互方式包括:目光、手势轨迹、语音指令等。这里重点讨论触摸屏反馈,这也许是给 CATTI 系统提供所需反馈最自然的方式。图 3.5(上图)给出了一个例子,其中一个用户使用键盘来与 CATTI 系统交互,而另一个用户使用触屏方式进行交互。如图 3.5(下图)所示,原始图像和离线 HTR 系统的转录假设可以很容易地同时在触摸屏上显示。

　　更正式地说,令 x 为输入图像,s' 为在先前交互步骤中确定了前缀 p 后,系统给出的建议后缀,则 ps' 构成了完整的识别假设。设 t 为在线用户触屏笔的笔画,如 3.5.2 节所述,这些笔画可以看作是由真实值向量构成的序列。再设 p' 为系统所识别出的假设 ps' 中被用户验证过的最长的无错误前缀,从而

图 3.5　上图：CATTI 多模用户交互的示意，用户分别使用键盘和电子
　　　　笔在触摸屏上输入。下图：截取的用来展示一行图像如何被
　　　　处理的页面片段，其中被部分更正的系统建议用灰色和黑色
　　　　罗马字体表示，先前用户通过手写输入笔画所做的修正用手
　　　　写体表示

得到 $ps' \equiv p'\sigma$，式中 σ 代表剩下的单词序列，其中第一个单词被系统错误识别。实际上，当用户为了纠正 ps' 中第一个错误的单词（其实也就是 σ 中的第一个单词），做出触屏点击动作 t 时，就等于是隐式地验证了前缀 p'。此外，用户可能会额外通过一些键盘键入操作 (k) 来纠正 σ 中的其他部分，或者是增加一些内容。系统将利用这些信息为下一次交互过程给出一个新的后缀 s，作为用户已验证前缀 p' 的接续，并且新后缀 s 受用户在线触屏点击操作 t 和键入内容 k 的约束，也就是说，现在的问题是：给定 x 和由 $p'\sigma$、t 和 k 构成的反馈信息，兼顾在线数据 t 的所有可能的解码 d（设 d 是一个隐藏变量），如何找到 s。经过一些数学公式推导，这个一般场景可以看作是式（1.27）所陈述问题的一个实例化，其中 (p',σ) 和 (t,k) 分别对应于 h' 和 f：

$$\hat{s} \approx \arg\max_{s} \max_{d} P(t \mid d) \cdot P(d \mid p',\sigma) \cdot P(x \mid p',\sigma,d,k,s) \cdot$$
$$P(s \mid p',\sigma,d,k) \tag{3.10}$$

　　根据这个非常具有一般性的讨论，可以假设用户的键入内容不受在线转录解码过程的约束，然而，通常认为这种一般性在实际情况下不具有实用性。或者这样做可能更自然一些：用户在对系统给出的假设（之前的剩余部分）开始键入修正 (k) 之前，等待从在线触摸屏反馈数据 (t) 得到的具体的系统输出 $(\hat{d})$。此外，这还使用户能够纠正 $\hat{d}$ 中可能存在的在线手写转录识别错误。

　　针对这个更加实际而且简单的方案，使用与 1.3.5 节所述类似的方法，每个交互过程可以分为两个阶段。在第一个阶段中，用户产生一些（也可能没有）在线触屏数据 t（为了更正 σ 的一部分），而系统则利用之前的假设 p' σ 来解码 t，得到一个单词（或一个单词序列）$\hat{d}$：

$$\hat{d} = \arg\max_{d} P(t \mid d) \cdot P(d \mid p',\sigma) \tag{3.11}$$

一旦得到 $\hat{d}$，用户就可以键入适当的修改 k（如果需要），同时给出新的验证前缀 p（基于之前被验证的前缀 p'，σ 中第一个被错误识别的单词，$\hat{d}$ 和 k），从而得到与式（2.4）相同的表达式

$$\hat{s} \approx \arg\max_{s} P(x \mid p',\sigma,\hat{d},k,s) \cdot P(s \mid p',\sigma,\hat{d},k) =$$
$$\arg\max_{s} P(x \mid p,s) \cdot P(s \mid p) \tag{3.12}$$

这个过程一直持续到 p 被用户所接受，得到一个完全正确的转录结果 x。

图 3.6 给出了一个离线图像识别与在线触屏交互相结合的实例。在这个例子中，假设在线手写是用户偏好的修正方式，而键盘主要是（或者只是）用来纠正最终的在线文本的解码错误。需要注意的是，这种方式虽然对用户来说非常舒适，但它很可能会少量增加用户使用键盘交互的次数。在这个例子中用户使用 MM－CATTI 需要进行三次交互，图 3.1 的例子中用户使用 CATTI 时只需要进行二次交互，而原始的离线识别结果共需要六次后期编辑操作。

尽管图 3.6 显示的是一个负面效果，但就像在 3.1 节中所述，本章只考虑整个单词的交互。在不失一般性的前提下进一步拓展这个假设，假设在每次交互过程中用户只尝试纠正一个单词 σ_1（单词序列 σ 中的第一个单词），也就是说，$\hat{d}$ 由一个完整的单词组成。

既然已经在 2.3 节中（式（2.4）～（2.6））解决了式（3.12）的一系列问题，接下来将专注于式（3.11）。如 3.1 节所述，$P(t \mid d)$ 是由 d 中单词的（HMM）形态模型给定的（参见 3.5.2 节）。另一方面，$P(d \mid p',\sigma)$ 可以由一个语言模型给出，该语言模型受约束于已验证的无错误前缀 p' 和在之前迭代过程中得到的剩余单词序列 σ。式（3.11）根据 $P(d \mid p',\sigma)$ 采用的假设和约束条件不同，可能有多种方案，下面将讨论其中的几种。

其中最简单的一种情况相当于传统的非交互在线 HTR 系统，所有可用的条件都被忽略了，也就是说 $P(d \mid p',\sigma) \equiv P(d)$。这个方案被看作是一个基线。

利用从之前的离线 HTR 系统预测 σ 中提取出的部分信息，可以得到一个更加丰富的方案。用户输入触屏数据 t 来纠正紧随在已验证前缀之后的前 m 个错误单词 σ_1^m。因此，可以假设一个错误约束模型，例如 $P(d \mid p',\sigma) \equiv P(d \mid$

	x	*opposed the Government Bill which brought*					
第 0 步	p						
第 1 步	$\hat{s}\equiv\hat{w}$	**opposite**	this	**Comment**	**Bill**	in that	thought
	p',t,σ	~~opposite~~	this	Comment	**Bill**	in that	thought
	$\hat{d}$	opponent					
	κ	*sed*					
	p	**opposed**					
第 2 步	$\hat{s}\equiv s'$		**the**	**Government**	**Bill**	in that	thought
	p',t,σ	**opposed**	**the**	**Government**	**Bill**	*in that*	thought
	$\hat{d}$					which	
	κ						
	p	**opposed**	**the**	**Government**	**Bill**	**which**	
最终结果	$\hat{s}\equiv s'$						**brought**
	p',t,σ	**opposed**	**the**	**Government**	**Bill**	**which**	**brought**
	κ						
	$p\equiv T$	opposed	**the**	**Government**	**Bill**	which	**brought**

图 3.6　MM-CATTI 和一个 CATTI 系统的交互示例，用来转录一个图像语句 "opposed the Government Bill which brought"。每次交互步骤都从前一次交互步骤中给出的转录前缀 p 开始。首先，系统给出一个建议后缀 $\hat{s}$，用户在触摸屏上手写输入文本 t 以修正 $\hat{s}$。这一动作同时等于验证了一个正确的前缀 p'（以及一个以错误单词开头的单词序列 σ），在线 HTR 子系统可以用这个新前缀来得到 t 的解码。阅读了这个解码 $\hat{d}$ 后，用户可能会键入一些额外的文本 k 来修正 $\hat{d}$ 中可能的错误（也可能是为了修正 $\hat{s}$ 的其他部分）。根据之前的正确前缀 p'，在线手写文本的解码 $\hat{d}$，以及键入的文本 k，可以得到新的验证前缀 p。系统的建议用黑体字表示，键入的文本用斜体表示，用户的更正用手写体表示。在最终转录结果 T 中，键入的文本用下划线标注。假设所有的交互都是对整个单词进行更正，那么后期编辑的 WER 将是 100%（五次替换加一次插入，而这句话一共只有六个单词），而 MM-CATTI 的 WSR 只有 50%，即两次触屏加一次键盘输入（WER 和 WSR 的定义见 2.6 节）

σ_1^m），显然，系统得知用户已经确认为错误的单词后应该阻止在线解码器再犯同样的错误。

除了 σ_1^m 之外，如果将验证前缀 p' 的信息也考虑进来，那么可以得到一个非常实用的方案。此方案中 t 的解码可以受到进一步约束，以生成所接受前缀的适当接续，即 $P(d\mid p',\sigma)\equiv P(d\mid p',\sigma_1^m)$，且式（3.11）变为

$$\hat{d}\approx\arg\max_d P(t\mid d)\cdot P(d\mid p',\sigma_1^m) \tag{3.13}$$

这个多模模型即 MM-CATTI，在本节中将展开详细讨论。

MM-CATTI 的语言模型与搜索方法

MM-CATTI 中在线 HTR 反馈子系统所需的语言模型和搜索技术，与 2.4 节所描述的离线 HTR 主系统中的语言模型和搜索技术大致相同。语言

模型的约束条件基于 n-gram 模型，取决于所使用的多模方案。

最简单的基本方案不涉及任何交互信息，并且 $P(d)$ 可以由用于离线解码器的同一 n-gram 模型给出。然而，如果假设只使用单一完整单词进行触屏纠正，就像在前面部分讨论过的那样，实际上只要用 uni-gram（单词文法）模型就可以了。

"完整单词"这一假设同时还简化了错误约束模型 $P(d \mid \sigma_1^m)$，因为只需要考虑 σ 中的第一个（错误）单词。设 $v = \sigma_1$ 是这个错误单词，那么错误约束语言模型概率可以写为

$$P(d \mid v) = \begin{cases} 0 & (d = v) \\ \dfrac{P(d)}{1 - P(v)} & (d \neq v) \end{cases} \tag{3.14}$$

最后，在 MM−CATTI 中，语言模型概率可以用 $P(s \mid p', v)$ 来近似，也就是说，在线 HTR 子系统同时考虑用户验证的前缀 p' 和离线 HTR 建议中第一个错误单词 $v = \sigma_1$，为触摸屏笔迹 t 产生一个假设 $\hat{d}$。这种情况下，参数设置与 3.3.1 节相似，并且同样假设每次只修改一个完整的单词，可以将式（3.9）中的 s_1 替换成 d，从而得到

$$P(d \mid p', v) = \begin{cases} 0 & (d = v) \\ \dfrac{P(d \mid p'^{k}_{k-n+2})}{1 - P(v \mid p'^{k}_{k-n+2})} & (d \neq v) \end{cases} \tag{3.15}$$

式中，k 为前缀 p' 的长度。

基于与图 2.1 相同的语言模型，图 3.7 给出了式（3.15）的一种简单实现方案。在此例中，$p' = $ "of the"，用户在触摸屏上手写输入单词 "brought" 来纠正错误的离线识别单词 "thought"。在线 HTR 子系统将得到一个受上下文单词 "the"（现在的初始状态）约束的 bi-gram 模型，并禁用 "thought" 这条边。

上述例子已经说明，与 CATTI 不同（参见 2.1 节），此时已经不再使用前缀 p' 的线性语言模型，因为在这种情况下，前缀 p' 对应的在线触屏数据是不存在的。此外，因为假设每次只纠正一个完整单词，所以只需要考虑与起始节点（本例中的 "the" 节点）直接相连的后继节点。

在 CATTI 搜索中（参见 3.2 节），由于 n-gram 语言模型只有有限个状态，式（3.13）和（3.15）中的搜索可以用 Viterbi 算法高效实施。注意，在每次交互只纠正一个完整单词这一假设前提下，Viterbi 搜索方式对于在线 HTR 反馈解码来说是唯一选择。此外，MM−CATTI 中的解码搜索与 CATTI 类似（特别是与式（3.12）相关的解码），可以通过 2.5 节中介绍的两种不同近似方

法中的任意一种来执行。在线解码阶段（式（3.13））同样可以通过词图来实施，特别是当认为用电子笔触屏输入有可能纠正一个以上的单词时。

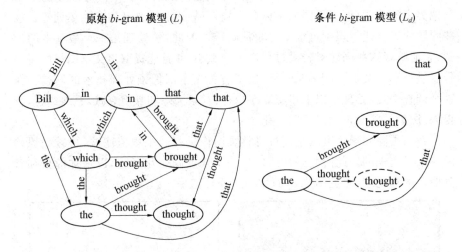

图 3.7　MM−CATTI bi-gram 语言模型生成示例。L 是用于离线 HTR 系统的原始 bi-gram 模型，而 L_d 是从 L 中生成的 bi-gram 子模型，以前缀"the"为初始状态。在线 HTR 子系统利用这个简化的语言模型来识别触屏手写文字"brought"，以替代错误的离线识别单词"thought"，并在 L_d 中将其禁用（用虚线表示）

3.5　非交互式 HTR 系统

　　这本节将描述应用于在线和离线版本 HTR 系统的更多细节。特别是，将重点研究每种 HTR 版本的预处理和特征提取阶段，以及与建模相关的额外具体信息。

3.5.1　主流离线 HTR 系统概述

　　离线 HTR 系统遵循一个传统结构，这个结构由三部分模块组成：（a）预处理，用于纠正图像退化和几何歪斜，并将分页图像分解为相应的分行图像；（b）特征提取，此过程会得到一个代表每行文本图像的真值向量序列；（c）识别，对于给定的特征向量序列输入给出一个最可能的单词序列输出。接下来将详细描述上述三个模块。

1. 离线 HTR 系统的预处理

在文本图像的处理中，图像退化是一个非常常见的问题，对于比较旧的文档更是如此。典型的退化包括污迹和歪斜,背景突变和不均匀照明,潮湿引起的斑点和传统纸张上墨迹形成的痕迹(即墨迹渗透)。此外,同时还伴随一些其他类型的难题,例如不同的字体和字号,下划线和被画叉勾去的单词等。这些问题的组合使得识别过程变得非常困难。因此,预处理是一个最基本的步骤,它能减轻这些问题对转录过程产生的影响,并且能提取出文本图像的每一行以供识别。文献[17]和[21]给出了有关文本图像预处理技术的调查。在这个调查中,预处理按以下步骤顺序执行:背景去除和噪声衰减,歪斜纠正,行提取,图像倾斜纠正和尺寸归一化。

背景去除和噪声衰减是通过对整页图像进行二维中值滤波,再减去原始图像结果实现的。此阶段经常还伴随一个灰度归一化过程,以增加前景和背景图像的对比度(参见图 3.8(a) 和 3.8(b))。

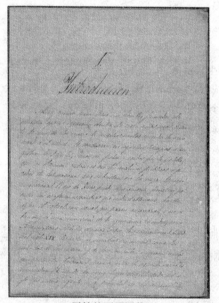

(a) 原始的页面图像   (b) 经过一系列预处理后的图像,包括页面倾斜纠正、背景去除、噪声衰减和对比度增强

图 3.8　预处理实例

图像倾斜是文档扫描过程中产生的一种扭曲变形。它是由于文件纸张上的图像与水平 x 轴之间存在一定夹角造成的。图像倾斜纠正是在每一页完整图像上都要进行的一个过程,它是通过搜索使水平投影轮廓偏差最大化的角度来实现的。这里假设这个最大偏差值对应于倾斜已被纠正的文本行的水平

投影轮廓(参见图 3.8(a) 和 3.8(b))。

行检测技术基于已经经过倾斜纠正的输入图像的水平投影轮廓。这条曲线的局部最小值是相邻文本行之间的可能的切点(图 3.9(a))。显然,并不是每次分割都很完美,所以切点检测需要与连通分支技术充分地结合。图 3.9(b) 显示了利用上述方法获得的一些行图像。

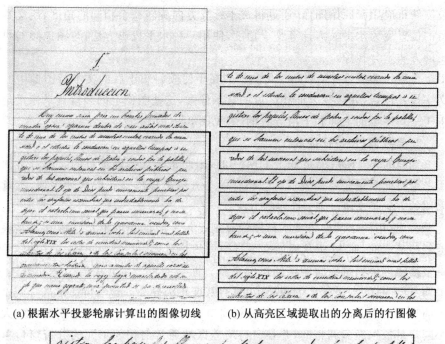

(a) 根据水平投影轮廓计算出的图像切线　　　(b) 从高亮区域提取出的分离后的行图像

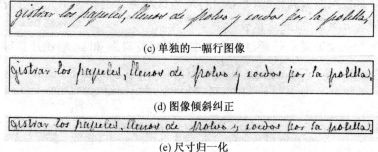

(c) 单独的一幅行图像

(d) 图像倾斜纠正

(e) 尺寸归一化

图 3.9　预处理实例

倾斜角是垂直方向和书写的竖直笔画方向之间的角度,倾斜角纠正应用于每一幅预先分割好的行图像。与图像倾斜纠正十分相似[①]，倾斜角是通过搜索使（倾斜纠正后的文本的）垂直投影轮廓偏差最大的角度计算出的。这能够使手写文本的书写方向变成竖直方向（参见图 3.9(d)），并显著提升 HMM 识别的精确性。

坡度是书写者在一个文本行中书写的对齐方向与水平方向之间的夹角。坡度纠正应用于原始图像，通过将文本行反方向旋转一个相同的角度，使文本行的位置变为水平。为计算这个角度，使用一种水平投影方法，与图像倾斜纠正的方法十分相像。

最后，（非线性）尺寸归一化的目的在于使倾斜纠正后的文本行图像中的文字尺寸恒定，并减少大面积区域的背景像素，这些图像上的残留背景像素是由于一些字母的上伸和下沿导致的（参见图 3.9(e)）。

2. 离线 HTR 特征提取

这里的 HTR 系统是基于 HMM 的，因此每个被预处理过的文本行必须用一个特征向量序列来表示。已经有很多方法被提出来获取这种序列，本章采用的方法是文献[2]中描述的方法。

首先，用一个网格将文本行图像分割成 $N \times M$ 的矩形单元。其中 N 是根据经验选取的，而 M 服从原始文本行图像的长宽比，即 M/N 是一个定值，并且常伴随一个根据经验调整的比例系数。网格的每个单元由三个特征描述：平均灰度等级、水平灰度等级导数、垂直灰度等级导数。这些特征是从一个以当前单元为中心的 $n \times m$ 像素的分析窗口 S 计算得出的。这个分析窗口的大小同样是根据经验调整的，并且窗口覆盖区域通常与相邻单元的分析窗口覆盖区域部分重叠（或完全重叠）。

平均灰度等级 $\overline{g}$ 是通过两个一维高斯滤波器 ω_i 和 ω_j 卷积计算得出的：

$$\begin{cases} \overline{g} = \dfrac{1}{nm} \sum_{i=0}^{n-1} \sum_{j=0}^{m-1} S(i,j) \cdot w_i \cdot w_j \\[2mm] w_i = \exp\left(-\dfrac{1}{2} \dfrac{(i-n/2)^2}{(n/4)^2}\right) \cdot \\[2mm] w_j = \exp\left(-\dfrac{1}{2} \dfrac{(j-m/2)^2}{(m/4)^2}\right) \end{cases} \tag{3.16}$$

水平灰度等级导数 d_h，表示最符合分析窗口中列平均灰度等级的水平函数的线的斜率。拟合准则是由一维高斯滤波器加权的均方误差和：

$$d_h = \frac{(\sum_{j=0}^{m-1} w_j g_j)(\sum_{j=0}^{m-1} w_j j) - (\sum_{j=0}^{m-1} w_j)(\sum_{j=0}^{m-1} w_j g_j j)}{(\sum_{j=0}^{m-1} w_j j)^2 - (\sum_{j=0}^{m-1} w_j)(\sum_{j=0}^{m-1} w_j j^2)} \tag{3.17}$$

式中，g_j 是第 j 列的列平均灰度等级，定义如下：

$$g_j = \frac{\sum_{i=0}^{n-1} S(i,j)}{n}$$

垂直灰度等级导数 d_v 以相同方式计算。

每列单元（或者称之为帧）按照从左到右的顺序来处理，并为每一帧构建一个包含三个特征的特征向量。因此，这个过程最后会产生一个 $M(3N)$ 维的特征向量序列。图 3.10 展示了一个特征向量序列的图形表示，这个特征向量是从单词图像"sometimes"中提取出来的。

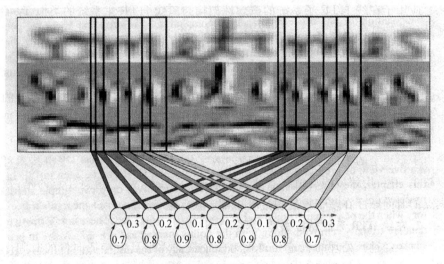

图 3.10 特征向量序列示意和单词"sometimes"中字母"m"的 HMM 建模实例。这个模型由属于同一类的所有字符所共享。这些由各个状态建模得到的区域以图形化的方式展示了由归一化灰度等级及其两个导数特征共同构建的特征向量子序列

3. 建模与搜索

在 2.2 节已经解释过，字符（这里作为最基本的识别单位）是由从左到右连续密度的 HMM 建模得到的，其状态转移概率由混合高斯密度给出。系统调整后，高斯密度的个数和状态的个数都根据经验选择。还需要强调的是，3.6.2 节中的所有实验结果都是通过使用 HMM 拓扑获得的，这些 HMM 拓

扑中所有字符类的状态个数相同。图3.10给出的例子展示了HMM是如何对字母"m"对应的两个特征向量子序列进行建模的。

至于词条(单词)的建模,具体任务对语法的约束,以及如何利用这些约束来实现译码搜索,已经在2.2节中描述过了。

3.5.2   在线 HTR 子系统概述

在线 HTR 子系统旨在解码用于多模文本修正的触屏反馈数据,即识别出用户在后续的CATTI交互过程中输入的笔画(单词),以纠正或替换离线HTR主系统解码器产生的错误。一般来说,触屏数据由一系列笔画位置组成(x_t, y_t),随规则时间间隔 $t = 1, 2, \cdots$ 采样。每个轨迹样本同时还可以伴随笔尖压力信息,至少可以用一个比特来表示笔是正在触摸屏幕还是只是悬在屏幕上方。但本书中并没有使用压力信息。

应用于在线 HTR 子系统的概念性架构与离线 HTR 主系统的类似,除了预处理和特征提取模块,这些将在下文解释。

1. 在线 HTR 系统预处理

文献[8]给出了一个关于在线 HTR 系统预处理技术的综述。本节中每个轨迹样本的预处理由两个简单步骤组成:重复点排除和噪声衰减。轨迹的重复点是在笔保持写下姿势并且在一小段时间内保持不动时产生的。这些没有信息量的数据以及被标识为"抬笔"的点将会被去除。笔画书写时的噪声,是由于不稳定的手部运动,和不精确的数字化过程产生的。使用平滑技术可以减小噪声,用邻域的均值代替轨迹中的每个点(x_t, y_t)。值得注意的是,数据点的时间顺序在整个预处理过程中都会被保留下来。

2. 在线 HTR 系统特征提取

每个经过预处理的轨迹会转化为一个新的六维真值特征向量的时间序列。这些时域特征包括点的位置(尽管这里只考虑了 y 轴坐标),一阶和二阶导数以及曲率。

归一化垂直坐标:首先,每个轨迹点的坐标对是线性刻度的,将其转化为一个新的坐标对(x_t, y_t),使得 y_t 在$[0, 100]$区间内,并保留原始轨迹的长宽比。

归一化一阶导数 x'_t 和 y'_t 通过文献[32]中给出的方法进行计算。

$$x'_t = \frac{\Delta x_t}{\| \nabla \|}, \quad y'_t = \frac{\Delta y_t}{\| \nabla \|} \tag{3.18}$$

式中

$$\Delta x_t = \sum_{i=1}^{r} i \cdot (x_{t+i} - x_{t-i}), \quad \Delta y_t = \sum_{i=1}^{r} i \cdot (y_{t+i} - y_{t-i})$$

$$\| \nabla \| = \sqrt{\Delta x_t^2 + \Delta y_t^2}$$

r 定义了一个尺寸为 $2r+1$ 的窗口,此窗口决定了参与计算的相邻点数。本例中 $r=2$ 就能得到令人满意的结果。

值得一提的是,用 $\| \nabla \|$ 对导数进行归一化的同时,也隐式地对书写速度进行了有效的归一化。在实验中,相比于显式的速度归一化预处理技术,例如轨迹分段法(在等长的轨迹间隔上采样,而不是在等时间间隔上采样),这种方法已经被证实能够得到更好的实验结果。

二阶导数 x''_t 和 y''_t 的计算方式与一阶导数相同,只是用 x'_t 和 y'_t 替代 x_t 和 y_t。

曲率 k_t 是每个点上轨迹的局部半径的倒数,通过如下公式计算:

$$k_t = \frac{x'_t \cdot y''_t - x''_t \cdot y'_t}{(x'^2_t + y'^2_t)^{3/2}} \tag{3.19}$$

虽然这个特征只是之前众多特征的一个组合,但它确实能够虽然轻微但是持续不断地改善实验结果。

3. 字符、单词和语言的建模与搜索

在线识别系统的建模与搜索遵循与离线识别系统几乎相同的模式,这个模式在 3.5.1 节中已经描述过了。

和在离线情况中一样,使用连续密度从左到右字符 HMM 模型,并且每个状态模型分配一个高斯密度。然而不同的是,HMM 的状态数量对于每个字符类来说是可变的,而不是固定不变的。令 M_c 代表每个 HMM 字符类,M_c 对应的状态数量 s_c 可由下式计算:$s_c = l_c / f$,其中 l_c 是用于训练 M_c 的特征向量序列的平均长度,f 是一个设计参数,用于计量每个状态建模的特征向量平均数目(状态负荷因子,state load factor)。s_c 的这条设定规则是为了平衡交叉状态建模工作量,而且对于任务来说,这条规则显著地提高了识别准确率。另一方面,词汇建模的实施方式与离线 HTR 情形中完全相同。

在这种情况下语言建模和搜索更加简单,如同在 3.4.1 节中所讨论的,把当前 MM−CATTI 的研究限定在单一完整单词的触摸屏校正。也就是说,MM−CATTI 搜索中使用的语言模型在每次用户交互时只允许使用一个单词。正如在 2.2 节结尾提到的,在实际应用时,用 GSF 来平衡 HMM 和式 (3.11) 的语言模型概率。

3.6   任务,实验和结果

下面将描述用于评估基本 HTR 系统(包括离线和在线)有效性以及本章前面所述 CATTI、PA－CATTI 和 MM－CATTI 三种方法的实验框架,这里面包含不同语料库和实验中采用的性能指标等信息,以及所获得的结果。

3.6.1   HTR 语料库

实验中使用了三种离线语料库。其中的 ODEC－M3 和 IAMDB 分别是现代西班牙语和英语的手写体。IAMDB 是公开发布的,因此用作参照与所取得的结果做对比。第三种语料库 CS 由古西班牙语手写草书的图片组成,这可以得到关于历史遗留文档的结果。

ODEC－M3 和 IAMDB 使用的都是语句片段的图片,而 CS 只能使用行片段图片。每幅语句或行图片都伴随其真实转录结果,以单词序列的形式给出。为更好地专注于问题的本质,转录结果中不包含标点符号、变音符号或不同的字母大小写形式。这些转录结果用来训练 ODEC－M3 和 CS 的 bi-gram 语言模型。另一方面,IAMDB 由来自更大的电子文本语料库 LOB 的手抄句子组成,LOB 语料库包含约 1 000 000 个行文词汇。因此,在这种情况下,整个 LOB 语料库(删除所有测试语句后)被用作 bi-gram 训练。最后,每个任务的词库被定义为一个单词集合,这个集合包含所有在训练或测试转录文本中发现的单词。自动语音识别普遍使用这种"封闭词汇表"方案来使结果具有可重现性。

另一方面,为了训练在线 HTR 反馈子系统以及测试 MM－CATTI 方法,选择了同样是公开发布的在线手写语料库 UNIPEN。

在下面的小节里,将给出所有离线语料库和在线语料库的详细描述。

1. ODEC － M3

这个语料库由西班牙语手写草书段落图像组成。它由一个针对某通信公司制作的调查表中提取出的自发答案编制而成[①]。这些答案由多组不同的人写出,并且没有任何明确或正式的格式。此外,由于没有给出任何关于用笔种类和书写风格的指导,段落都是变化、混乱的。这些手写内容使用了不同的字体、变化的字号,甚至包括下划线、划线、拼写错误、不常见的缩写和符号等

---

①   数据由 ODEC,S.A. 友情提供(*www.odec.es*)

等。图 3.11 给出了这些转录困难的示例。

图 3.11　ODEC − M3 语料库中的一些难以转录的例子

　　由于一些这样的困难,行提取使用一种半自动方式,该方式基于 3.5.1 节中提到的传统行检测方法。大部分短语都是自动处理的,但是对于图3.11(左上)中难以处理的行重叠情况需要进行人工监督。通过水平粘贴从每一段中提取的行,得到了包含有整个段落的单行(长)图像。这形成了 913 幅二值图像,将其划分为 676 幅图像的训练集和 237 幅图像的测试集。所有图像的转录结果也都是可用的,包含有 16 371 个单词,词汇量是 2 790 个。需要指出的是,不区分单词是用大写字母还是小写字母组成的。因此,在训练 n-gram 模型时,676 幅训练图像的转录结果被转换为大写字母,标点符号如{− /;:＋＊()|,!? }都被删除。n-gram 训练的平均转录比率是一个词汇表词汇对应 4.4 个行文单词(转录比率 4.4)。但是,在训练字符 HMM 模型时,使用含有每幅手写文本图像中所有元素细节的准确转录结果,这些元素包括大小写字母、符号、缩写、单词和字母间的空格、划掉的词等等。表 3.1 对这些信息进行了归纳。关于这个语料库的更多信息可参考文献[25]。

表 3.1　ODEC 数据库的基本统计数据

数量	训练	测试	总数	词库	OOV	转录比率
书写者/词组	676	237	913	—	—	—
单词	12 287	4 084	16 371	2 790	518	4.4
字符	64 666	21 533	86 199	80	0	808

注：OOV 表示词汇表以外的词

2. IAMDB

该语料库由伯尔尼(瑞士)的计算机科学与应用数学研究所(IAM)计算机视觉和人工智能(FKI)研究组编制。该 IAM 手写数据库(IAMDB)由无约束手写英文文本的灰度图像组成。它是可公开获取的,并且对于非商业目的的研究是免费的[①]。IAMDB 图像对应于 Lancaster — Oslo/Bergen 语料库[11](LOB)中的手写文本,包含大约 500 个英文印刷文本,每个文本约 2 000 字,总共约 1 000 000 字。

3.0 版本(当前的最新版本)的 IAMDB 由 1 539 个扫描的文本页面组成,包含 657 个不同书写者的手写体,写作风格和用笔的类型都没有限制。这个数据集同样也以语句级提供。行检测和提取,以及(手动地)检测句子边界,是由 IAM 研究所完成的。利用该信息,可以很容易地将文本行图像组合成完整的语句行图像。图 3.12 是这个语料库手写文本行图像的一个例子。该语料库被划分为一个由 448 个不同书写者手写的 2 124 条语句组成的训练集,和一个由不同于之前的 100 个书写者手写的 200 条语句组成的测试集。表 3.2 总结了所有这些信息。

需要注意的是,用于训练这个任务(整个 LOB 语料库)中的(n-gram)语言模型的可用数据量,比可用文本图像的转录所包含的数据量大得多。参照文献[33],利用这个优势,使用整个 LOB 语料库(除了图像测试集中的 200 条语句)对 n-gram 进行训练,同时设定一个缩减的词汇表,其中只包含在 IAMDB 文本图像中发现的 8 017 个不同的单词。LOB 语料库中有 651 462 个行文单词在 IAMDB 的词汇表中。因此,对于 n-gram 训练得到了一个非常高效的平均转录比率,每一个 IAMDB 词汇对应 81 个单词实例。就像在 ODEC — M3 语料库中一样,这里不区分字母的大小写。

---

① *http://iamwww.unibe.ch/~fki/iamDB*

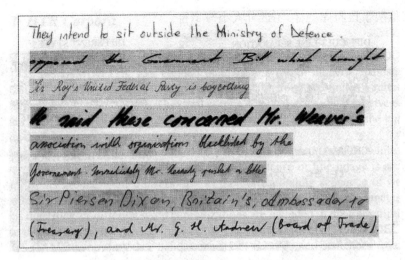

图 3.12　IAMDB 语料库中的手写文本行示例

表 3.2　IAM 数据库的基本统计信息

数量	训练	测试	总数	词库	OOV	转录比率
书写者	448	100	548	—	—	—
语句	2 124	200	2 324	—	—	—
单词	42 832	3 957	46 789	8 017	921	81
字符	216 774	20 726	237 500	78	0	2 779

注:OOV 表示词汇表以外的词

3. CS 手稿

这个语料库是从一个19世纪西班牙语手稿"Cristo－Salvador(CS)"编译得到的,该手稿由 Biblioteca Valenciana Digital (BiVaLDi) 友情提供①。这是一个由50页彩色文本图像组成的非常小的文档,由一个书写者独自写成。图3.13 给出了一些示例。

像 3.5.1 节所描述的,将页面图像进行预处理,并分割为行,所得到的结果通过目测检查,所发现的少数检测误差(约 4%) 由手动校正,从而生成包含1 172 个文本行图像的数据集。值得一提的是,与前两个语料库不同,在这种情况下,所提取的行图像没有合并成句子或段落。这些行图像的转录也可以获得,它由 2 277 个不同单词的词汇量构成的 10 918 个行文单词组成。注意,

---

① *http://bv2.gva.es*

与其他两个语料库一样,不区分大小写字符。

图 3.13　CS 语料库中的页面图像

在数据集中定义了两种不同的分割方式,分别是页(或"软")和书(或"硬")。这里,只考虑页面分割(比较简单)。测试集包含 491 个样本,对应于文档每页的最后十行,而训练集则由剩下的 681 行组成。表 3.3 概括了这些信息。

表 3.3　Cristo — Salvador 数据库页面分割的基本统计信息

数量	训练	测试	总数	词典	OOV	转录比率
页面	53	53	53	—	—	—
文本行	681	491	1 172	—	—	—
单词	6 435	4 483	10 918	2 277	1 010	2.8
字符	36 729	25 487	62 216	78	0	470

注:OOV 表示词汇表以外的单词

对于 n-gram 的训练,平均每个词汇表中的词对应 2.8 个行文单词实例,重要的是,这么小的比率对于训练语言模型而言,必定导致识别任务难度增加,并阻碍 CATTI、PA — CATTI 或 MM — CATTI 充分利用前缀衍生的约束条件。

4. UNIPEN 语料库

UNIPEN Train − R01/ V07 数据集[①]被划分为几个类,例如小写和大写字母、数字、符号、孤立的词和完整的语句。然而不幸的是,在 MM − CATTI 与 ODEC、IAMDB 或 CS 文本图像交互过程中,UNIPEN 的孤立单词类不包含所有(或几乎没有)用户所需的手写词汇实例,因此,它们是由三个 UNIPEN 类中的随机字符实例连接产生的:1a(数字),1c(小写字母)和 1d(符号)。对于每个离线 HTR 任务,都需要测试 HTR 反馈子系统,表 3.4 给出了所需的这些单词的基本统计数字。对于每一个任务(语料库),当使用 Viterbi 搜索方法(参见 2.5.1 节)时,必须考虑到用户必须引入标准CATTI迭代过程的所有单词。注意,在使用词图搜索方法的情况下,可能会得到略有不同的单词和 / 或它们出现的次数。无论如何,因为感兴趣的是对反馈解码子系统(即在线 HTR 子系统)的评估,所以这里只考虑以 Viterbi 搜索方法实现。尽管如此,在后面的 12.2 节将看到,MM − CATTI(MM − IHT)演示系统应用的是一种混合搜索译码方式,即离线译码阶段基于词图,而反馈译码阶段基于 Viterbi。

表 3.4 对于每一个离线 HTR 任务:为更正普通离线 HTR 系统产生的错误,所需的作为反馈的在线独特字的数量和单词实例的数量

任务	独特字	单词实例
ODEC − M3	378	753
IAMDB	510	755
CS	648	1 196

为了符合真实情况,每个测试单词中的所有字符都来自同一个书写者。三个书写者是随机抽选的,并保证每个书写者书写了足够生成所需单词实例的字符样本数量。每个构成单词的字符都沿着一条共同的基准线书写,除非字符有下延部分(例如"g""p"等),此时字符的基线上升其自身高度的 1/3。字符间的水平距离为随机的 1 到 3 个轨迹点。所选择的书写者用他们的名字缩写来标识,分别为 BS、BH 和 BR。图 3.14 给出了由上述方法生成的一些单词示例,以及由两位书写者 EV 和 VR 书写的与其相同的真实样本。

由 17 个不同的 UNIPEN 书写者用类似的方法生成训练数据。对于每一位书写者,随机选取 42 个符号和数字样本,生成 1 000 个最常用的西班牙语和

---

① 关于此数据集的更多细节请参考 *http://www.unipen.org*

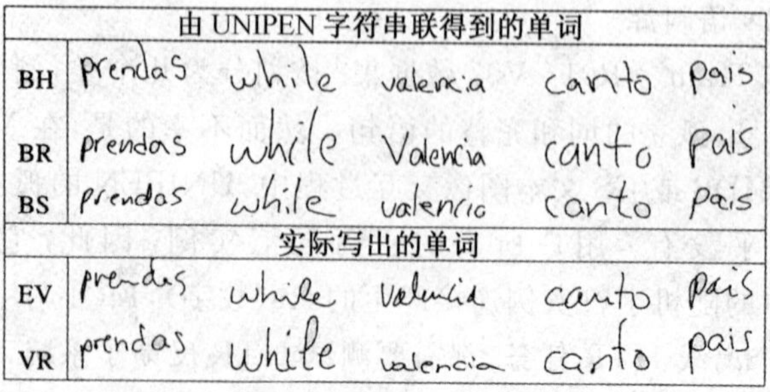

图 3.14　从 UNIPEN 测试书写者中选择 BH、BR 和 BS
三位生成单词字样,同时由实验室中的另外两
名书写者书写与前者相同的字样

英语的单词样本,从而得到 34 714 个(714 个孤立字符＋34 000 个生成单词)训练样本。为生成这些训练样本,共使用了 186 881 个 UNIPEN 字符实例,并尽可能多地重复 17 177 个可用的独特字符。表 3.5 归纳了实验中 UNIPEN 训练和测试数据的数量。

表 3.5　实验中 UNIPEN 训练和测试数据的基本统计数据

数量	训练	测试	词库
书写者	17	3	—
数字(1a)	1 301	234	10
字母(1c)	12 298	2 771	26
符号(1d)	3 578	3 317	32
总字符	17 177	6 322	68

3.6.2　实验结果

2.6 节中用来评估交互式转录系统的 WER、WSR 和 EFR 这三个指标现在被用来评估 CATTI 的性能。此外,为评估 PA－CATTI 方法中的新交互模式,引入了指针动作率(Pointer Action Rate,PAR)的概念。PAR 定义为:在使用新的用户交互模式时,用户需要对每一个单词做出的额外 PA 的次数。注意,用户在传统 CATTI 系统中为验证转录结果以及将光标放置在适当位置所做出的工作量,与新 CATTI 系统中使用单次 PA 交互的工作量一样。在这两种情况下,用户首先阅读系统给出的转录结果,直到他(她)发现一处错误,然后将光标放置在想要输入新单词的位置。此外,由于假设每次只修正一个单词,用反馈解码错误率(Feedback decoding Error Rate,FER,即传统的分类错误率)来评估,在 MM-CATTI 交互过程所限定的不同约束条件下,在线 HTR 反馈子系统的准确率。

用不同的实验评估了 CATTI、PA-CATTI 和 MM-CATTI 的可行性和实用性。此外,还用非交互式(在线和离线)手写文本识别实验建立了基准性能数据。

1.基准离线 HTR 结果

将 3.5.1 节介绍的基本系统作用于 3.6.1 节介绍的三个离线语料库(ODEC-M3、IAMDB 和 CS),进行传统的非交互式离线 HTR 实验。所有的形态模型(HMM)和语言模型(bi-gram)分别用每个语料库各自的训练图像和转录结果来训练。不过,就像前面提到的,在 IAMDB bi-gram 语言模型训练中,不但用到了其自身的 IAMDB 转录语料库,还用到了整个 LOB 语料库。ODEC-M3、IAMDB 和 CS 三个语料库的手写文本测试图像识别 WER百分比分别是 22.9%、25.3% 和 28.5%。所有这些结果都是在针对每个任务的预处理和特征提取过程(见 3.5.1 节)进行了参数优化后得到的。IAMDB得到的 WER 结果(25.3%)与当前用于这个数据集已发表的最先进的非交互式结果比较接近。

2.基准在线 HTR 结果

这些实验使用的是 3.5.2 节中介绍的在线 HTR 子系统。就像在 3.6.1节中讨论的一样,用 UNIPEN 数据来评估在线 HTR 反馈子系统的性能。

所有样本都用 3.5.2 节中所述的预处理和特征提取方法进行预处理。为了调整 68 个在线字符的 HMM 模型参数,分别对 1a、1c 和 1d UNIPEN 类的所需独立字符进行识别实验。测试数字、字母和符号的分类错误率(Error Rate,ER)分别是 1.7%、5.9% 和 21.8%,这些结果与当前基于此数据集的最好结果非常接近。

为了给在线 HTR 反馈子系统建立一个单词解码准确度基线,进行了一个简单的单词识别实验。这些用来训练和测试各任务反馈子系统的单词都是由充足的 UNIPEN 字符串联生成的。因此,新的字符 HMM 模型是由这些在之前的独立字符识别实验中调整过参数的训练单词训练得到的。另一方面,因为识别是针对单一单词的,因此(用每个离线任务的训练转录来)训练一个uni-gram 语言模型,用以估计相应的先前单词概率。观察 ODEC-M3、IAMDB 和 CS 的后续单词识别误差百分比(FER),分别是 5.1%、4.6% 和6.4%。

值得注意的是,这些 FER 值没有利用交互产生的上下文信息(即,只使用普通的 uni-gram 模型)。因此,这些数字代表了可以预期的最高准确度,当

（例如）用一个现成的在线 HTR 系统来实现 MM－CATTI 反馈译码器。

3. CATTI 结果

将 3.1 节中介绍的 CATTI 方法应用于之前描述的三个离线 HTR 任务，并使用与之前用于基准非交互式离线 HTR 相同的参数值。表 3.6 给出了使用 2.5.1 节所述的基于 Viterbi 的实施方法时，每个任务所需的用户工作量（WSR）估计，并与基准离线 HTR 结果这一小节中相应的后期编辑工作量（WER）估计结果做对比。除此之外，还给出了预计工作减少量（Estimated Fefort Reduction，EFR），计算 WER 和 WSR 之间的相对差异（详见 2.6 节）。

表 3.6　使用基于 Viterbi 的搜索时，非交互式离线 HTR(基准 WER) 和 CATTI(WSR) 的性能，以及它们的相对差异(预计工作减少量 ——EFR)　　　　　　　　%

语料库	WER	WSR	EFR
ODEC－M3	22.9	18.9	17.5
IAMDB	25.3	21.1	16.6
CS	28.5	26.9	5.7

根据这些结果来看，在 ODEC－M3 任务中，举个例子来说，想要产生 100 个单词的正确转录，CATTI用户只需要键入不到 20 个单词，剩下的 80 个单词将由 CATTI 自动预测出来。也就是说，CATTI 用户可以节省大约 80% 的工作量（包括键入和思考），不需要手动生成全部文本。另一方面，交互式转录与后期编辑相比，对于每 100 个（非交互式中的）错误单词，CATTI 用户只需要通过交互更正少于 78 个错误，剩下的 17 个则由 CATTI 根据其他交互式更正中得到的反馈信息自动更正[①]。

不同任务的不同性能指标可能是由原始图片质量差异，以及相对词库规模和 *bi*-gram 模型的鲁棒性导致的。特别是在 CS 中，当文本被切割成比较短的、没有句法意义的行片段，限制了 *bi*-gram 语言模型捕捉相关的上下文信息时，后者是一个很大的问题。

有趣的是，CATTI 对于有少量（多于一处）错误的行或句子更加有效。这是显而易见的，如果一个句子仅有一处（单词）错误，那么它一定是被用户通过交互来纠正的，CATTI 能做的最好的情况就是保持剩下的文本不变。显然，根据式(2.4)，这是无法保证的。在最坏的情况下，当用户修改一个单词时，可能会导致更多的错误，也就是说，WSR 可能会大于 WER。为了分析这

---

① 译者注：原书的数字就是 78 和 17，并不是 100，不知是否笔误

一现象,图 3.15 分别给出了 ODEC－M3 和 IAMDB(通过观察,CS 也有类似的趋势)随着每条语句中初始错误数的增加,WER、WSR 和 EFR 值的变化。

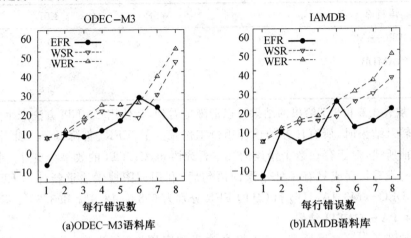

图 3.15   当每行错误数变化时 WER、WSR 和 EFR(均为百分数) 的值

正如预期的那样,随着每条语句中错误数量的增加,预计工作减少量也随之增加,这清楚地显示出,在有着数个错误识别单词的语句中,CATTI 在每次交互步骤中能够纠正多于一个错误。另外,对于只有一个错误的语句,CATTI 起不到作用,甚至反而会比后期编辑的性能更糟。因此在实际应用中,一个良好的CATTI用户界面应该允许用户在进行那些只有一个错误单词的语句修正时,禁用 CATTI 预测功能。考虑到上述情况,排除那些没有错误或只有一处错误的语句,然后重新计算表 3.6 的结果,得到了更好的 EFR 值——ODEC－M3、IAMDB 和 CS 的 EFR 值分别变为 17.9%、18.4% 和 6.9%。

表3.7给出了运用了词图搜索(见3.2.1节)时每个任务的 WSR 和 EFR,以及相应的 WER 对比。实验中用到的词图用与基准结果相同的 GSF 和 WIP 值生成。正如之前所预期的,使用基于 Viterbi 的搜索时,所获得的结果要优于使用词图所获得的结果。这是因为词图只是 Viterbi 搜索框架的删减版,因此,对于输入的手写文本图像,无法获得所有可能的转录结果,这就会导致系统准确度的损失。然而,使用词图时的计算开销要比使用 Viterbi 时低得多,因此前者允许用户与系统进行实时交互。

表 3. 7　非交互式离线 HTR(WER) 和 CATTI(WSR) 的性能,以及使用基于词图的搜索
方法时它们之间的相对差异(预计工作减少量——EFR)　　　　　　　　%

语料库	WER	WSR	EFR
ODEC — M3	22.9	21.5	6.1
IAMDB	25.3	22.5	11.1
CS	28.5	27.7	2.8

从表 3.6 和 3.7 给出的结果可以清晰地看到,在使用 CATTI 方法产生无错误转录结果时,所有任务的预计用户工作减少量(EFR)都降低了。此外,如先前所述,对于存在数个错误的文本行或语句,CATTI 的效果会更好。排除所有没有错误或只有一处错误的语句后,利用词图搜索法重新计算 EFR值,ODEC — M3、IAMDB 和 CS 的 EFR 分别为 6.8%、12.9% 和 3.8%。

4. PA — CATTI 结果

如 3.3.1 节末尾所述,为了提高效率和实用性,每当执行了一次 PA,PA — CATTI 必须在短时间内给出一个新的后缀。为了满足这个要求,提出了一种基于词图技术的搜索方法。表 3.8 给出了运用新的单次 PA 交互模式获得的结果,这是与 PA 相关的方案中最简单的一种(参见 3.3 节)。表 3.8 的第二列给出了运用单次 PA 交互模式获得的 WSR 值,第三列给出了单次 PA 与传统 CATTI(见表 3.7 的第三列)相比 WSR 的相对差异,第四列给出了单次 PA 与传统使用人工后期编辑的 HTR 系统(见表 3.7 的第二列)相比 WER的相对差异。

表 3.8　运用单次 PA 交互模式时 PA—CATTI 的性能(单次 PA 的 WSR,第二列),与传统
ACTTI WSR 相比单次 PA WSR 的预计工作减少量(EFR_{CATTI},第三列),以及单
次 PA WSR 与非交互式 HTR WER 相比的结果(EFR_{PEDIT},第四列)　　%

语料库	单次 PA 的 WSR	EFR_{CATTI}	EFR_{PEDIT}
ODEC — M3	18.2	15.3	20.5
IAMDB	18.6	17.3	26.5
CS	23.7	14.4	16.8

根据表 3.8,在生成无错误转录结果时,与使用传统 CATTI 方法和使用人工后期编辑的非交互式 HTR 相比,使用 PA—CATTI 方法可以大大减少用户的工作量。例如,在 IAMDB 任务中,新的交互模式可以节省全部人工的26%,而传统的 CATTI 如果使用基于词图的搜索方法仅能节省 11.1%,如果使用基于 Viterbi 的搜索方法只能节省 16.6%(见表 3.6)。

　　图 3.16 将 WSR、EFR 和指针操作率(PAR)绘制为一个函数,它表示在用户决定写下正确的单词前允许的最大 PA 次数。这些结果对应于 ODEC－M3 语料库和 IAMDB 语料库(通过观察,CS 语料库具有相似的趋势)。EFR 的值根据相应的 WSR 和 WER 计算。从两幅图中可以看出,EFR 与 PAR 之间可以达到一个很好的均衡,例如,将最大允许 PA 次数设为 3,那么对于每个单词,用很少的额外 PA 就可以节省大量的预期用户工作。

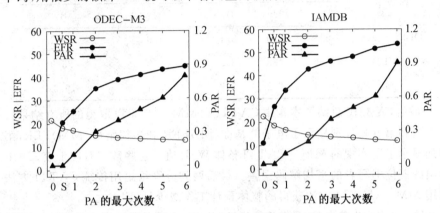

图 3.16　将单词键入率(WSR)、预计工作减少量(EFR)和指针操作率(PAR)绘制为一个函数,表示在用户决定输入正确的单词前允许执行 PA 的最大次数。第一个点"0"对应于(没有执行 PA 的)传统 CATTI,而"S"点对应于 3.3 节中介绍的单次 PA 交互方式

5. MM－CATTI 结果

　　这些实验旨在评估在 3.4.1 节所描述的场景中,MM－CATTI 的有效性。以系统不得不处理非确定型的反馈信号为代价,多模操作结合了人体工程学并增强了实用性。这里主要关注在线 HTR 反馈解码的准确度,而实验的目的则是判断通过适当引入交互过程产生的信息,这个准确度能够提高多少。最后,实验评估通过引入交互性和多模性,系统能够取得什么程度的协同增效。

　　表 3.9 给出了考虑不同语料库和三种语言模型时的平均反馈解码错误率(FER),其中三种语言模型受交互(信息)的约束越来越强(参见 3.4.1 节)。第一个模型对应于 $P(d)$ 的简单 $uni\text{-}gram$ 估计,在 3.6.2 节的"基准在线 HTR 结果"中作为基准线给出。第二个模型对应于 $P(d \mid v)$ 误差约束 $uni\text{-}gram$ 模型估计(式(3.14))。第三个模型对应于 $P(d \mid p',v)$ 前缀与误差约束 $bi\text{-}gram$ 估计(式(3.15))。正如 3.4.1 节所述,这些模型源自于用于离线 HTR 主系统的原始语言模型。由表 3.9 可以看出,当引入更多源于交互信

息的约束条件时,反馈译码的准确度可以大幅提升。

表 3.9 对于不同语料库和三种语言模型:简单 $uni\text{-}gram$ (U,基准),误差约束的 $uni\text{-}gram$ (Uv) 和前缀—误差约束的 $bi\text{-}gram$ (Bv),给出了 MM—CATTI 的平均反馈解码错误率(FER)。Uv 和 Bv 相对于 U 的准确度改善程度在最后两列中给出

语料库	FER/%			相对改善 /%	
	U	Uv	Bv	Uv	Bv
ODEC—M3	5.1	5.0	3.1	1.9	39.2
IAMDB	4.6	4.3	3.5	6.5	23.9
CS	6.4	6.2	5.8	3.1	9.3

　　最后,表 3.10 总结了本章中 CATTI 和 MM—CATTI 取得的所有结果。第四列和第五列分别显示了电子笔基准(BL)FER 和多模解码(MM)FER,第六列显示了所实现的 MM—CATTI 整体 WSR 值。这些数字对应于表 3.9 中给出的三位书写者的平均解码误差。最后两列分别给出用传统 CATTI 方法和用 MM—CATTI 方法获得的整体预计工作减少量(EFR)。

表 3.10 从左到右依次是:后期编辑修正(WER),所需的交互式修正(WSR),基准 (FER_{BL}) 情况下和多模解码(FER_{MM}) 情况下电子笔反馈解码错误率,整体多模交互修正(WSR_{MM}),以及所提出方法取得的整体预计工作减少量(EFR)　　　%

语料库	后期编辑	CATTI	MM—CATTI			整体 EFR	
	WER	WSR	FER_{BL}	FER_{MM}	WSR_{MM}	CATTI	MM—CATTI
ODEC—M3	22.9	18.9	5.1	3.1	19.5	17.5	14.8
IAMDB	25.3	21.1	4.6	3.5	21.8	16.6	13.8
CS	28.5	26.9	6.4	5.8	28.4	5.6	0.4

　　MM—CATTI 的 EFR 是在一个简化(但合理)的假设条件下计算得来,假设用键盘修正在线反馈解码错误的开销与两次在线触屏交互的开销相近[1]。也就是说,每一个通过键盘进行的修正会被算作两次:一次是失败的触屏修正尝试,一次是键盘本身的修正行为。根据这些结果,更符合人体工程学且更受用户欢迎的基于触屏的 MM—CATTI 的预期用户工作量,只是略高于基于 ODEC—M3 和 IAMDB 语料库的 CATTI。基于 CS 语料库的结果显示

---

　　[1] 这个假设实际上比较牵强,因为在实际应用中,通过触摸屏交互显然比键盘交互更人性化。此外,在实际使用时,当一次触屏修正没有发挥作用时,人们宁愿再试一次,也不愿意用键盘来输入

MM－CATTI 的预期用户工作量和后期编辑系统的预期工作量非常相近,然而这些额外的人力工作使得人机交互变得更加容易和舒适。

3.7 结 论

本章中,3.1、3.3 和 3.4 节介绍的三种方法 CATTI、PA－CATTI 和 MM－CATTI 在三个不同任务(ODEC、IAMDB 和 CS)中进行了测试。这些任务分别包含了:调查表的手写答案转录,不同类别(社论、宗教、小说、爱情、幽默……)的手写英文整句,以及一个 1853 年的旧手写文档。

在更深层次,提出了一种新的在线交互架构,在手写文档的转录过程中,结合了自动 HTR 系统的效率和人工的准确性,称这种方法为"计算机辅助文本图像转录"(CATTI)。这里,被用户纠正的单词成为最终转录目标越来越长的前缀的一部分。CATTI 系统利用这些前缀来给出新的建议后缀,用户可以反复地接受或修改,直到最终得到一个符合要求的正确转录结果。上述三个任务得出的实验结果令人鼓舞,表明 CATTI 方法能够加快人们的差错纠正过程。

此外,测试了两种不同的搜索解码方法,第一种基于 Viterbi 算法,第二种基于词图技术。从所得结果来看,可以得出这样的结论,尽管基于 Viterbi 方法的结果优于使用词图技术的,但是第二种方法更受人们欢迎,因为损失的准确度不会太高,而计算量要低得多,正是后面这个原因可以让人工转录员与系统进行实时交互。

为了增强 CATTI 的实用性和人体工程学,提出一种新的交互方式,引入了"指针动作"这一概念,称之为 PA－CATTI。系统利用用户在纠正错误之前,需要先将光标定位这一特点,迅速(从那个位置)给出一个新的、正确的可能性更大的预测。因此,基于 PA 的用户反馈在一定程度上能够预测接下来的用户修正。PA－CATTI 同样是基于词图技术来实现的,这是为了满足 PA－CATTI 实用性(实时性)要求的快速反应时间的最好方法。从实验结果可以看出,在减少单词键入量方面,这种新型用户反馈方式可以产生显著的效益,特别在单次 PA 交互场景中尤为明显,几乎不需要额外的人力工作就可以得到新的预测结果。

此外还研究了将在线触屏手写笔的笔画作为 CATTI 的一种补充反馈方式,称这个多模方法为"MM－CATTI"。从结果来看,这种反馈方式的开销很小,只需要很少的额外交互步骤便可以纠正为数不多的反馈解码错误,而且这种方式更符合人体工程学。因为 MM－CATTI 能够利用交互衍生的约束条件,所以这些额外的步骤可以保持在一个非常少的数量上,却又能显著改善在线 HTR 反馈解码的准确度。显然,如果在修正步骤中只简单地使用现成的传统 HTR 解码器,是无法取得上述结果的。

相比于传统 HTR 的后期编辑,CATTI、PA—CATTI 和 MM—CATTI 的主要优势在于用户工作量的减少。当转录任务比较复杂、单词差错率较高时,用户通常会拒绝对传统 HTR 的输出结果进行后期编辑。相比之下,所提出的交互式方法能够以一种更自然的方式来产生正确的文本。通过一个合适的用户界面,CATTI、PA—CATTI 或 MM—CATTI 允许用户自由地输入指令:如果预测结果不够好,那么用户只需按他 / 她自己的节奏继续键入;如果预测结果正确,那么他 / 她可以接受(部分)预测,从而节省了思考和打字的工作。

这里需要指出,除了前面小节给出的实验室试验报告外,后面(12.2 节)还将给出一个已经实现的完整的 CATTI 原型(包括 PA 和 MM),该模型已经交付使用,并由真实用户进行初步的非正式测试。根据这些测试结果,无论是实用性还是性能,该原型系统都符合实验室试验的预期结果。在线 HTR 系统的反馈解码准确度尤其如此:尽管在线 HTR 系统的 HMM 模型是由用UNIPEN 字符样本人工构建的单词进行训练的,我们发现,真实用户在实际操作中的准确度和实验室试验的结果很接近。当然,如果用真实用户的手写文本重新训练模型,那么很容易获得更高的准确度。

本章参考文献

[1] Amengual,J. C. ,& Vidal,E. (1998). Efficient error-correcting Viterbi parsing. *IEEE Transactions on Pattern Analysis and Machine Intelligence* ,20(10), 1109-1116.

[2] Bazzi,I. ,Schwartz,R. ,& Makhoul,J. (1999). An omnifont open-vocabulary OCR system for English and Arabic. *IEEE Transactions on Pattern Analysis and Machine Intelligence* ,21(6),495-504.

[3] Brakensiek,A. ,Rottland,J. ,Kosmala,A. ,& Rigoll,G. (2000). Off-line hand-writing recognition using various hybrid modeling techniques and character n-grams. In *Proceedings of the international workshop on frontiers in handwriting recognition* (IWFHR'00)(pp. 343-352),Amsterdam,The Nether-lands.

[4] Chelba,C. ,& Jelinek,F. (1999). Recognition performance of a structured language model. In *Proceedings of European conference on speech*

communication and technology (*Eurospeech*)(Vol. 4,pp. 1567-1570).

[5] Chen,C. H. (Ed.) (2003). *Frontiers of remote sensing information processing*. Singapore:World Scientific.

[6] Drira,F. (2006). Towards restoring historic documents degraded over time. In *Proceedings of the international conference on document image analysis for libraries* (*DIAL'06*)(pp. 350-357),Washington,DC,USA. Los Alamitos:IEEE Computer Society.

[7] Guyon,I. ,Schomaker,L. ,Plamondon,R. ,Liberman,M. ,& Janet,S. (1994). UNIPEN project of on-line data exchange and recognizer benchmarks. In *Proceedings of the international conference on pattern recognition* (*ICPR'94*)(pp. 29-33),Jerusalem,Israel.

[8] Huang,B. Q. ,Zhang,Y. B. ,& Kechadi,M. T. (2007). Preprocessing techniques for online handwriting recognition. In *Proceedings of the international conference on intelligent systems design and applications* (*ISDA'07*)(pp. 793-800),Washington,DC,USA. Los Alamitos:IEEE Computer Society.

[9] Jaeger,S. ,Manke,S. ,Reichert,J. ,& Waibel,A. (2001). On-line handwriting recognition:the NPen ++ recognizer. *International Journal on Document Analysis and Recognition*,3(3),169-181.

[10] Jelinek,F. (1998). *Statistical methods for speech recognition*. Cambridge: MIT Press.

[11] Johansson,S. ,Atwell,E. ,Garside,R. ,& Leech,G. (1996). *The tagged LOB corpus,user's manual*. Norwegian Computing Center for the Humanities, Bergen,Norway.

[12] Lowerre,B. T. (1976). *The harpy speech recognition system*. Ph. D. thesis, Carnegie Mellon University,Pittsburgh,PA,USA.

[13] Marti,U. -V. ,& Bunke,H. (1999). A full English sentence database for off-line handwriting recognition. In *Proceedings of the international conference on document analysis and recognition* (*ICDAR'99*)(pp. 705-708), Washington,DC,USA. Los Alamitos: IEEE Computer Society.

[14] Marti,U. -V. ,& Bunke,H. (2001). Using a statistical language model to improve the preformance of an HMM-based cursive handwriting recognition system. *International Journal of Pattern Recognition and Artificial Intelligence*,15(1),65-90.

[15] Marti,U. -V. ,& Bunke,H. (2002). The IAM-database: an English sentence

database for offline handwriting recognition. *International Journal on Document Analysis and Recognition*, 5(1), 39-46.

[16] Ogawa, A. , Takeda, K. , & Itakura, F. (1998). Balancing acoustic and linguistic probabilities. In *Proceedings of the IEEE conference acoustics, speech and signal processing* (ICASSP'98)(Vol. 1, pp. 181-184), Seattle, WA, USA.

[17] O'Gorman, L. , & Kasturi, R. (Eds.) (1995). *Document image analysis*. Los Alamitos: IEEE Computer Society.

[18] Parizeau, M. , Lemieux, A. , & Gagné, C. (2001). Character recognition experiments using UNIPEN data. In *Proceedings of the international conference on document analysis and recognition* (ICDAR'01)(pp. 481-485).

[19] Pastor, M. , Toselli, A. H. , & Vidal, E. (2004). Projection profile based algorithm for slant removal. In *Lecture notes in computer science: Vol. 3212. Proceedings of the international conference on image analysis and recognition* (ICIAR'04)(pp. 183-190), Porto, Portugal. Berlin: Springer.

[20] Pastor, M. , Toselli, A. H. , & Vidal, E. (2005). Writing speed normalization for on-line handwritten text recognition. In *Proceedings of the international conference on document analysis and recognition* (ICDAR'05)(pp. 1131-1135), Seoul, Korea.

[21] Plamondon, R. , & Srihari, S. N. (2000). On-line and off-line handwriting recognition: a comprehensive survey. *IEEE Transactions on Pattern Analysis and Machine Intelligence*, 22(1), 63-84.

[22] Ratzlaff, E. H. (2003). Methods, report and survey for the comparison of diverse isolated character recognition results on the UNIPEN database. In *Proceedings of the international conference on document analysis and recognition* (ICDAR'03)(Vol. 1, pp. 623-628), Edinburgh, Scotland.

[23] Romero, V. , Pastor, M. , Toselli, A. H. , & Vidal, E. (2006). Criteria for handwritten off-line text size normalization. In *Proceedings of the IASTED international conference on visualization, imaging, and image processing* (VIIP'06), Palma de Mallorca, Spain.

[24] Romero, V. , Toselli, A. H. , Rodríguez, L. , & Vidal, E. (2007). Computer assisted transcription for ancient text images. In *Lecture notes in computer science: Vol. 4633. Proceedings of the international conference on image analysis and recognition* (ICIAR'07)(pp. 1182-1193). Berlin: Springer.

[25] Toselli, A. , Juan, A. , & Vidal, E. (2004). Spontaneous handwriting recognition

and classification. In *Proceedings of the international conference on pattern recognition* (*ICPR*'04) (pp. 433-436), Cambridge, UK.

[26] Toselli, A. H., Juan, A., Keysers, D., González, J., Salvador, I., Ney, H., Vidal, E. & Casacuberta, F. (2004). Integrated handwriting recognition and interpretation using finite-state models. *International Journal of Pattern Recognition and Artificial Intelligence*, 18(4), 519-539.

[27] Toselli, A. H., Pastor, M., & Vidal, E. (2007). On-line handwriting recognition system for Tamil handwritten characters. In *Lecture notes in computer science*: Vol. 4477. *Proceedings of the Iberian conference on pattern recognition and image analysis* (*IbPRIA*'07) (pp. 370-377), Girona, Spain. Berlin: Springer.

[28] Toselli, A. H., Romero, V., Rodríguez, L., & Vidal, E. (2007). Computer assisted transcription of handwritten text. In *Proceedings of the international conference on document analysis and recognition* (*ICDAR*'07) (pp. 944-948), Curitiba, Paraná, Brazil. Los Alamitos: IEEE Computer Society.

[29] Toselli, A. H., Romero, V., & Vidal, E. (2008). Computer assisted transcription of text images and multimodal interaction. In *Lecture notes in computer science*: Vol. 5237. *Proceedings of the joint workshop on multimodal interaction and related machine learning algorithms* (pp. 296-308), Utrecht, The Netherlands.

[30] Toselli, A. H., Romero, V., Pastor, M., & Vidal, E. (2009). Multimodal interactive transcription of text images. *Pattern Recognition*, 43(5), 1814-1825.

[31] Vuori, V., Laaksonen, J., Oja, E., & Kangas, J. (2001). Speeding up on-line recognition of handwritten characters by pruning the prototype set. In *Proceedings of the international conference on document analysis and recognition* (*ICDAR*'01) (pp. 0501-0507), Seattle, Washington.

[32] Young, S., Odell, J., Ollason, D., Valtchev, V., & Woodland, P. (1997). *The HTK book*: *hidden Markov models toolkit* V2.1. Cambridge Research Laboratory Ltd.

[33] Zimmermann, M., Chappelier, J.-C., & Bunke, H. (2006). Off-line grammar-based recognition of handwritten sentences. *IEEE Transactions on Pattern Analysis and Machine Intelligence*, 28(5), 818-821.

第 4 章　　计算机辅助语音信号转录

在过去的几年中,自动语音识别已经得到了广泛的应用。然而,如果想要得到输入信号的完美转录,仍然需要依靠操作员来监督和纠正识别系统通常会犯的错误。虽然自动识别系统能够显著地加快转录过程,但人工监督的干预却降低了此项工作的速度。基于这一事实,当需要无差错的转录文档时,交互式模式识别方法的应用可以认为是一个很好的机会来改善人机之间的合作。

本章提出了一种可以对语音信号进行高效转录的多模态交互方法。这种方法不是全自动化的,而是在转录的过程中适当地进行协助。从这种意义上来讲,本章提出了一种交互式场景,它基于自动识别系统和人工转录员之间的相互协作,共同生成语音信号的最终转录结果。它将展示用户的反馈是如何直接提高系统精度的,同时多模态又改善了系统的人机工程学和用户可接受性。

4.1　　计算机辅助音频流转录

由于自动语音识别(Automatic Speech Recognition,ASR)还远远不够完善,因此语音识别方案的一个很好的选择是使用第 2 章所描述的方法。在词汇量大、环境嘈杂、自然语音(并不刻意区分各个单词,如连读相邻的词语) 等复杂的任务下,转录可能会产生严重的错误。当需要高质量的转录时,则必须由人工转录员去核实和纠正系统的转录。

这个过程通常是离线执行的。首先,系统返回输入音频信号的一个完整转录,然后人工转录员按顺序阅读转录结果(同时听原始音频信号)并纠正系统可能犯的错误。对于人工校对员来说,这种方法显然非常不方便而且效率很低。

正如在第 3 章所描述的 CATTI(计算机辅助文本图像转录) 应用的案例中,在线的交互式场景可以提供更高效的方法。同样,ASR 和人工转录员也可以相互合作,将输入信号生成为最终的转录结果。这种方法的基本原理是将人工转录员的精确度与 ASR 的效率相结合,该方法称为"语音信号的计算机辅助转录"(Computer Assisted Transcription of Speech,CATS)。

4.2 CATS 基础

本节概述 CATS 的实施方法,这个过程与之前介绍过的 CATTI 十分相似。如图 4.1 所示,当 ASR 系统对输入信号 x 的一个长度适当的片段提出一个完整的转录 $\hat{s}$(或者一个 $N-$ 最优转录的集合)时,过程开始。然后,人工转录员(后面称为"用户")阅读这份转录直到发现错误,换句话说,用户发现(验证)了一个无误的转录前缀 p'。现在,用户可以输入一个单词(或者几个单词)k 来更正前缀 p' 之后文本中的错误。此操作将产生一个新的前缀 p(先前验证过的前缀 p' 加上 k),然后 ASR 系统参考新的前缀,并为它提出一个适宜的后续部分(或者一个可能最优的后续部分的集合),这将会生成新的 $\hat{s}$,再开始新一轮的循环。这个过程将会一直重复,直至得到用户可以接受的正确的完整转录 T 为止。这个交互过程的关键是,在每一次用户－系统的迭代中,系统可以利用当前已经验证的前缀来尝试提高下一步预测的准确度。

步骤	$(\mathbf{x})$	
第 0 次迭代	(p)	( )
第 1 次迭代	$(\hat{s})$	(*Nine extra soul are planned half beam discovered these years*)
	$(\hat{s_p})$	(**Nine**)
	$(\mathbf{c})$	(extrasolar)
	(p)	(Nine extrasolar)
第 2 次迭代	$(\hat{s})$	(*planets have been discovered these years*)
	$(\hat{s_p})$	(**planets have been discovered**)
	$(\mathbf{c})$	(this)
	(p)	(Nine extrasolar planets have been discovered this)
最终结果	$(\hat{s})$	(*year*)
	$(\mathbf{c})$	(♯)
	$(p \equiv \mathbf{t})$	(**Nine** extrasolar **planets have been discovered** this **year**)

图 4.1 CATS 示例,过程细节见文字部分

4.3 自动语音识别简介

自动语音识别（ASR）系统的工作原理是：接收一个输入的音频信号，并对该信号进行解码，然后产生所说词语（语句）的转录文本。本节将介绍要实现这一目标所需的所有步骤。

4.3.1 语音采集

人类语音通过空气传播时会引起大气压强的一系列变化，使用特殊的传感器（比如麦克风）可以捕获这些压强的变化。然后，该传感器产生一个适合于存储和处理的模拟信号。然而，模拟信号的处理具有很大的缺点（如噪声，需要特定的硬件等），而且，计算机是数字系统，不能直接处理模拟输入。因此，模拟信号需要被转换成数字信号。在这个过程中，模拟输入信号被周期采样，产生一组离散的样本。采样频率（即每秒采集的样本数量）对确保原始信号精确编码至关重要。根据奈奎斯特－香农定理，采样频率必须至少是待采样信号最高频率的两倍，否则无法获得信号的完整信息。语音信号的最高频率大约为 8 kHz，因此，采样频率通常使用 16 kHz。

4.3.2 预处理和特征提取

当信号转为数字域后，下一步就该提取与语音识别相关的信息了，包括语音信号的各种特征表示。在 ASR 中使用最广泛的一种特征是梅尔频率倒谱系数（Mel Frequency Cepstrum Coefficient，MFCC）。梅尔频率倒谱系数是这样提取的：首先，将语音信号分割成一系列重叠的片段（称之为"窗口"或者"帧"），其中每个信号片段都可以看作是一个平稳过程（每个窗口通常为 10～20 mm 长）。然后计算每个窗口的频谱，依据梅尔尺度（1 kHz 以下部分近似为线性，1 kHz 以上部分为指数型）将频率划分到一系列（非线性）的频带里（统称为滤波器组）。在这种方式下，每个语音窗口（帧）被表示为向量，存储通过相应滤波器帧的能量平均值（通常要用 20～40 个滤波器）。最后，将离散余弦变换（Discrete Cosine Transform，DCT）作用于每个输出向量上，通常选择第一组 DCT 成分（通常为 10～15 个）使用。通常也计算每个 DCT 向量的一阶和二阶时间导数。

作为这一过程的结果，信号被表示为一个维度在 30～40 的特征向量序列。这个信号将被用在后面的阶段中，以产生原始输入信号的转录。

4.3.3 统计语音识别

既然已经对输入信号进行了预处理,并得到了一个特征向量序列 x,现在开始讨论识别过程本身。在统计 ASR 中,给定一个输入信号 x,要获得如式(2.1)所述待识别话语 w 的一个最优序列:

$$\hat{w} = \arg \max_{w} P(x \mid w) \cdot P(w) \tag{4.1}$$

就像在 2.2 节中所说的,第一项 $P(x \mid w)$ 对应于一个声学单词模型,代表信号中单词声音的分布。声学单词模型可以看作是一系列音标的有效串联组合,它是由隐马尔可夫模型(Hidden Markov Model,HMM)建模构成的,也是到目前为止语音单元随机建模最成功的范例。

第二项 $P(w)$ 被称为语言模型,描述语言中语句的分布,以(希望)使正确语句在语言模型中的概率较高,错误语句的概率较低。这可以通过如式(2.3)所示的 n-gram 模型来估计,其中每个单词由其之前的 $n-1$ 个单词制约。

一旦所有模型都已建立,就可以通过构建一个集成网络来获取转录,其中语言模型中的每个单词都被展开表示为一组 HMM 模型。这个网络根据声学和语言学概率模型生成单词。使用 Viterbi 算法来计算网络中的最可能路径,从而解决式(2.1)中的最大化问题。

4.4 CATS 搜索

正如在 2.5.1 节中所述,式(2.6)给出的搜索问题的最优解可以通过使用相应有限状态网络上的 Viterbi 算法逼近,这种网络被一种特殊的语言模型(式(2.6))所限制,而这种特殊的语言模型是由一个线性模型(决定前缀 p 中的单词)和一个传统的 n-gram 模型(为后缀 s 的所有可能的单词建模)级联建立的。

然而,这种直接式的方法可能会导致系统响应变慢,因为一次完整语音识别搜索的计算开销通常很高。

4.5 基于词图的 CATS

CATS 是一个交互式应用程序,因此必须满足一些特定的要求。例如,如果识别时间过长,那么 ASR 无论有多高的精度都是没有意义的。在最极端的情况下,如果预测系统和用户手动执行任务一样慢,那么 CATS 没有任何意义。综上所述,为了让用户使用系统时感觉舒适,必须确保一个适当的响应时间。有关响应时间的一些实验将在后面进行描述,不过就眼前来说,前面所给出的直接式方法在处理一些任务时,其响应时间都超过了 3 s。因此,需要探索其他的 CATS 实现方法。

在语音解码中,对每一帧输入信号都需要进行许多计算。例如,声学模型的计算需要计算所有 HMM 模型中每个状态的高斯混合概率。如果能够获得每个待转录输入信号的一种表征,这种表征存储了足够数量的解码假设及其相应的概率,那么就可以节省许多计算工作。通过这种方式,所有的交互式 CATS 搜索都将在此模式下进行,从而获得更短的响应时间。

前面的讨论暗示下面将使用一种众所周知的 ASR 数据结构 —— 词图(Word Graph,WG)。前面在 1.5.1 节中定义过,词图实际上就是以紧凑的方式表示一个非常大的 $n-$ 最优($n-$ best)假设集合,并附带着关于它们如何被产生的额外信息。

词图可以作为语音解码过程的副产品获得,只需存储每个部分假设的最佳声学和语言模型概率,然后从初始状态到最终状态的所有路径都会被添加到图中。

给定一个具体的输入,如果其词图可获取,那么就可以用其词图来执行如式(2.6)所描述的搜索。现在,将研究具体如何实现这个搜索。其基本思想是,当得到一个新的用户前缀时,在词图上解析该前缀。这是为了获取一组接近最佳信号分割(式(2.6)的前两项)的点。此外,式(2.6)中基于前缀的语言模型概率可以很容易地从这些点的弧度计算出来。一旦得到这组点集,就可以从这些点中寻找最优路径(或 $n-$ 最优路径),从而生成一个 CATS 假设(后缀)。在接下来的部分中,将对这个过程的不同细节展开讨论。

4.5.1　纠错前缀解析

在本例中,有一个有向无环图(Directed Acyclic Graph,DAG),然后要做的是找到一条与前缀最匹配的路径。理想情况下,这个 DAG 图应该包含输入信号的所有可能的识别结果,但不幸的是,这在实际中不可能实现。

首先,生成词图的随机模型是从一组有限的样本中训练出来的(尽管可以使用平滑模型,但仍存在有一部分单词超出词汇表的问题)。其次,由于计算机内存的限制,通常要使用剪枝搜索。由于这个原因,不能指望词图考虑到每一个可能的用户前缀。因此,需要采用一种更复杂的方法,这就是纠错解析(Error Correcting Parsing,ECP)。它的过程如下:首先,定义一个误差模型来解决由字符串 $z=z_1,\cdots,z_m$ 生成字符串 $y=y_1,\cdots,y_n$ 的问题,这个生成过程基于一组预先定义好的操作：

①　替换：用目标字符串中的字符 z_j 代替源字符串中的字符 y_i（表示为 $y_i \rightarrow z_j$）。

②　删除：移除源字符串中的字符 y_i（表示为 $y_i \rightarrow \lambda$）。

③　插入：在目标字符串中加入字符 z_j（表示为 $\lambda \rightarrow z_j$）。

每个操作都对应一个"代价"（cost），这些代价通常要根据待解决的特定任务来决定。从一个字符串生成另一个字符串的总代价是通过累加所有参与将源字符串转换成目标字符串的编辑代价来计算的。给定一个编辑操作序列 $\epsilon = \epsilon_1, \cdots, \epsilon_L$，其总代价 ϵ 可以定义为

$$C(\epsilon) = \sum_{l=1}^{L} c(\epsilon_l) \tag{4.2}$$

其中 $c(\epsilon_l)$ 表示编译操作的代价 ϵ_l。通常会有多种不同的方式根据一个给定的字符串生成目标字符串，但只关心其中代价最小的序列，这个最优序列被称为（加权）Levenshtein 距离：

$$d(y, z) = \min_{\epsilon} \left\{ C(\epsilon) \mid y \xrightarrow{\epsilon} z \right\} \tag{4.3}$$

其中 $y \xrightarrow{\epsilon} z$ 表示使 y 变成 z 的编辑操作序列。在多项式时间内计算 Levenshtein 距离，可以遵循下述动态规划算法（注意，用 i 和 j 分别表示源语句和目标语句）。给定两个字符串 y 和 z，$d(y, z)$ 为：

递归一般项

$d(i, j) = \min\{d(i-1, j-1) + c(y_i \rightarrow z_j), d(i-1, j) + c(y_i \rightarrow \lambda), d(i, j-1) + c(\lambda \rightarrow z_j)\}$

递归初始值

$$d(0, 0) = 0$$
$$\forall i \quad d(i, 0) = d(i-1, 0) + c(y_i \rightarrow \lambda)$$
$$\forall j \quad d(0, j) = d(0, j-1) + c(\lambda \rightarrow z_j)$$

进行 CATS 时，现有的是一个字符串（前缀）和一个词图（很多带有概率值的字符串），要做的是在这个词图上解析前缀。这个问题类似于搜索一个给定字符串与规则语言（regular language）之间的最小距离问题。

解析输入字符串后，算法返回所到达的词图节点（这些节点并非最终敲定、不可更改的，属于"non-terminals"）及其 Levenshtein 距离，最佳后缀可以通过运用类 Viterbi（Viterbi-like）算法在这些节点中进行搜索。

4.5.2　概率前缀解析通用模型

现在，有了一个工具（纠错解析，ECP），它可以在词图中执行 CATS 搜

索。然而,在使用这种方法之前还有一些问题需要讨论。一方面,尚不清楚如何将 ECP 过程与式(2.4)相关联;另一方面,可以得到一组带有关联代价(ECP 代价)和概率(到达指定状态的词图路径的概率)的状态作为 ECP 的结果,问题是如何将这两项结合起来执行式(2.4)所示的后缀搜索。

为了克服这个问题,将 ECP 适当地引入到词图的 CATS 近似,可以尝试一种新的方法。基于式(2.4)引入一个隐藏变量 q_b,它代表词图中前缀和后缀之间一个可能的边界节点:

$$\hat{s} = \arg\max_s P(s \mid p) \cdot P(x \mid p, s) =$$
$$\arg\max_s P(s \mid p) \cdot \sum_{q_b \in Q} P(x, q_b \mid p, s) =$$
$$\arg\max_s P(s \mid p) \cdot \sum_{q_b \in Q} P(x \mid q_b, p, s) \cdot P(q_b \mid p, s) \quad (4.4)$$

注意式(2.5)中的边界点 b 是在输入信号中定义的。这个点必须根据词图中的节点来近似(其依赖于输入信号中的特定帧)。可以假设,给定 q_b,$P(x \mid q_b, p, s)$ 不依赖于 p,这样可以重写式(2.4)为

$$\hat{s} = \arg\max_s P(s \mid p) \cdot \sum_{q_b \in Q} P(x \mid q_b, s) \cdot P(q_b \mid p, s)$$

此外,可以假设 q_b 只依赖于前缀(这个问题将稍后讨论),从而有

$$\hat{s} = \arg\max_s P(s \mid p) \cdot \sum_{q_b \in Q} P(x \mid q_b, s) \cdot P(q_b \mid p)$$

最后,主导项的和通常可以用近似值,那么可以得到

$$\hat{s} \approx \arg\max_s P(s \mid p) \cdot \max_{q_b \in Q} P(x \mid q_b, s) \cdot P(q_b \mid p)$$

其中第一项对应已知的前缀约束语言模型,第二项是由声学单词 HMM 模型给出的概率,最后一项 $P(q_b \mid p)$ 是计算出的类似概率的 ECP 代价。换句话说,$P(q_b \mid p)$ 是 p 到达词图节点 q_b,产生最佳前缀的概率,即

$$P(q_b \mid p) = \max_{\tilde{p} \in P(q_b)} P(\tilde{p} \mid p)$$

其中,$P(q_b)$ 是可到达 q_b 的前缀集合;$P(\tilde{p} \mid p)$ 是将 p 编辑为 $\tilde{p}$ 的最大概率。假设编辑操作之间是不相关的,那么编辑概率就可以计算为基本的插入、删除和替换操作的概率的乘积。因此,需要以概率的方式来定义编辑操作。这也很容易实现,可以构造一个随机自动机来表示需要解析的字符串(在本例中是前缀),这样不同的编译操作就可以像第 3.2.2 节图 3.2 中自动机的那组弧线那样进行建模。

在基于 ECP 代价的方法中,所有的操作通常都被赋予相近的代价,除了用相同的符号取代其自身外,这种操作通常是没有代价的。直接将这些代价

转译为概率是非常方便的。直观上看,代价为"0"的情况可以被映射到概率"1",因为用相同的符号替代其自身实际上并没有进行字符串转换。然而,这意味着其余的操作的概率值为"0"(因为概率和不能超过"1")。或者,可以给这种特殊的操作分配一些"不确定性"(即不直接分配概率"1",而是小于"1"的某个不确定数值),这样就可以留出一些概率值来分配给其他的操作。

首先,假设所有的编辑操作(除了用相同符号替代其自身的情况外)都是平等的。为此可以将概率值按编辑操作的类别进行分配,使插入、删除和真正的替换(用一个不同的符号取代某个原符号)具有基本相等的概率。实际上这就意味着 ECP 自动机中这些操作对应的所有弧线都将被标以同样的概率。而那些并没有真正进行字符串转换的弧线将被特别对待,分配一个较高的概率值。例如,把总概率的一半(即 50%)分配给这些弧线,而将剩余的概率平均分配给其他操作,可以得到如下的表达式:

$$P(\epsilon_{p_i \tilde{p}_j}) = P(p_i \to \tilde{p}_j) = \begin{cases} \dfrac{1}{2} & (p_i = \tilde{p}_j) \\[2mm] \dfrac{1}{4 \mid V \mid} & (p_i \neq \tilde{p}_j) \\[2mm] \dfrac{1}{4 \mid V \mid} & (p_i = \lambda) \\[2mm] \dfrac{1}{4 \mid V \mid} & (\tilde{p}_j = \lambda) \end{cases} \tag{4.5}$$

其中,V 表示词汇库。这里,除了那些不改变原有字符的弧线外,每个编辑操作所对应的 ECP 自动机上的弧线都具有相同的概率,但须注意,在替换和插入的情况中,概率值是编辑操作所涉及词汇中所有符号的概率总和(分配给替换操作和插入操作对应的弧线集合的概率总和分别为 $\dfrac{\mid V \mid - 1}{4 \mid V \mid}$ 和 $\dfrac{\mid V \mid}{4 \mid V \mid}$)。因此,替换中的插入与删除具有相同的概率。

现在,定义 $\epsilon_{pq} = \epsilon_{pq_1}, \cdots, \epsilon_{qp_L}$,$q_L = q$ 为 L 的编辑操作序列,这个操作序列在给定当前前缀 p 时可到达(词图中的)节点 q。假设这些操作是相互独立的,可以计算这个序列的概率为

$$P(\epsilon_{pq}) = \max_{\tilde{p} \in P(q)} \prod_{l=1}^{L} P(\epsilon_{p\tilde{p}}) \tag{4.6}$$

其中 $P(\epsilon_{pq})$ 是根据式(4.5)中的基础编辑概率,把 p 转换为 $\tilde{p}$ 的最大概率。

由此,可以定义最佳序列 $\hat{\epsilon}_{pq}$ 为

$$\hat{\epsilon}_{pq} = \arg \max_{\epsilon_{pq}} P(\epsilon_{pq}) \tag{4.7}$$

最后计算概率 $P(q_b \mid p)$:

$$P(q_b \mid p) = \frac{P(\widehat{c}_{p q_b})}{\sum_{q \in Q} P(\widehat{c}_{p q})} \tag{4.8}$$

其中 Q 是词图中所有节点的集合。

4.6　实验结果

在下面的小节里,将对 CATS 实验框架进行详细的说明。

4.6.1　语料库

这里研究两个不同的任务,第一个是 TRANS 语料库,它包含游客和旅馆接待员之间的对话语句;第二个是 XEROX 语料库,它包含打印机手册的口述。这个语料库的初始版本是由一些语句片段发音组成的,旨在测试计算机辅助翻译系统(CAT)的语音接口,后来扩展到了 CATS 中。这两个语料库的主要特征见表 4.1。此外,众所周知的华尔街日报(WSJ)语料库被用在CATS 词图实验中。

表 4.1　EUTRANS、XEROX 和 WSJ 测试语料库的特征

	EUTRANS	XEROX	WSJ 5K	WSJ 20K
测试语句	336	875	330	333
行文文字	3 340	8 569	5 683	5 974
测度集困惑度(3-gram)	7	41	60	155

对于训练语料库,一方面,声学模型是从 ALBAZYING 和 WSJ 语料库中估计出来的,见表 4.2。在 EUTRANS 和 XEROX 实验中,使用的是单音节 HMM 模型(通过 HTK 工具包获得)。而对于 WSJ,用的是三音节模型。语音预处理和特征提取包含在语音边缘检测中,然后计算前 10 个 MEL 倒谱系数,加上能量,以及相应的一阶和二阶导数。

表 4.2　西班牙语 ALBAYZIN 和英国 WSJ 声学训练语料库的特征($K = \times 1\,000$)

	西班牙语 ALBAYZIN 语料库	英语 WSJ 语料库
说话人	164	45
行文文字	42K	136K

另一方面,这两个任务的语言模型是根据表 4.3 所描述的语料库估计得到的。用 SRILM 工具包来估计 Kneser-Ney 平滑 3-gram 模型。

表 4.3 EUTRANS、XEROX 和 WSJLM **训练语料库的特征**

	EUTRANS	XEROX	WSJ 5K	WSJ 20K
训练语句	10K	55K	1 612K	1 612K
行文文字	97K	627 581	38 500K	38 500K
词汇量	684	10 835	4 989	19 982

4.6.2　误差计算

在实验中，尝试用某种度量来评估，通过 CATS 方法转录一组语句时，用户所需的工作量。可以利用在 2.6 节中介绍过的两种度量——误词率（Word Error Rate，WER）和单词键入率（Word Stroke Ratio，WSR）。

如前文所述，WSR 是通过对比语音片段的参考转录来计算的。经过第一次 CATS 假设，可以得到这个假设和参考语句之间的最长共同前缀，而假设中第一个不匹配的单词被替换为相应的参考单词。重复这个过程直到假设完全与参考语句一致。因此，WSR 是需要修正的单词数量除以参考语句的总单词数。

WER 和 WSR 之间的比较同时也提供了一种思路，相比于传统语音识别系统中人工后期编辑（更多细节参见 2.6 节）所需的工作量，如何去衡量 CATS 中用户的工作量。此后，将称之为"预计减少工作量"（Estimated Effort Reduction，EFR）。

4.6.3　实验

实验是在测试语料库上进行的一系列块（block）验证。训练是在表 4.2 和表4.3 中所示的整个声学和文本训练集合上进行的。这个过程类似于 $K-$fold 交叉验证，但在这种情况下，选择其中的一个块来优化搜索的一些参数。一旦这些参数确定下来，用剩下的块来做测试集。这种架构的目的是在杂乱无章的测试数据中得出更一般的结论。在常见的方法中，通常是将原始测试集简单地划分为一个开发集（development set）和一个测试集。而在本节实验中，将原始测试集划分为若干个块，这样可以从中得到不同的开发集和测试集组合。这里，将原始测试集划分为五个块，其中 EUTRANS 每个块包含 67 条语句，XEROX 每个块包含 175 条语句。进行了五次真实试验。在第 i 次试验中，第 i 个块作为开发集，其余的四个块作为测试集。这里尝试使用一种更符合现实的方法，在系统设计期间只用一个很小的开发集，而系统的实际测试（集）则要大得多，因为它包含了从其正常工作模式下获得的所有转录。注意 K-fold 交叉验证则恰好相反，只有一个块用作测试，而其余的用于训练。

　　另一方面,WSJ 5K 和 WSJ 20K 语料库被用来测试基于词图的近似方法,这是在真实环境下运用 CATS 的最可行的技术。

表 4.4　从 EUTRANS、XEROX 和 WSJ 语料库获得的结果,给出了五次块验证过程中测试集的均值和标准差。表中第一行对应后期编辑方法;第二行和第三行中显示的结果分别为在 4.5.1 节描述的基础交互方法和基于词图的 ECP 方法;第四行的结果对应于在 4.5.2 节中讨论的概率字 ECP(Probabilistic Word ECP, PWECP) 方法　　　　　　　　　　　　　　　　　　　　　　　　　　　　　%

		EUTRANS		XEROX		WSJ 5K		WSJ 20K	
		均值	标准差	均值	标准差	均值	标准差	均值	标准差
直接	WER	7.7	1.3	22.9	2.4	6.2	1.5	10.6	1.7
	WSR	4.7	1.4	18.6	2.1	—	—	—	—
词图	ECP WSR	4.8	1.4	19.5	2.1	5.9	1.3	9.9	1.6
	PWECP WSR	4.7	1.3	19.3	2.1	5.6	1.4	9.5	2.0

　　开发集是专门用来调整语言模型比例因子的,正如前面所提到的,是式(4.1)第二项的比例因子。

4.6.4　结　果

　　4.6.3 节的表 4.4 给出了五次测试结果的均值和标准差。表中前两行给出了离线(WER)和交互(WSR)系统中用户工作量评估的比较。可以看到,相对于使用人工后期编辑的传统 ASR 方法,CATS 方法能够获得非常显著的改善。此外,第三、四行还给出了基于词图的 WSR 结果。

　　可以发现,使用词图在改善 WER 的同时,并没有严重地影响系统性能。4.5.1 节的原始 EPC 和 4.5.2 节的概率字 ECP(PWECP) 的结果非常接近。然而,必须意识到,改善的程度实际上是受原始 CATS 算法的 WSR 结果限制的。另一方面,这两个语料库中有很多语句都不需要进行交互(图 4.2),这就使得一些"改进"对整体的结果会有一些小影响。再进一步说明,基于累计分布将 XEROX 语料库划分为若干个不同的集合(图 4.2),第一个集合中所包含的所有语句要求至少有一次交互,第二个集合中所包含的所有语句要求至少有两次交互,依此类推。

　　表 4.5 给出了基础 CATS 方法、原始 ECP 方法和基于语句分布的新PWECP 方法的 WSR 结果。注意当语句中只有一个错误时,后期编辑方法应该与 CATS 方法的(用户)工作量相仿,因为当只发现一个错误时,一个设计

合理的用户界面应该允许禁用预测引擎（对于交互不止一次的语句，EFR 可以达到 22.4%，见表 4.5）。

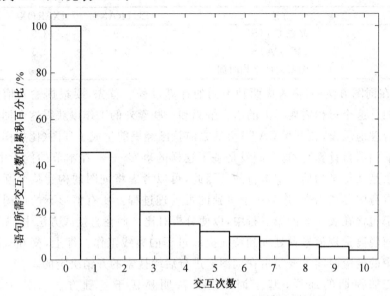

图 4.2   基于为获得完美转录所需用户交互次数的 XEROX 语料库积累分布。第一条表示的是需要进行零次或以上交互才能得到完美转录的语句的百分比（在这种情况下是整个语料库），第二条表示的是需要进行一次或以上交互才能得到完美转录的语句的百分比，依此类推

表 4.5   XEROX 语料库上基于图 4.2 中语句分布的不同 CATS 技术的 WER 和 WSR 结果。"基础"一列显示的是没有使用词图的原始 CATS 方法的结果   %

	WER	WSR		
		基础	ECP	PWECP
1 次或以上交互	39.6	33.1	35.1	34.3
2 次或以上交互	50.9	40.1	44.3	43.2
3 次或以上交互	54.6	45.6	51.0	49.8

前面的结果表明，使用词图在 WSR 方面是很有竞争力的。然而，还需要检验这个新的近似法是否可以真的提高系统的时间响应。为此，以下面的方式测量 CATS 系统的延迟。首先进行对应表 4.4 中前两行的直接方法的实验，这里每次用户进行交互时，都要执行一次完整的语音识别过程。由于在语音识别中穷举式搜索通常是被禁止的，在这些实验中，可以用剪枝搜索方法在准确率和时间响应之间取得适当的均衡，如表 4.4 和 4.6。

表 4.6 平均交互响应时间。第一行显示了基础 CATS 方法的响应时间；第二行显示了词图 CATS 的交互响应时间；第三行给出了生成词图所需的平均时间 s

方法	EUTRANS	XEROX
基础 CATS	0.9	3.3
词图 CATS	0.4	0.5
生成词图所需的平均时间	1.7	1.9

在词图方法中，需考虑两种不同的计算过程。首先，要根据输入信号生成词图。这个过程需要标准的语音解码和一些额外的工作以获得这个词图。可以合理地假设，在开始 CATS 会话之前就已经提前生成了词图（比如作为一个超前的后台计算）。这个假设是基于这样的事实 —— 在本节的例子中，语音转录是从记录的信号中进行的。因此，可以考虑将词图的构建从交互转录任务本身中分离出来，作为一个单独的批处理进程。所有情形下的词图生成时间都包含在表 4.6 的第三行中，以便分析对比。而在直接式方法中，无法执行任何脱离常规信号预处理和特征提取过程的离线工作。综上，交互式词图方法中的响应时间主要是由在词图上进行后缀搜索的开销决定的。

正如预期的那样，基于词图的方法明显优于基础方法。特别是在 XEROX 的情况下，基础方法由于执行速度太慢而无法使用，而词图方法被证实是在实际环境下实现 CATS 的最佳方案。此外，当语句中的交互次数增加时，基于词图方法的每一次交互的响应时间实际上是递减的。最初的系统假设是对整条语句的预测，而后续的预测则随着前缀长度的增加而缩短。由于前缀解析的计算开销远远低于后缀搜索的开销，因此响应时间会减少。下面来进行定量分析，图 4.3 给出了具体交互次数的平均响应时间（XEROX 语料

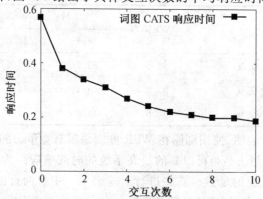

图 4.3　基于语句中不同交互次数的词图 CATS 平均响应时间

库），也就是说，图中第一点对应于初始系统预测，第二点对应于经历一次用户交互之后的预测，依此类推。通过图 4.2 的 XEROX 累积分布直方图可以更好地理解这个结果。

为了给出不同时间结果的参照点，所有实验均是在 3.2 GHz Intel Xeon CPU 上运行的。

4.7　CATS 中的多模态

曾在第 1 章中提到过，多模态是交互式模式识别系统中的一个自然组成部分。在 CATS 情况中，有两种不同的输入：待转录的语音信号和用户反馈。用户反馈的主要目的是，在选择（认可）系统输出建议的一部分的同时，再进行一些修正。这种交互动作可以通过典型的输入接口装置来执行（即，鼠标或键盘），但也可以在 CATS 中自然地引入其他的交互模式，以期得到更友好的多模接口。

语音是人类交流中的一种非常自然的方式。如果解码准确率足够高，基于语音识别的反馈对于人机交互中的用户来说将是非常便利的。

语音反馈可以作为一个完全"独立"的过程引入到 CATS 中。这样，就可以把用户反馈的解码问题归结为经典的语音识别问题，这里用户反馈以语音信号 x_f[①] 的形式给出，关心的是如何从 x_f 中得到单词序列 w_f（注意，这基本上就是式（4.1））：

$$\hat{w}_f = \arg \max_{w_f} P(w_f \mid x_f) \tag{4.9}$$

那么，接下来就有很多种方法来处理这个问题了（唯一的区别是，CATS 中语音识别器本来就是 CATS 系统的一部分）。考虑到这一点，可以认为这个问题仅仅是如何实现的问题。然而，在交互式模式识别中，用户的反馈信息显然是嵌入在交互过程中的。在 CATS 应用中，用户反馈的话语被用于纠正部分系统建议，以使输入信号 x 能够被正确转录。可以利用这一事实来重写式（4.9）：

$$\hat{w}_f = \arg \max_{w_f} P(w_f \mid x_f, x) \tag{4.10}$$

注意，可以把这个问题看作是一个所熟悉的"复述"问题。这里，用户实际上是复述了输入语音的一部分。此外，在 CATS 环境下还可以从如下其他

---

① 译者注：原书是 x，译者认为应是 x_f，即对反馈信号解码，而不是输入信号

信息中受益。令 w 为上一步 CATS 迭代中 p 和 s 的连接，它表示当前 CATS 系统返回的输入信号的整体转录结果，后续的用户修正将基于这个转录结果进行。将用户反馈解码后，执行新一轮 CATS 迭代以获取输入语音信号 x 的新转录结果，根据

$$\hat{s} = \arg \max_{s} P(s \mid x, w, x_f) \tag{4.11}$$

用户反馈语音的转录 w_f 可以看作是一个隐藏变量，于是有

$$\hat{s} = \arg \max_{s} \sum_{w_f} P(s, w_f \mid x, w, x_f) = \arg \max_{s} \sum_{w_f} P(x \mid s, w_f, w, x_f) \cdot$$
$$P(x_f \mid s, w_f, w) \cdot P(s \mid w_f, w) \cdot P(w_f \mid w) \tag{4.12}$$

假设给定 w_f 后，$P(x \mid s, w_f, w, x_f)$ 不依赖于 x_f，且 $P(x_f \mid s, w_f, w)$ 不依赖于 s 和 w，那么可以得到

$$\hat{s} = \arg \max_{s} \sum_{w_f} P(x \mid s, w_f, w) \cdot P(x_f \mid w_f) \cdot P(s \mid w_f, w) \cdot P(w_f \mid w)$$

$$\tag{4.13}$$

最后，通过对主导项的和求近似，并重新排列各项，可以得到如下表达式：

$$(\hat{s}, \hat{w}_f) = \arg \max_{s, w_f} P(x_f \mid w_f) \cdot P(w_f \mid w) \cdot P(x \mid s, w_f, w) \cdot P(s \mid w_f, w)$$

$$\tag{4.14}$$

它本质上可以看作是式(1.27)所研究问题的一个实例化，其中 w、x_f、s 和 w_f 分别对应 h'、h、f 和 d。

基于这一点，现在讨论式(4.14)中各项的含义。首先，式中的前两项是用于用户反馈话音的经典语音识别模型，唯一的区别是，解码出的词语与 CATS 的当前假设 w 是相关的。剩下的两项基本上就是 CATS 搜索，即：在用户修正先前的 CATS 假设后，对后缀的搜索。

现在，将通过一个具体的交互场景来说明如何运用式(4.14)，同时构建一个合适的实验框架。想象这样一个场景，在给出当前 CATS 假设后，用户想通过说出两个单词来：① 选择一个无差错前缀；② 紧接在这个前缀之后给出一个更正。用户所说出的第一个单词对应于所选择无差错前缀中的最后一个词，第二个单词是应该接在这个前缀之后的词。其结果是，将获得一个新的前缀 p 来开始如式(2.6)所示的新一轮 CATS 迭代过程。既然用户反馈场景已经确定下来了，下面来研究如何运用式(4.14)。如前面所述，公式的前两项可以看作是经典的语音识别问题，唯一的区别是，其语言模型概率受当前系统建议 w 约束。由于这个约束来自这样一个事实，w_f 中的第一个单词必须是 w 中的单词，可以简单地考虑这样一个模型，对于所有第一个单词不在 w 中的假

设 w_f，其概率为 0。

最后两个模型对应于 CATS 搜索，其前缀的构建取决于 w 和 $\hat{w}_f$。这个前缀可以通过如下方法构建：将 w 中所有位于 $\hat{w}_f$ 第一个单词之前的词[①]和 $\hat{w}_f$ 中的第二个单词串联起来（需要记住的是，在这种交互场景下，用户所说出的第一个单词用于前缀的确定，而第二个单词用来声明应该接在此前缀之后的词）。

式（4.14）的完整模型可以按照如下方法实现：首先根据公式的前两项获得一个 $n-best$（$n-$最优）假设列表。然后，该 $n-best$ 列表中的每个元素再根据公式的最后两项重新计算，计算方式如下：通过 CATS 搜索补全每个 $n-best$ 假设的前缀，前缀的获取如上一段所述。

最后，值得一提的是，将这个语音接口引入系统，并不是要取代传统的交互形式（键盘，鼠标），而是作为一种额外可选的交互模式。

4.8　实验结果

为了评估多模 CATS 的性能，进行了不同的实验。这些实验的目的是，一方面要测试 CATS 方法的准确性，另一方面要评估这里提出的多模接口。

4.8.1　语料库

实验中使用的是 Xerox 语料库，它是由打印机手册的朗读语音组成的。该语料库最初被设计用于交互式模式识别实验。具体来说，该语料库的最初版本包含的是语句片段的发音，旨在测试计算机辅助翻译（CAT）系统的语音接口，而这里将被用来测试 CATS 的语音接口。后来这个语料库又为 CATS 增加了完整语句的发音。两个语料库的主要特征见表 4.7。

表 4.7　Xerox 语料库的特征

	完整	片段
测试语音	875	775
说话人	5	10
行文文字	3 340	1 550

另一方面，用来训练 CATS 模型的语料库的声学模型是由表 4.8 中所示

---

① 译者注：应包含 $\hat{w}_f$ 中的第一个单词，亦即 w 中与之相同的词

的语料库估计得到的。所有的实验都使用单音节 HMM 模型(由 HTK 工具包获得)。语音预处理和特征提取包含在语音边界检测中,然后计算前 10 个 MEL 倒谱系数,加上能量,以及相应的一阶和二阶导数。

表 4.8　声学训练语料库的特征(K =× 1 000)

说话人	164
行文文字(4 h)	42K

4.8.2　实验

对于语音反馈实验,基于表 4.7 第二列所示的语料库模拟了一个真实的 CATS 会话,这样表 4.7 第三列所示的语料库中的每个用户反馈语音都对应于一个真实 CATS 会话中的一次用户交互。

表 4.9 给出了用户反馈语音接口的 WER 和 SER 结果。第二列对应于式 (4.9) 所描述的基础方法,第三列给出了如式(4.14) 所示结合了语音接口的结果。所用的 $n-$ best 列表的平均大小为 496。可以看到,通过利用 CATS 环境提供的约束条件,语音反馈接口的性能可以得到显著改善。

表 4.9　用户语音接口的 WER 和 SER 结果。第二列的数字是通过执行一个完全独立的 ASR 过程得到的。第三列的识别结果是在式(4.14) 的约束条件下得到的　　　　　　　　　　　　　　　　　　　　%

	基础	CATS ASR	改善
WER	7.3	5.0	31.0
SER	12.0	9.8	19.4

4.9　结　　论

本章中所描述的 CATS 方法提供了一种完美语音转录的近似替代。在这个新的架构中,自动语音识别系统被引入到交互系统内部,从而使得人类用户可以从这种自动化的高效中受益。这里的关键点是,用户需要主动地参与这个过程,更正识别系统给出的错误转录建议,同时允许自动系统利用用户的交互信息。

结果表明,在人工转录员必须要校正自动语音识别系统输出的情况下,CATS 的应用可以减少人工转录员的工作量。当与一个完全人工的转录过程相比较时,这种优势更是显而易见的。然而,应该用引入 CATS 应用的真实转录会话和真实人类转录员做真实的实验以获得更可靠的结论，通过利用这种交互架构到底能够得到多少真实的增益。

本章参考文献

[1] Amengual, J. C., & Vidal, E. (1998). Efficient error — correcting Viterbi parsing. *IEEE Transactions on Pattern Analysis and Machine Intelligence*, *PAMI* — 20(10), 1109-1116.

[2] Amengual, J. C., Benedí, J. M., Casacuberta, F., Castaño, A., Castellanos, A., Jiménez, V., Llorens, D., Marzal, A., Pastor, M., Prat, F., Vidal, E., & Vilar, J. M. (2000). The EuTrans-I speech translation system. *Machine Translation*, 15, 75-103.

[3] Chen, S. F., & Goodman, J. (1996). *An empirical study of smoothing techniques for language* (Technical Report).

[4] Civera, J., Vilar, J. M., Cubel, E., Lagarda, A. L., Casacuberta, F., Vidal, E., Picó, D., & González, J. (2004). A syntactic pattern recognition approach to computer assisted translation. In A. Fred, T. Caelli, A. Campilho, R. P. Duin & D. de Ridder (Eds.), *Lecture notes in computer science. Advances in statistical, structural and syntactical pattern recognition—joint IAPR international workshops on syntactical and structural pattern recognition* (SSPR 2004) *and statistical pattern recognition* (SPR 2004). Berlin: Springer.

[5] Cubel, E., Civera, J., Vilar, J. M., Lagarda, A. L., Barrachina, S., Vidal, E., Casacuberta, F., Picó, D., González, J., & Rodríguez, L. (2004). Finite-state models for computer assisted translation. In *Proceedings of the* 16th *European conference on artificial intelligence* (ECAI 04) (pp. 586-590), Valencia, Spain.

[6] Llorens, D., Casacuberta, F., Segarra, E., Sánchez, J. A., & Aibar, P. (1999). Acoustical and syntactical modeling in ATROS system. In *Proceedings of international conference on acoustic, speech and signal processing* (ICASSP 99) (pp. 641-644), Phoenix, Arizona, USA.

[7] Ney, H., & Ortmanns, S. (1997). Extensions to the word graph method for large vocabulary continuous speech recognition. In *IEEE international conference on acoustics, speech, and signal processing* (Vol. 3, pp. 1791-1794), Munich, Germany.

[8] Nyquist, H. (2002). Certain topics in telegraph transmission theory. *Proceedings*

of the IEEE,90(2),280-305.

[9] Ortmanns,S.,Ney,H.,& Aubert,X. (1997). A word graph algorithm for large vocabulary continuous speech recognition. *Computer Speech and Language*, 11(1),43-72.

[10] Paul,D. B.,& Baker,J. M. (1992). The design for the wall street journal-based csr corpus. In *HLT'91*: *Proceedings of the workshop on speech and natural language*(pp. 357-362),Morristown,NJ,USA. Menlo Park: Association for Computational Linguistics.

[11] Sankoff,D.,& Kruskal,J. B. (1983). *Time warps*,*string edits*,*and macromolæcules*: *The theory and practice of sequence comparison*. Reading: Addison — Wesley.

[12] Stolcke,A. (2002). SRILM—an extensible language modeling toolkit. In *Proceedings of the international conference on spoken language processing* (*ICSLP*02)(pp. 901-904),Denver,Colorado,USA.

[13] Vidal,E.,Casacuberta,F.,Rodríguez,L.,Civera,J.,& Martínez,C. (2006). Computer-assisted translation using speech recognition. *IEEE Transactions on Speech and Audio Processing*,14(3),941-951.

[14] Young,S. J. (1994). The htk hidden Markov model toolkit: Design and philosophy. *Entropic Cambridge Research Laboratory*,*Ltd*,2,2-44.

第5章　手写文本转录中的主动交互和学习

计算机辅助系统正广泛地应用于大量实际工作中,然而其对于旧文档的手写文本转录还有待进一步的开发。本章要分析的是按照顺序逐行地对整个手稿进行转录的过程,在此期间计算机不断通过与用户的交互得到再训练,以更加有效地转录下一行文本。用户交互是很耗费时间和成本的,其首要任务是有效地利用这些交互,尽量在最大程度上减少与用户交互的次数。

为此,研究三种不同的框架体系:(a)利用新识别的转录结果,依靠自适应技术和半监督式的学习技术改善识别系统;(b)研究怎样更好地利用有限的用户监督,这里面涉及主动学习技术;(c)开发一种简单的错误估计方法,使用户能校正计算机辅助转录任务中出现的错误。此外,用两个旧文档的顺序转录来测试这几种方法。

5.1　简　介

对数词图书馆而言,(旧)文档的手写文本转录是一项重要且耗时的工作。它可以先离线地处理所有文档图片,再手动地监督系统的转录以校正出错的部分。然而,自动页面布局分析、文本行检测、手写文本识别方面的最新技术远不够完美,这就使得对自动输出的结果进行后期编辑不一定好过简单地忽略它。

转录旧文本文档的一个更有效的方式是运用交互 — 预测模型,其中系统受人工监督员的指导,同时系统协助监督员尽可能高效地完成转录任务。这种计算机辅助的转录方法已经成功应用在了 DEBORA 和 iDoc 两个研究项目中,分别用于处理旧式印刷和手写文本。在 iDoc 中,一个称为基于 GNU 图像处理程序的旧文本文档交互式转录(Gimp-based Interactive transcription of old text DOCuments,GIDOC)的计算机辅助转录系统原型被研制出来,可以人性化地为交互 — 预测式页面布局分析、文本行检测、手写文本转录提供综合支持。GIDOC 原型系统的详细描述可以参见第 12 章。

本章的所有工作都是用 GIDOC 完成的。与目前大多数先进的手写文本识别器一样,它基于适用于手写文本图像的标准语音技术,即本书第 2 章描述的基于 HMM 的文本图像建模和 n-gram 语言建模。这种系统用转录任务初期手动转录的文本行进行训练。通过先预测最可能的转录文本，再用将系统错误找出并纠正的方式依次处理每个新的文本行图像。为减轻找出（定位）这些错误的工作量，GIDOC 再次借助标准语音技术，特别是（单词级的）置信度的概念，它是从词图中估算出的单词的后验概率。若识别出的单词低于置信度阈值，则被标记为可能错误，如何继续进行则由用户来决定。例如，如果为了保证效率而允许存在少量的转录错误，那么当仅有少量单词被做出标记时，用户仍然可以认为系统的输出是有效的。

根据机器翻译和语音识别领域的早期观点，本书前面的章节里介绍了一种基于前缀的交互－预测方法，在该方法中，用户按通常的阅读顺序监督每一行文字，并纠正第一个错误识别的单词。当前假设的前缀就是被更正的单词加上它前面的部分，然后系统通过搜索能衔接在已确认的前缀之后的最可能的后缀来更新当前假设。这种两步交互－预测处理过程一直持续到整个当前假设都被确认。值得注意的是，这种方法是为产生完全无误的手写文本转录而设计的。根据 1.4.1 节给出的分类方法，这是一种从左到右的被动式交互协议，用户必须监督所有识别出的词。相比之下，本章提出一种不需完全监督的（但不保证结果无误）主动式交互协议。

本章剩余部分结构如下：5.2 节讲述了如何将置信度用于错误定位；5.3、5.4、5.5 节详细介绍了三种不同框架结构：自适应学习、主动式交互与学习、可使用户修正计算机辅助转录任务中错误的简单有效的错误估计方法；最后在 5.6 节中，用两个真实的转录任务对所述方法进行了测试。

5.2　置信度

如引言中所述，所识别单词的置信度被计算为从词图中估计出的单词的后验概率。一般来说，词图被用于以一种紧凑的形式来描述一个转录假设的大集合，并且正确的概率相对较高（详见 1.5.1 节）。

考虑图 5.1 的例子，图中显示了一个小的（修剪过的）词图以及与之对应的文本行图片和识别出的转录文本，正确的转录文本显示在图片最下面的一行。

词图上的每个节点对应于空间上的一个离散点，每条边上都标有一个单词（上方）和相应的后验概率（下方）。例如："sus" 这个词出现在 "estaba" 和 "un" 之间的后验概率是 0.69，出现在 "estaba" 和 "con" 之间的后验概率是 0.03。需要注意的是，空间上的每个点都满足所有单词的后验概率之和为 1。因此，单词 w 出现在一个特定点 p 的后验概率由 p 点处所有标有 w 的边之

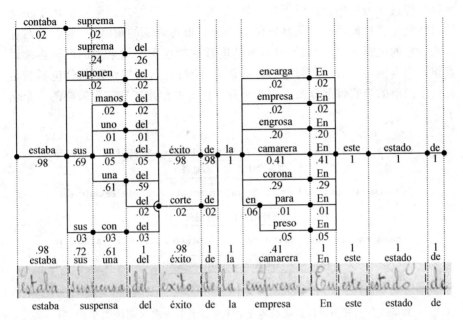

图 5.1 一个词图的例子与其相应的文本行图像及识别的和真正的转录结果,每个识别出的词(的上方)都标有与之对应的置信度

和给出;例如,可以同时找到两条标有"sus"的边,那么"sus"的后验概率就是0.72。如 1.5.2 节所述,所识别单词的置信度是通过简单地使这些依赖于点的后验概率最大化得到的(Viterbi 对齐的)。例如图 5.1 中每个识别出的单词(上方)都标有与之对应的置信度。更多细节可参见文献[10]。

5.3　部分监督转录中的自适应

本节将介绍一种交互式转录的框架,在此框架下,相继生成的转录结果可以从以前和最新得到的转录数据中得到再训练,从而使图像和语言模型更好地适应于任务。然而,如果转录只是被部分监督,那么会有(希望是很少的)识别错误被用户忽略,对模型的适应性有一定负面效应。

这种效应取决于监督的力度,比如说每行中被监督的单词的个数,同时还取决于用于系统再训练的自适应策略,因此可将该效应作为监督力度和自适应策略的函数。具体来说,考虑三种自适应策略:根据全部数据、根据被监督的部分以及根据高置信度的部分。依据全部数据的再训练通常被称为是无监督学习,这里系统从自己(未修改的)的输出结果中学习。给出用户监督后,可以选择只学习在用户监督下进行转录的部分，这种方式通常被应用于主动学习系统中。在最后一种从高置信度部分获得再训练的策略中，兼顾前两种方法。它的灵感来自于文献[11]，置信度被成功地用于约束大词汇量连续语音识别声学模型中的无监督学习。必须要注意的是，高置信度部分包括满足置信度门限的未监督部分及已监督部分。图 5.2 给出了这三种策略的一个例子。

0.98 0.72 0.61 1 0.98 1 1 1 1 1 1

estaba sus una del éxito de la empresa . En este estado de

来自全部数据（未监督）

estaba sus una del éxito de la empresa . En este estado de

来自用户已监督部分

estaba sus una del éxito de la **empresa .** En este estado de

来自高置信度部分 (cm>0.95)

estaba sus una **del éxito de la empresa . En este estado de**

图 5.2　三种不同自适应技术下，将被用于下一次再训练的单词（粗体）。第一行表示识别出的单词及其相应的置信度（上方），其中“empresa”和“.”已经被用户确认（监督）过

5.4　主动交互与主动学习

在用户监督困难、耗时或成本高昂的情况下，主动学习策略被越来越多地应用于大量实际工作中。主动学习特别适用于本章所研究的主动交互协议。在旧文本文档的交互式转录中，最简单的主动交互策略是去监督识别器给出的输出中置信度最低的词。接下来，主动学习通过这些纠正的转录来适应系统模型，就像前面的小节所讨论的一样。

在本小节中，将重点放在主动交互上，并探究它是怎样被用于进一步增强系统性能的。也就是说，以纠正单词的形式利用用户的反馈，来进一步提高转录的准确度。传统非交互识别策略可以根据用户监督所施加的约束让系统重新计算最可能的假设，从而得到改善。这里要研究的是两种分别称为迭代和延迟的策略，它们在重新计算当前行假设的频率上有所不同。

图 5.3 分别给出了传统、迭代和延迟策略的应用实例，用户监督限制为三个词。传统方式中对识别出的置信度较低的三个词（ras、me 和 &）进行了纠正，纠正后的转录结果中仍然包含两个错误的词（vn 和 Aguas）。迭代策略首

先要求对 ras 进行监督,它被替换成了 Pirus,然后重新计算最可能的假设,这时上一次假设中的四个词(me、Aguas、& 和 vn)就被替换或删掉了。第二次迭代将 me 替换为 te。第三次迭代中用户将 vengar 替换为 Vegas,得到了正确的转录结果,然而令人意外的是,重新计算最可能假设以一个错误的识别结果(vna)结束。图 5.3 最下方表示的是延迟策略,用传统(手动的)方式将识别出的置信度较低的三个词纠正后,简单地重新计算最可能的假设。与传统方式相比,最终的转录结果中只有一个识别错误(vengar)。

ue. E Pirus porque vio que Auia alli vnas Vegas & gran

传统方式:

.5	.7	.9	.4	1	1	1	1	1	1	.9	.9	1	1
me	&	E	ras	porque	vio	que	Auia	alli	vnas	vn	Aguas	&	gran
ue.		E	Pirus	porque	vio	que	Auia	alli	vnas	vn	Aguas	&	gran

迭代策略:

.5	.7	.9	.4	1	1	1	1	1	1	.9	.9	1	1
me	&	E	ras	porque	vio	que	Auia	alli	vnas	vn	Aguas	&	gran

.5	1	1	1	.9	1	1	1	.8	.6	1	1
te	E	Pirus	porque	vio	que	Auia	alli	vnas	vengar	&	gran

1	1	1	1	.9	1	1	1	.8	.6	1	1
ue.	E	Pirus	porque	vio	que	Auia	alli	vnas	vengar	&	gran
ue.	E	Pirus	porque	vio	que	Auia	alli	vna	Vegas	&	gran

延迟策略:

.5	.7	.9	.4	1	1	1	1	1	1	.9	.9	1	1
me	&	E	ras	porque	vio	que	Auia	alli	vnas	vn	Aguas	&	gran
ue.		E	Pirus	porque	vio	que	Auia	alli	vnas	vengar	&	gran

图 5.3 文本行图片交互 — 预测式转录中,传统方式、迭代策略和延迟策略的应用实例,其中用户监督限制为三个词,识别出的词上方标有相应的置信度。被监督的词和转录错误分别用直下划线和波浪下划线标出

对于迭代和延迟策略的实施,一个重要的问题是如何利用用户的监督和纠错计算最可能的假设。参照 Kristjansson 的方法,使用一种受限的 Viterbi 译码算法,这样一来,最可能路径的搜索就被限制为必须经过符合用户监督和纠错的子路径。更准确地说,在受监督部分中,除了已经过监督或纠正的单词外,其他所有单词的分数(概率)都被设置为 0。

5.5　识别误差与监督力度间的均衡

本节中,将研究怎样自动平衡识别误差和监督力度。在 5.3 节中曾比较

了几种部分监督转录的模型自适应技术，这里采用的是一个应用了 5.3 节中最优自适应策略的系统。实验表明，如果不是用全部数据去调整模型，而是只用高置信度部分或者受监督部分的数据去调整模型，效果会更好。更重要的是，已经证实模型的调整需要一定程度的监督，然而怎样适当地调整监督力度还不清楚。为此，提出一个简单而有效的方法，可以找到识别错误和监督力度间的最佳平衡。用户决定（未受监督部分）识别差错的最大容忍门限，系统根据对差错的估计"主动"调整所需监督力度。

识别错误用误词率（Word Error Rate，WER）来度量，也就是为了从识别的单词中产生一个（正确转录的）参考单词所需进行的基本编辑操作的平均次数。给定一个参考 - 识别转录对的集合，其 WER 可以表示为

$$WER = \frac{E}{N}$$

其中 E 是将识别出的转录结果修改为对应参考（正确转录）所需的编辑操作总次数；N 是参考单词的总数。在这里，需要将这三个变量进行如下的加性分解：

$$WER = WER^+ + WER^-$$
$$E = E^+ + E^-$$
$$N = N^+ + N^-$$

上角标 + 和 - 分别指示受监督的部分和未受监督的部分，从而有

$$WER^+ = \frac{E^+}{N}$$

$$WER^- = \frac{E^-}{N}$$

为了平衡差错和监督力度，只有在 WER^- 超过给定的最大容忍门限 WER^* 时，才建议系统请求监督。然而，由于不知道 E^- 和 N^- 的值，需要从当前可获取的数据中估算它们。一种对 N^- 的合理估计可以简单表示为

$$\hat{N}^- = \frac{N^+}{R^+}R^-$$

这里 R^+ 和 R^- 分别表示所识别的单词中受监督和未受监督的数目，类似地，一种对 E^- 的合理估计可以表示为

$$\hat{E}^- = \frac{E^+}{R^+}R^-$$

从而 WER^- 的估计为

$$\hat{WER}^- = \frac{\frac{E^+}{R^+}R^-}{N^+ + \frac{N^+}{R^+}R^-}.$$

如果一个识别词不会导致 WER$^-$ 的估计超过 WER*，那么这个识别词就可以不经监督而被直接接受。

需要注意的是，以上对 WER$^-$ 的估计并不恰当，因为它假设在平均意义上纠正未监督部分所需要的编辑工作量和受监督部分是相近的。但是用户是被要求按照置信度的升序来监督识别出的单词，因此未受监督的部分需要更少的纠正工作。为了更好地估计 WER$^-$，根据置信度等级 c（从 1 到一个最大值 C）将识别出的单词分组，并计算一个依赖于 c 的对 E 的估计：

$$\hat{E}_c^- = \frac{E_c^+}{R_c^+} R_c^-$$

这里的 E_c^+、R_c^+ 和 R_c^- 分别是 E^+、R^+ 和 R^- 的依赖于 c 的版本。简单地将这些依赖于 c 的估计相加就得到了 E 的整体估计：

$$\hat{E}^- = \sum_{c=1}^{C} \hat{E}_c^-$$

从而对 WER$^-$ 的估计就变成

$$\hat{\text{WER}}^- = \frac{\sum_{c=1}^{C} \frac{E_c^+}{R_c^+} R_c^-}{N^+ + \frac{N^+}{R^+} R^-}$$

当只考虑单一置信度（$C=1$）等级时，上式就退化为先前的估计式。

5.6　实　　验

在接下来的部分，将主动学习和交互式转录策略应用于两个实际的手写文本转录任务中：GERMANA 和 RODRIGO。

5.6.1　用户交互模型

为了验证交互转录技术，需要进行大量的实验。因为实验需要用户的监督，而由于时间和成本的原因引入真实用户是不可能的，因此在本节中，提出一种简单而实际的用户交互模型来模拟不同监督力度的用户操作。监督力度被定义为（每行）识别出的单词中被监督的（最大）单词数：0（未监督），1，$\cdots$，∞（全部监督）。假定识别出的单词依据置信度非降序被监督。

为了预测与每个单词的监督相关的用户动作，首先计算出在给定文本行中，识别出的文本和真正的转录文本之间的最小编辑（Levenshtein）距离路径。例如，将图 5.1 中文本行图像的例子用于图 5.4 中，作为一个表示识别出的文本和真正的转录文本之间的最小编辑距离路径的例子。照例,考虑三种基本编辑操作:替换(将识别出的词替换成另一个词)、删除(将识别出的词删掉)和插入(在识别出的转录文本中插入一个遗漏的词)。替换和删除直接作用在相应的识别词上,例如图5.4中,有一个作用于"sus"的替换,一个作用于"una"的删除和作用于"camarera"的第二个替换。而插入并不直接作用在识别出的词上,因而用户的插入操作不能被直接预测。

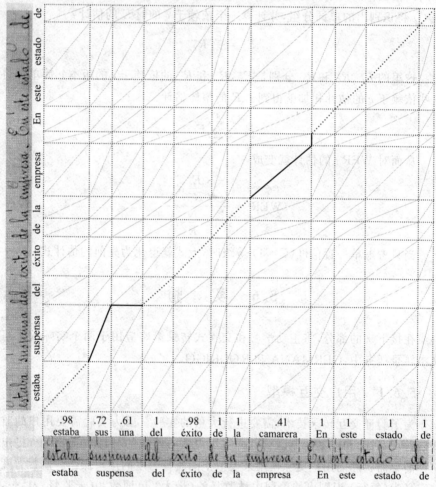

图 5.4　一个文本行图像中识别出的文本和真正的转录文本间最小编辑距离路径的例子

为此,先从真正的文本和识别出的转录文本中计算文本行图像的 Viterbi 分割。给定一个要插入的单词,它将被分配给这样的识别出的单词(即在该单词位置插入）：它的 Viterbi 段掩盖了其真实 Viterbi 段的大部分。例如图 5.4 上句号被"camarera"完全掩盖，所以插入操作应该是在监督"camarera"时完成的。

5.6.2　顺序转录任务

本节实验在刚刚介绍的两个数据集（GERMANA 和 RODRIGO）上进行。GERMANA 是对一篇 1891 年的 764 页西班牙语手稿进行数字化和注解得到的成果，其中大部分页面只包含写在规则横线上的手写花体文本，行与行之间可以很好地分离开。图 5.1 的例子就是选自 GERMANA 的一个文本行图片。GERMANA 在前 180 页只用西班牙语书写，但之后的内容包含了许多用其他语言书写的部分。RODRIGO 在大小和页面布局上都和 GERMANA 相似，而它来自一个更古老的 1545 年的完全用西班牙语书写的手稿。在图 5.3 最上方的文本行图片就是节选自第 65 页，其书写风格明显受哥特式影响。表 5.1 给出了 GERMANA 和 RODRIGO 的一些基本统计数字。

表 5.1　GERMANA 和 RODRIGO 的统计数字（"单例"指的是在文档中只出现了一次的词，困惑度提取自十折验证的 bi-gram（双词文法）语言模型）

	GERMANA	RODRIGO
页数	764	853
行数	20 529	20 357
行文文字 /K	217	232
词库大小 /K	27.1	17.3
单例比例 /%	57.4	54.4
字符集大小	115	115
困惑度	290	166

5.6.3　部分监督转录中的自适应

由于书是顺序结构的，GERMANA 的基本任务就是从头至尾进行顺序转录，这里仅考虑前 180 页的转录。从第 3 页开始，将 GERMANA 分成 9 个连续的块，每个块中包含 20 页（第 9 块包含 18 页）。前两块（第 3 ~ 42 页）被用于从受完全监督的转录中训练初始图像和语言模型。然后第 3 ~ 8 块，每一块都被部分监督地识别，并加入前面的块所构成的训练集中。

在 5.3 节中已经说过，将 GERMANA 的顺序转录结果作为监督力度和所用自适应技术的函数。考虑三种力度的监督：每行 0（即未受监督）、1 和 3 个词受监督；以及三种自适应（再训练）策略：根据全部数据、只根据高置信度部分的数据和只根据受监督部分的数据。图 5.5 中给出了第 9 块（第 163 ～ 180页）的误词率（WER）结果。

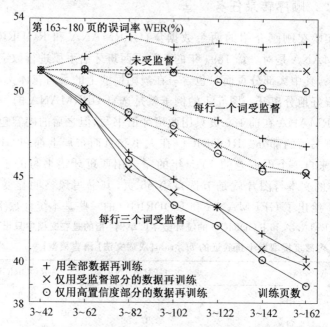

图 5.5　GERMANA 中测试集的误词率随训练集的大小
（以页码范围表示）和监督力度（每行中受监督的
词的个数）变化的函数

从图 5.5 的结果可以清楚地看到，基本模型可以从部分监督转录的自适应（再训练）中得到改善（尽管需要一定的监督力度才能获得显著的改善）。特别是当每行有三个词受监督时，相对于无监督学习（基本模型）误词率的改善超过了 10%，达到这个程度后仍然还存在一定的改善空间，因为完全监督可以获得额外 5% 的误词率下降（误词率可达到 34%）。另一方面，自适应策略对结果的影响非常小，尽管如此还是可以看出，最好的方式不是根据全部数据再训练，而是只根据高置信度的部分或者只根据受监督的部分再训练。

除了对 GERMANA 所做的以上实验外，还在著名的 IAM 数据集上做了一个类似的实验，并用一个标准的划分方式分成训练集、验证集和测试集。训练集进一步分成三个子集：第一个子集被用于训练初始模型，另外两个则被部分监督（每行四个词）地识别并加入训练集。以测试集的误词率表示的结果为:只用了第一个子集为 42.6%,加入了第二个子集后为 42.8%,第三个子集也加入后为 42.0%。与 GERMANA 相比,在向训练集中加入受部分监督的数据后,误词率并没有显著下降,这个结果归因于 IAM 任务更复杂的性质。

5.6.4　主动交互和学习

在本小节中,将给出一组为测试 5.4 节提及的主动学习策略而做的实验。在这组实验中,采用先前实验中最好的系统。同样,相继生成的模型的性能也用第 9 块的误词率来测量,如图 5.6 的左图所示。全监督策略(∞)和传统策略(C)被引入与之前讨论的迭代策略(I)及延迟策略(D)对比,C、D 和 I 策略被限制为每行 3 个词受监督,这个数量并不多,因为平均每行文本约有 11 个词。

在 RODRIGO 上做了一个和上一节相似的实验,将 RODRIGO 的20 000 行分成 20 个连续的块,每块约 1 000 行,最开始的 1 000 行又被分成 1 ～ 100、101 ～ 200、201 ～ 500、501 ～ 1 000 的 4 个块,其实验结果显示在图 5.6 的右图。

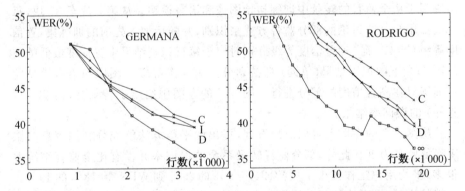

图 5.6　三种主动学习策略:传统(C)、迭代(I) 和延迟(D) 下,运用全监督(∞)和部分监督(每行 3 个词)时,最后一块的误词率(WER) 随训练行数变化的曲线。左图:GERMANA,右图:RODRIGO

从图 5.6 的结果中可以很明显地看出,所提出的迭代和延迟策略比传统方式要好。在 RODRIGO 中,每行 3 个词的传统监督方式的误词率为43.1%,比全监督的 36.5% 要高出 6.6 个百分点;相比之下,迭代和延迟策略下高出的百分点分别只有 3.3 和 3.0。也就是说,提出的策略可以使得每行只监督 3 个词所带来的误词率增加减为原来的一半。此外值得注意的是,在 36.5% 的基础上加上 3 个百分点,在误词率角度上是只一个很小的恶化;而与此相比,每行 11 个词中只监督 3 个词所带来的用户工作量的减少是非常可观的。另一方面,迭代和延迟策略的结果几乎一样,尽管应该在改变监督力度(每行监督的词数)观察其效果后再来进一步探究这个问题。

在 GERMANA 中,迭代和延迟策略的结果也比传统方式要好,但误词率的改善相对较小。这可能是因为 GERMANA 模型使用的训练集规模不及 RODRIGO。要注意 GERMANA 比 RODRIGO 更容易识别,因为从两张图上来看,要达到相近的误词率,GERMANA 所需要的训练集的行数要少一些。

5.6.5　用户工作量和识别误差的平衡

旧文本文档的完美转录并不总是必要的,包含一些错误的转录是完全可以接受的,而且容易用计算机辅助系统来获得。在 5.5 节中介绍了一种简单而有效的方法来平衡识别误差和用户工作量。这里考虑(未受监督部分)转录中识别误差的三种不同容忍门限:0%(全监督)、9%(平均每行 1 个识别错误)和 18%。

在这种情况下,将 GERMANA 分成 37 个连续的块,每块包含 100 行。前两块用于从全监督的转录中训练初始图像和语言模型。从第 3 块至 37 块,每一块都用 5.5 节讨论的部分监督方式来识别,并随后加入先前的训练集,置信度等级 $C=4$。前 3 种置信度等级分别对应于每行识别结果中置信度最低的前 3 个词;余下的识别结果(单词)都被划分到第 4 个等级。图像和语言模型的再训练只在高置信度的部分进行。图 5.7 的左图中给出了转录行(前 200 行除外)的误词率结果。

从图 5.7 的左图上可以清楚看到,提出的平衡方法能充分利用容忍门限来降低监督力度。此外,部分监督转录系统的误词率并没有比全监督系统差很多,平均用户工作减少量从 WER* $=9$% 的 29% 到 WER* $=18$% 的 49%。也就是说,如果平均每行允许有一个识别错误(WER* $=9$%),那么用户相对于全监督的情况能节省 29% 的监督行为,这里的监督行为包括基本编辑操作以及检查识别为"正确"的词是否真的正确。

为了更好地评估提出的方法,又在 RODRIGO 上做了更多的实验,将其分解成块,每个块包含 1 000 行文字,并且将最开始的 1 000 行分成 1~100、101~200、201~500、501~1 000 的 4 个块。实验结果在图 5.7 的右图给出,可以看到得出的结果类似于上述 GERMANA 的结果。

尽管图 5.7 的结果相当令人满意,我们观察到,相对于高置信度的单词,所提出的平衡方法并没有明显地利于对低置信度词的监督,这主要是因为它是在逐词的基础上工作的,而且为了决定一个词是否需要被监督,它对当前

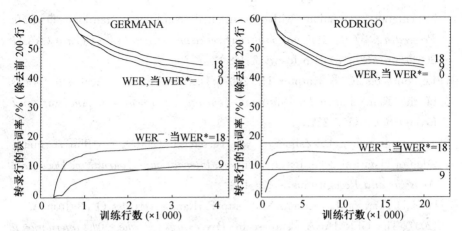

图 5.7　在不同的（未监督部分）识别误差容忍门限下，转录行的误词率（WER）随训练行数变化的函数。左图：GERMANA 数据集，右图：RODRIGO 数据集

WER$^-$ 估计的贡献并不像这个估计与 WER* 之间的逼近程度那么重要。通过采用更多的置信度等级，或者更直接地以逐行为基础进行转录应该可以缓解这个状况，也就是首先假设一行中错误识别的词未受监督，然后在当前WER$^-$ 估计超过了 WER* 时按照置信度升序进行监督。

5.7　结　论

　　本章描述了三种不同的框架来处理手写文档的交互式转录，其中识别器的输出被部分监督。其基本思想是在转录的过程中辅助用户，使交互的次数尽可能少。已经证实，系统可以从部分监督（可能有错误）的转录中得到训练，并得到和全监督训练系统相近的结果。展示了通过限制当前的假设搜索空间，用户交互可以被用于进一步改善当前的转录。最后，创建了一种允许用户通过调整差错率来换取用户工作量的框架结构，在两个真实转录任务GERMANA 和 RODRIGO 上进行的实验表明所提出的框架结构是有效的。

本章参考文献

[1] Bertolami, R., & Bunke, H. (2008). Hidden Markov model-based ensemble methods for offline handwritten text line recognition. *Pattern Recognition* 41, 3452-3460.

[2] Kristjannson, T., Culotta, A., Viola, P., & McCallum, A. (2004). Interactive

information extraction with constrained conditional random fields. In *Proceedings of the 19th national conference on artificial intelligence* (*AAAI 2004*) (pp. 412-418), San Jose, CA, USA.

[3] Le Bourgeois, F. , & Emptoz, H. (2007). DEBORA: Digital AccEss to BOoks of the RenAissance. *International Journal on Document Analysis and Recognition*, 9, 193-221.

[4] Likforman-Sulem, L. , Zahour, A. , & Taconet, B. (2007). Text line segment-ation of historical documents: a survey. *International Journal on Document Analysis and Recognition*, 9, 123-138.

[5] Pérez, D. , Tarazón, L. , Serrano, N. , Castro, F. , Ramos-Terrades, O. , & Juan, A. (2009). The GERMANA database. In *Proceedings of the 10th international conference on document analysis and recognition* (*ICDAR 2009*) (pp. 301-305), Barcelona, Spain.

[6] Plötz, T. , & Fink, G. A. (2009). Markov models for offline handwriting recognition: a survey. *International Journal on Document Analysis and Recognition*, 12, 269-298.

[7] Serrano, N. , Pérez, D. , Sanchis, A. , & Juan, A. (2009). Adaptation from partially supervised handwritten text transcriptions. In *Proceedings of the 11th international conference on multimodal interfaces and the 6th workshop on machine learning for multimodal interaction* (*ICMIMLMI 2009*) (pp. 289-292), Cambridge, MA, USA.

[8] Serrano, N. , Castro, F. , & Juan, A. (2010). The RODRIGO database. In *Proceedings of the 7th international conference on language resources and evaluation* (*LREC 2010*) (pp. 2709-2712), Valleta, Malta.

[9] Settles, B. (2009). *Active learning literature survey* (Computer Sciences Technical Report No. 1648). University of Wisconsin — Madison.

[10] Tarazón, L. , Pérez, D. , Serrano, N. , Alabau, V. , Ramos — Terrades, O. , Sanchis, A. , & Juan, A. (2009). Confidence measures for error correction in interactive transcription of handwritten text. In *Proceedings of the 15th international conference on image analysis and processing* (*ICIAP 2009*) (pp. 567-574), Vietri sul Mare, Italy.

[11] Wessel, F. , & Ney, H. (2005). Unsupervised training of acoustic models for large vocabulary continuous speech recognition. *IEEE Transactions on Speech and Audio Processing*, 13(1), 23-31.

第6章 交互式机器翻译

在目前的机器翻译（Machine−Translation，MT）技术中，人们必须对 MT 系统的输出进行后期编辑。在这种情况下，想要在任意两种语言之间实现高质量翻译是不可能的。因此，MT 适合使用交互式模式识别架构，而这个想法引出了交互式机器翻译（Interactive Machine Translation，IMT）。IMT 可以预测出给定源语句的翻译，人工翻译员可以接受或修正其中的一些错误。通过人工翻译员修订的文本可以被系统用来改善新的翻译，系统在这样的迭代过程中使用相同的翻译模型，直到全部的输出都可以被用户接受。

与 IPR 在其他应用领域中一样，IMT 为自适应学习提供了很好的框架。通过交互过程中的一系列步骤获得的译文可以很容易地被转换成新的训练数据，这对系统动态地适应环境改变很有用。另一方面，IMT 也允许利用一些多模接口来提高翻译质量。IMT 中的多模接口和自适应学习将分别在第7章和第8章中进行介绍。

6.1 简 介

统计模式识别在机器翻译领域中的应用带来新 MT 系统的发展，这种方法比以前占主导地位基于规则的方法所需的工作量要小。这些系统（统计 MT 系统，SMT 系统）与基于记忆的系统一样，用数据驱动的方法进行机器翻译。但是，任意一个（统计的、基于记忆的或基于规则的）MT 系统产生的译文都比人工翻译的质量低。虽然这个结果对于很多应用而言已经足够了，但对于其他一些应用，MT 系统的输出需要在后期编辑阶段再进行修改。TransType 和它的延续项目 TransType2（TT2）提出了一种后期编辑方法。在这个方法中，一个成熟的 MT 引擎被嵌入到一个交互式编辑环境中，用于生成对每条目标语句翻译的补全建议。这些建议可以被直接接受，也可以由翻译人员进行部分修正；而被验证（监督）过的（建议）词汇可以被 MT 引擎用来进一步完善翻译。这个新方法称为交互式机器翻译。TransType 只允许单标记补全，这里的"标记"是指一个预定义序列集合中的单词或短语。在 TT2 项目中，这个想法可以扩展到补全完整目标语句。这个交互方法提供了一个相比于传统后期编辑方法的显著优势，在传统方法中，系统不能从用户的修正中获得好处。

翻译(确切来说应该是计算机辅助翻译 ——CAT) 中的交互已经被研究了很长时间,用来解决不同种类的歧义问题。然而,据我们所知,现在仅有非常少的研究小组发布了关于 IMT 主题的研究成果。如之前所说,最先发布的是与 TransType 项目相关的研究,而第二个发布的是围绕 TransType2 项目展开的研究。最近,其他研究小组也开始了对这个主题的研究。

本节剩下的部分介绍 SMT 最先进的技术。6.2 节介绍机器翻译中 IPR 的应用;6.3 节给出 IMT 中的具体研究问题;6.4 节介绍实际任务、评估方法、实验设置和所获结果。IMT 中与自适应和多模态相关的内容将会在后面的章节中介绍。

统计机器翻译

SMT 是基于贝叶斯决策规则的应用,可以解决来自源语言 X 的源语句 x 到来自目标语言 H 的目标语句 h 的转换。这个决策规则可以描述为寻找目标语句 $\hat{h}$,使语句 h 是所给出 x 的译文的后验概率达到最大:

$$\hat{h} = \arg \max_h \Pr(h \mid x) \tag{6.1}$$

最先进的 SMT 是以双语片段或双语短语为翻译单元用对数线性模型来逼近 $\Pr(h \mid x)$ 的。双语短语是单词序列对 $(\tilde{x}, \tilde{h})$,源语言短语 $\tilde{x}$ 都只与目标语言短语 $\tilde{h}$ 对应,反之亦然。另一方面,对数线性模型是 N 个不同特征函数 $f_i(x, h)$ 的组合,其中 $1 \leqslant i \leqslant N$:

$$\Pr(h \mid x) \approx P(h \mid x; \lambda) = \frac{\exp \sum_{i=1}^{N} \lambda_i f_i(x, h)}{\sum_{h'} \exp \sum_{i=1}^{N} \lambda_i f_i(x, h')} \tag{6.2}$$

特征函数 $f_i(x, h)$ 可以是能够代表翻译的重要特征的任意模型。N 是模型(或特征)数量,λ_i 是对数线性组合的权重。

这些特征函数中的一部分是对于给定 K,对以短语序列形式 $\tilde{x}_1, \cdots, \tilde{x}_K$ ($x = \tilde{x}_1 \cdots \tilde{x}_K$) 和 $\tilde{h}_1, \cdots, \tilde{h}_K (h = \tilde{h}_1 \cdots \tilde{h}_K)$ 表示的 (x, h) 对的分割。如果源和目标短语之间的对应关系(映射)可以表示为函数 $a: \{1, \cdots, K\} \rightarrow \{1, \cdots, K\}$,那么式(6.1)可以用式(6.2)的修改版改写为

$$\hat{h} = \arg \max_h \max_a \sum_i \lambda_i f_i(x, h, a) \tag{6.3}$$

其中一个特征函数可以代表直接翻译

$$f_i(x, h, a) = \sum_{k=1}^{K} (\lg \ p(a_k \mid a_{k-1}) + \lg \ p(\tilde{h}_k \mid \tilde{x}_{a_k})) \tag{6.4}$$

其中 $p(a_k \mid a_{k-1})$ 是位置 k 的源短语与位置 a_k 的目标短语对齐的概率,假定之前位置 $k-1$ 的源短语已与位置 a_{k-1} 的目标短语对齐,$p(\tilde{h}_k \mid \tilde{x}_{k'})$ 是目标短语 $\tilde{h}_k$ 是给定源短语 $\tilde{x}_{k'}$ 的译文的概率。另一个特征函数是基于目标语言模型的,通常是 n-gram 模型(比如长度为 J 目标语句的 3-gram):

$$f_i(x,h,a) = \sum_{j=1}^{J} \lg \ p(h_j \mid h_{j-2}, h_{j-1}) \tag{6.5}$$

其他的特征函数是基于式(6.4)的逆版本和其他目标语言模型以及不同(目标和 / 或源)长度模型的。下面是一个有趣的基于双语短语语言模型(例如 $a(j) = j$ 的 3-gram 模型)的特征函数:

$$f_i(x,h,a) = \sum_{k=1}^{K} \lg \ p(\tilde{x}_k, \tilde{h}_k \mid \tilde{x}_{k-2}, \tilde{h}_{k-2}, \tilde{x}_{k-1}, \tilde{h}_{k-1}) \tag{6.6}$$

这个模型可以用随机有限状态转换器(Stochastic Finite-state Transducer,SFST)有效实现,也可以作为对数线性建模的特征之一。

在学习阶段,所有的双语短语都从双语训练语料库中获得,并计算双语短语在对齐训练语料库中出现的归一化频率。n-gram 的参数通过目标训练集的计数过程进行估计。另一方面,式(6.2)中的对数线性组合的权重是由最小错误率训练(Minimum Error Rate Training,MERT)方法计算出来的。在采用 SFST 的情况下,可以使用用于转导推理的语法推理算法(Grammatical Inference Algorithms for Transducer Inference,GIATI)。

对于给定源语句 x 最佳译文的搜索,可通过使用式(6.2)中的对数线性模型以从左到右的顺序生成目标语句的方法来实施。在生成算法的每个步骤中,需要进行一系列的主动假设,并选择其中一个进行扩展。然后把目标语言的一段加入到选择的假设中并且更新它的代价。如果采用 SFST,可以使用 Viterbi 算法产生目标语句。这两种情况的搜索空间都很大,需要使用剪枝技术。

6.2　交互式机器翻译

6.1.1 节中描述的系统还远非完美。这意味着如果要获得好的,甚至只是勉强可以接受的译文,还需要进行人工的后期编辑。IMT 架构给出了这种串行方法(先机器翻译,再人工更正)的替代方法。这个方法如图 6.1 所示。假设源语句是英语 x = "Click OK to close the print dialog",需要翻译为目标语言是西班牙语的语句 h。首先,在没有用户信息的情况下,系统提供了一个完整的译文建议(s = "Haga clic para cerrar el diálogo de impresión")。在这个译文中,用户将正确的部分("Haga clic")标为前缀,并键入目标语句的剩余部分。根据系统或用户偏好,新的输入可以是下一个单词,也可以是单词中的一些字母(在本例中,输入是下一个正确的单词"en")。由之前确认的前缀和用户键入的新输入共同定义新的目标前缀 p(p="Haga clic en"),然后系统生成一个新的后缀 s 来补全翻译:"ACEPTAR para cerrar el diálogo de impresión"。如果需要,可通过用户的新输入得到新的更正信息使交互过程持续进行,直到获得一个完整的并且令人满意的译文。

	输入（x）	Click OK to close the print dialog
0	系统（$\hat{s}$）	**Haga clic para cerrar el diálogo de impresión**
1	用户（p）	Haga clic *en*
	系统（$\hat{s}$）	**ACEPTAR para cerrar el diálogo de impresión**
2	用户（p）	Haga clic en ACEPTAR para cerrar el *cuadro*
	系统（$\hat{s}$）	**de diálogo de impresión**
3	用户（p）	Haga clic en ACEPTAR para cerrar el cuadro de diálogo de impresión ♯
	输出（h）	Haga clic en ACEPTAR para cerrar el cuadro de diálogo de impresión

图 6.1　一个 IMT 使用键盘交互的例子。目的是把英语语句"Click OK to close the print dialog"翻译成西班牙语。每个步骤都由之前确定的目标语言前缀 p 开始,系统据此给出建议后缀 $\hat{s}$(用黑体字体显示)。然后,用户接受这个后缀的一部分,并输入一些击键(斜体字)修正 s 中剩下的部分。这样就产生了用于下一步骤的新前缀 p,它由之前迭代的前缀和接受及键入的文本组成。当用户键入特殊字符"♯"时,这个过程结束。系统建议用黑体显示,用户输入使用斜体显示。在最终的译文 h 中,用户键入的文本用下划线显示

在这个问题上,可以应用 1.3.2 节中的 IPR 历史算法和 1.4.2 节中提出的概念和想法。更具体地说,可以利用从左到右交互预测过程中引入的前缀和后缀的概念:给定一个源语句 x 和经人工确认的目标前缀 p,最优化问题可以表述为对目标后缀 s 的搜索,补全 p 使之成为源语句 x 的译文:

$$\hat{s} = \arg \max_s \Pr(s \mid x, p) \tag{6.7}$$

式(6.7)可以改写为

$$\hat{s} = \arg \max_s \Pr(p, s \mid x) \tag{6.8}$$

由于 $ps = h$,这个公式与式(6.1)非常相似。它们之间的主要区别在于最大化搜索现在只在补全 p 的后缀 s 的集合上进行,而非整个语句(h 来自式(6.1))。这意味着如果搜索过程能得到充分的改进,就可以使用相同的模型。

IMT 的最优化问题就被简化为受前缀约束的搜索问题;显然,也可以用其他解决方法,但是使用这种方法的优势是可以使用与 SMT 相同的模型。因此,这里

使用与 SMT 相同的训练算法。另一方面,IMT 的搜索问题与 SMT 相似,但是受每次迭代的已验证前缀约束。这个搜索可由现有的搜索算法修改得出。然而,由于在每一次用户击键之后都需要实时产生新的系统假设,(系统的) 运算速度必须很高。因此,用词图来表示给定源语句所有(或者被选中部分) 的可能译文。

交互式机器翻译与置信估计

在 IMT 架构中,用户需要对正确的前缀进行标注,并可能需要对系统给出的后缀键入一些更正。为了与系统进行交互,用户需要利用关于待翻译语言的知识,如果用户能够得到对系统生成后缀所做更正的相关信息,那么就可以减少用户的工作量。这个信息可以通过 1.5.2 节中所介绍的估算系统预测后缀的置信度得到。对于给定源语句 x 和经过验证的目标前缀 p,计算所生成目标后缀 $\hat{s}$ 的置信度 $CM(\hat{s}, x, p)$。

置信估计被广泛地用于其他自然语言处理(Natural Language Processing,NLP) 研究,最近又被用于 SMT 中。置信度信息之前曾被用于 IMT 来提高翻译的预测准确度。实际上置信度信息不仅可用于提升系统的翻译质量,还可以减少用户的工作量。

在 IMT 场景中使用置信度信息需要对交互协议做些修改。在目前为止 IMT 场景的讨论中,假设操作员可以系统地监督每个系统后缀并且找出下一个翻译错误的位置。正如 1.4.1 节中讨论的那样,这些"被动"协议使系统仅等待人工反馈,而不考虑用户监督是怎样执行的。与此相反,在"主动"协议中,系统负责决定用户需要监督什么(见 1.4.3 节)。后缀置信度可以用来评估哪个假设是需要用户监督的,这样可以最优化人机交互的整体性能。

根据这个"主动"协议,设计了一个不同的 IMT 场景,在这个场景中不是所有的语句都需要用户参与交互翻译,只有那些经过置信度估计被认为是错误的后缀才由用户进行交互改正。因此,最终的翻译质量取决于系统所挑选用于监督的后缀是否恰当。这个"主动式"交互可能会提供一个在整体人工交互工作量和翻译准确度之间更好的折中。

这个"主动"协议可以看作是 IMT 场景的一般化,置信估计调节用户的工作量。根据置信门限的取值不同,系统可以是从假定所有后缀都正确的全自动 SMT 系统,到假定所有后缀都不正确的传统 IMT 系统。

IMT 的置信度

通过结合每个独立单词的置信度,可以估算系统产生的后缀的可靠性。这里选择一个基于 IBM 模型 1 的单词置信度计算方法。在式(6.7)给定前缀

p 的情况下,由源语句 x 生成的后缀 $\hat{s}$ 中,单词 $\hat{s_i}$ 的置信度可以计算为

$$CM(\hat{s_i}, x, p) \approx CM(\hat{s_i}, x) = \max_{0 \leqslant j \leqslant J} P(\hat{s_i} \mid x_j) \tag{6.9}$$

其中,$P(\hat{s_i} \mid x_j)$ 是双语词典概率;J 是 x 中的单词数量;x_0 表示空语句。

考虑到响应时间的约束,选择这种置信度计算方法而非后验概率。基于最简模型(文献[6]模型 1)的置信度计算方法比 1.5.2 节中介绍的前向－后向算法运算速度快。而且,它与文献[4,35,40]中基于词图的单词置信度算法的性能很接近。

后缀 $\hat{s}$ 的置信度用单词置信度将后缀中单词分类为正确的比例来计算。如果置信度 $CM(\hat{s_i}, x)$ 超过了单词分类门限 τ_w,则单词 $\hat{s_i}$ 被认为是正确的。

$$CM(\hat{s_i}, x, p) \approx CM(\hat{s}, x) = \frac{\mid \{\hat{s_i} \mid CM(\hat{s_i}, x) > \tau_w\} \mid}{\mid \hat{s} \mid} \tag{6.10}$$

每个后缀被分类为"正确"或"错误"是根据置信度是否超出后缀分类门限 τ_s 而决定的。值得注意的是,当门限值 $\tau_s = 0.0$ 时,所有的后缀都被认为是正确的,而当门限值 $\tau_s = 1.0$ 时,所有的后缀都被认为是错误的。

6.3　交互式机器翻译中的搜索

如前文所述,IMT 的搜索问题可以看作是以(经用户确认的)前缀 p 为约束条件的搜索。实时用户交互表明了对高效搜索技术的需求,如 1.5.1 节中介绍的词图表示和 Viterbi 算法。

与 CATTI 和 CAST(见 2.5 节)的搜索步骤相似,第一步是产生一个词图,这个词图是对源语句 x 译文搜索空间的修剪版本。一旦建立了词图,就可以用纠错解析来使用户已确认的前缀逼近词图中的可用前缀(词图纠错解析见 3.2.2 节和 6.3.2 节)。这个步骤之后紧接着进行 Viterbi 后缀搜索,给出最可能的后缀。

6.3.1　词图生成

对于每个源语句而言,词图代表了可能生成的译文。对于每一个源语句,词图只生成一次,然后它会被反复地使用来补全(即给出后缀补全译文)用户提供的所有不同前缀。用这种方法使用词图可以使系统能够在严格的实时性约束下,与用户进行交互。

词图也可以理解为加权的有向无环图,其中每个节点代表局部译文假设,每条边用单词或扩展的目标语句片段来标注,并根据底层模型来确定权重。实际上,如果在生成词图的过程中没有进行剪枝,根据所使用的模型,它将给

出所有后验概率大于零的可能的目标单词序列。图 6.2 是一个源语句为西班牙语"seleccionar el siguiente"的词图示例。

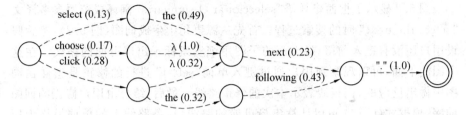

图 6.2 词图示例：源语句为西班牙语"seleccionar el siguiente"，英语参考译文为"select the next"。λ 是空字符串

　　然而，出于效率和响应时间约束的考虑，在词图生成过程中要进行剪枝，这样一来，词图就只包含可能的译文的子集。此外，用户也可能使用系统（字库中）没有的词语，这样就可能出现经过用户确认的前缀在词图中不存在的情况。这个问题要求执行纠错解析以允许用户使用可能在词图中不存在的前缀。

6.3.2　纠错解析

　　如前文所述，可以允许用户使用词图中不存在的前缀。为了解决这个问题，采取与 3.2.2 节中相同的逼近方法，应用于 IMT 场景。在这个场景中，在给定源语句 x 和经用户确认的前缀 p 的情况下，对最可能后缀 $\hat{s}$ 的搜索可以从式(6.8)得出：

$$\hat{s} = \arg \max_s P(s, p \mid x) = \arg \max_s \sum_{p'} P(s, p, p' \mid x) =$$

$$\arg \max_s \sum_{p'} P(s, p' \mid x) \cdot \Pr(p \mid x, s, p') \qquad (6.11)$$

其中 p' 是词图中的一个前缀。这里考虑以下假设：给定词图前缀 p' 后，用户确认的前缀 p 的概率不依赖于源语句 x 和后缀 s。在这种假设前提下，用最大值近似代替求和，式(6.11)变成

$$\hat{s} \approx \arg \max_s \max_{p'} P(p', s \mid x) \cdot P(p \mid p') \qquad (6.12)$$

　　一方面，式(6.12)中的第一项是 SMT 中的常规项，在式(6.1)中表示为 $h = p's$。另一方面，$P(p \mid p')$ 是一个"误差模型"，它给出了词图前缀 p' 被更换为用户给定前缀 p 的概率[①]。

　　实际上，最后这一项是通过使用用于正则文法的纠错算法的概率版本计算出来的。如 3.2.2 节中所介绍的，通过以拓扑顺序访问状态和使用束搜索

---

①　遵循纠错文献中的传统，假设输入数据是由模型表示的"正确"数据的"失真"版本

技术可以有效实现。此外，在从左到右交互预测过程中，可以利用用户前缀 p 的增量性，使纠错算法只解析前缀的新增部分。

　　图 6.3 显示了把西班牙语"seleccionar el siguiente"翻译成英语参考译文"select the next"时的搜索过程。首先从源语句中生成词图（图 6.2），然后假设用户还没有键入前缀，最上面的子图用细实线标示出最可能的路线。在这个图的下面，可以观察到用户通过键入单词"select"进行的修正是怎样在词图中做出反应的，用粗线表示本次的修正路线。最后，结合由用户修正的词图前缀，根据式（6.12）可以计算出最可能的路线，这条路线上的单词最终为用户组合成了系统建议的后缀。

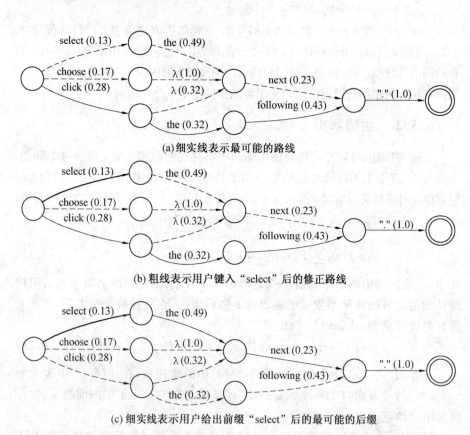

(a) 细实线表示最可能的路线

(b) 粗线表示用户键入"select"后的修正路线

(c) 细实线表示用户给出前缀"select"后的最可能的后缀

　　图 6.3　词图示例：源语句是西班牙语"seleccionar el siguiente"，翻译为英语参考译文"select the next"。系统产生的第一个假设是词图的最优路线（细实线）："click the following"。然后用户输入"select"更正第一个假设的第一个单词，系统再从单词"select"到达的节点开始，搜索新的最优路线（细实线）

6.3.3 $n-$最优完备搜索

IMT 系统的一个令人满意的特点是可以生成一系列可供选择的后缀,而非只有一个。这个特点可以很容易地通过计算 $n-$ 最优后缀来实现。

为实现这个目标,需要一个能够在词图中搜索 $n-$ 最优路径的算法。正如 1.5.1 节中所提到的,在所有可供选择的 $n-$ 最优算法中,本书选择了文献[21]描述的递归枚举算法(Recursive Enumeration Algorithm,REA)。做出这个决定主要是考虑到它具备的两个特点:它可以很简单地根据需要计算出最优路径,并且可以与纠错解析算法顺利整合。

6.4 任务,实验和结果

在前面章节中介绍的 IMT 技术可以通过一系列涉及不同语料库的实验来进行评估。这些语料库先经过预处理进行简化,得到 IMT 系统内部使用的双语文本。这些内部表示文本再通过应用后处理技术来进行还原。

在本节剩下的部分中,给出了上面所提及实验的部分实验结果,感兴趣的读者可以参考后面给出的文献,可获得更详细的结果。另外,本节还简略地介绍了对实验中所用语料库进行的预处理和后处理技术。

6.4.1 预处理和后处理

预处理提供了一个更简单的训练语料库的表示方法,使标记和单词分布得更均匀。预处理包括以下几个步骤:标记化,删除不必要(不需要进行翻译)的信息,标记一些特殊的记号,如数字序列、e-mail 地址和 URL 等。后处理发生在翻译之后,目的是对用户隐藏内部表示文本。具体来说后处理包括以下步骤:去标记化、恢复(预处理中删除的“不必要”的)信息、将(预处理中所做)标记恢复成原文(如数字序列、e-mail 地址和 URL 等)。

在 IMT 场景中,预 / 后处理过程必须实时进行,并且应使其尽可能是可逆的。在每一次人机交互过程中,都需要为交互 — 预测引擎对当前前缀进行预处理,然后为用户对所生成结果进行后处理。

6.4.2 任务

选择两个不同的任务来给出 IMT 的结果:XEROX 任务和欧盟(European Union,EU)任务。

XEROX 任务是将打印机手册由英语翻译为西班牙语、法语和德语。这里只给出将英语翻译为西班牙语的 IMT 结果,表 6.1 给出了这个翻译任务的一些主要数据。

表 6.1 英语－西班牙语(Eng-Spa)XEROX 翻译任务和法语－英语(Fre-Eng) EU 翻译任务中的主要数据(K 和 M 分别表示千和百万)。训练集和测试集中完整语句的重叠率低于 10%,测试集中超出字库范围的词汇的比例低于 1%。使用 3-gram 模型计算测试词汇的困惑度,两个语料库都使用了与测试集特征相似的开发集

	XEROX(Eng-Spa)	EU(Fre-Eng)
训练		
语句对 /K	56	215
行文词汇 /M	0.7/0.7	5.3/6.0
词汇量 /K	17/15	84/91
测试		
语句 /K	1.1	0.8
行文词汇 /K	10/8	20/23
行文字符 /K	59/46	117/132
困惑度	58/99	58/45

EU 任务是欧盟公告翻译,它是在欧盟的 23 种官方语言中进行的。在本书中,只给出从法语翻译为英语的结果,表 6.1 同样给出了法语－英语翻译过程中的一些主要统计数据。

值得注意的是,EU 语料库的词汇量至少比 XEROX 语料库大 3 倍。这些数据与行文词汇和语句的数量反映出这个任务很具有挑战性。

6.4.3 评估方法

正如 1.4.6 节所提到的,基于语料库的评估方法被广泛地运用于 MT 中。然而,对同一个源语句来说,可能会有很多种不同的译法,而这些译法都是可以被接受的,所以对于 MT 的评估仍然是一个开放性问题。由于 IMT 系统中的评估依赖于知道参考译文的虚构用户与 IMT 系统之间的交互协议,这个问题在 IMT 环境下被进一步加剧了。

在 IMT 系统中,人工译者为获得参考译文所需做的工作量可用模拟人机场景下的单词键入率(Word Stroke Ratio,WSR)来近似。在这个场景下的交互协议与 2.6 节中描述的计算机辅助转录很相似。每次系统进行翻译之后,

与一个参考译文进行对比[①],计算出最长的共同前缀,第一个不匹配的单词将被参考译文中与之对应的单词代替。持续这个过程,直到最终生成参考译文。因此,IMT 中的 WSR 可以被重新定义为:为获得参考译文,用户所做的交互次数(单词级,即对多少个单词进行了修正)除以参考译文中单词的总数。

另一方面,使用误词率(Word Error Rate,WER)这一离线度量指标来更深入地了解底层 SMT 系统的翻译质量[②]。SMT 系统中的 WER 定义为:系统译文与参考译文之间的 Levenshtein(编辑)距离除以参考译文中的单词总数。这个度量指标是对后期编辑中用户工作量的一个粗略估计。然而在 IMT 中,由于响应时间的严格约束,以及搜索空间受词图中有限的译文假设集合所限制,WER 和 WSR 无法直接进行比较。

6.4.4 结　果

本节用实验测试了本章提出的 IMT 技术。实验内容为,用基于词图的 IMT 系统交互式地翻译前文所提及的任务中的测试语料库。这个 IMT 系统使用基于短语的模型,在交互式翻译过程的第一次交互中生成词图。在第一次交互之后,使用纠错技术来解析后续迭代过程中用户给出的前缀。

在初步实验中,用底层 SMT 系统的 WER 指标描述翻译质量。具体来说,WER 指标是在第一次 IMT 系统交互过程中,根据 IMT 系统生成的目标语句计算出来的。实验结果在表 6.2 中给出,包括英语－西班牙语 XEROX 任务和法语－英语 EU 任务,以及它们的反向翻译。根据表中所示的 WER 的值可以看出,XEROX 任务的"英语－西班牙语"对的翻译质量最好。

表 6.2　英语－西班牙语 XEROX 任务和法语－英语 EU 任务的 WER 结果

任务	WER
XEROX(西班牙语－英语)	33.1
XEROX(英语－西班牙语)	29.5
EU(法语－英语)	41.6
EU(英语－法语)	48.9

如前文所述,WSR 度量指标提供了一种能够近似计算 IMT 系统用户为

---

① 尽管使用多个参考译文的效果可能会更好,但由于获取多个译文要付出很高的代价,因此在本章方案中只使用一个参考译文

② 感兴趣的读者可以阅读参考文献[7],其中包含关于 SMT 评估方法更为详细的比较

获得源语句译文所需付出的工作量的可实现方法。表6.3给出了英语－西班牙语 XEROX 语料库和法语－英语 EU 语料库进行交互式翻译时,得到的 WSR 结果。这个结果是双向翻译的结果。根据所获得的 WSR 数值,由 IMT 技术辅助的人工翻译员,在法语－英语 EU 任务中只需要输入翻译词汇总数的 40%,在英语－西班牙语 XEROX 任务中只需要输入总词汇量的 30%。

表6.3　英语－西班牙语 XEROX 任务和法语－英语 EU 任务的 WSR 结果

任务	WSR
XEROX(西班牙语－英语)	36.0
XEROX(英语－西班牙语)	31.9
EU(法语－英语)	44.6
EU(英语－法语)	48.0

这里得到的结果与文献[2]中给出的相似,但文献[2]使用了多种不同的翻译技术,涉及了 XEROX 和 EU 任务中所有语言对的双向翻译,给出了更丰富的 IMT 实验结果。此外,文献[2]中提出的 IMT 系统还由 TT2 工程架构内的专业翻译员进行了评估。在评估过程中,当参与者逐渐适应于使用这个新工具进行翻译时,翻译效率得到了进一步提升。总体来说基本可以得出这样一个结论:IMT 系统允许翻译员在保证高质量翻译的同时提高效率,虽然这个增长可能并不显著,但能够增长却是事实。

6.4.5　使用置信度信息的结果

用一系列关于英语－西班牙语 XEROX 任务和法语－英语 EU 任务的实验,来测量用户工作量度量指标 WSR 和翻译质量指标 WER,作为后缀置信度分类门限 τ_s 的函数。WER 能够在只监督被分类为错误的后缀之后,就对译文的质量进行评估。正如 6.2.1 节中所描述的那样,当门限值 $\tau_s = 0.0$ 时,所有后缀都被分类为"正确的",即系统表现为全自动 SMT 系统。另一方面,当门限值 $\tau_s = 1.0$ 时,所有后缀都被分类为"错误的",此时系统与传统的 IMT 系统等同。

图6.4显示了后缀置信门限从 0.0 变化到 1.0 时,EU 任务和 XEROX 任务中 WSR 和 WER 的变化曲线。此外,全自动 SMT 系统的 WER 也作为错误翻译基线在图中给出,同时传统 IMT 系统的 WSR 作为用户工作量基线给出。实验中(6.2.1节)所用置信度指标依赖于单词分类门限 τ_w。τ_w 的值决定了在 SMT 和 IMT 工作模式之间转换的平滑性。最终选择了 $\tau_w = 0.5$ 是因为在这个门限值时可以获得最平滑的过渡。

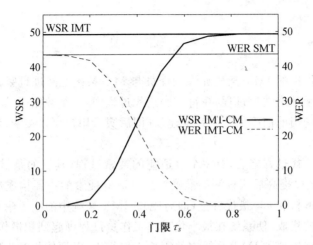

图 6.4　后缀置信门限 τ_s 取不同值时得到的 WSR 和 WER

图 6.4 显示了随着 IMT 场景中置信度的变化($0.0 < \tau_s < 1.0$),从全自动 SMT($\tau_s = 0.0$)到传统 IMT($\tau_s = 1.0$)的平滑过渡曲线。门限值 τ_s 表现为一个可以在系统所需的用户工作量与所期待的最终翻译质量之间,实现均衡折中的调节器。通过改变门限值,可以使系统满足:任务的翻译质量要求,或对于用户工作量的限制,以及专业翻译员完成任务的时间要求。例如,如果允许翻译结果的 WER 在 10 左右,那么就可以把用户工作量从接近 50(WSR IMT 基线)降低到不足 40(WSR IMT-CM),此时后缀置信门限(τ_s)设为 0.5。

例 6.1 显示了三个语句的源语句(src)、参考译文(ref)和最终译文(tra)。在置信门限 $\tau_s = 0.5$ 时,这三个语句中由系统生成的后缀被分类为"正确",因此没有要求用户参与交互式翻译。

例 6.1　在置信门限 $\tau_s = 0.5$ 时,EU 任务中语句的后缀被分类为"正确"。

src — 1	DÉCLARATION(no 17)relative au droit d'accès à l'information
ref — 1	DECLARATION(No 17)on the right of access to information
tra — 1	DECLARATION(No 17)on the right of access to information
src — 2	Conclusions du Conseil sur le commerce électronique et la fiscalité indirecte
ref — 2	Council conclusions on electronic commerce and indirect taxation
tra — 2	Council conclusions on e-commerce and indirect taxation
src — 3	la participation des pays candidats aux programmes communautaires
ref — 3	participation of the applicant countries in Community programmes
tra — 3	the participation of applicant countries in Community programmes

6.5　结　论

本章中提出的 IMT 架构允许翻译员与 MT 系统之间进行紧密合作。这个架构引入了一个迭代过程，在每一次迭代过程中，一个数据驱动的 MT 系统给出目标语句当前前缀的一个补全建议（即后缀），用户可以接受、修改或忽略这个建议。

在这个迭代过程之后，有一个自适应的搜索过程，其目的是借助用户（已验证的）前缀以提高后缀预测的准确率。自适应搜索的主要构成成分是前文描述的纠错解析和 $n-$ 最优补全（即后缀）。IMT 系统中的一个附加成分是对置信度指标的集成，使系统在最小化用户工作量过程中起到积极作用。

评估过程模拟了 IMT 系统中的用户工作行为，以评估相对于传统后期编辑系统，能够减少多少用户工作量。结果反映出 IMT 环境可以显著减少用户的工作量，并且置信度指标的引入提供了一个强有力的工具，能够在用户工作量与最终翻译质量之间找到一个折中。

用户交互提供了一个通过调节翻译模型提高 IMT 系统性能的独特机遇。在每一次迭代过程中，通过用户与 IMT 系统合作获得的译文，通常可以和相应的源语句一起直接被转换成训练数据来训练底层模型，这个理念就是第 8 章的中心主题。

最后，IMT 中的一个挑战是如何在不同的交互反馈输入中获得充分的协作，以使所涉及的所有多模态都能得到最大限度利用。为此，第 7 章将描述 IMT 中的多模态问题。

本章参考文献

[1] Amengual, J. C. , & Vidal, E. (1998). Efficient error-correcting Viterbi parsing. *IEEE Transactions on Pattern Analysis and Machine Intelligence*, 20(10), 1109-1116.

[2] Barrachina, S. , Bender, O. , Casacuberta, F. , Civera, J. , Cubel, E. , Shahram, K. , Lagarda, A. L. , Ney, H. , Tomás, J. , Vidal, E. , & Vilar, J. M. (2009). Statistical approaches to computer-assisted translation. *Computational Linguistics*, 35(8), 3-28.

[3] Bender, O. , Hasan, S. , Vilar, D. , Zens, R. , & Ney, H. (2005). Comparison of generation strategies for interactive machine translation. In *Proceedings of the*

10*th* conference of the European chapter of the association for machine translation (*EAMT* 05)(pp. 33-40),Budapest,Hungary.

[4] Blatz,J. ,Fitzgerald,E. ,Foster,G. ,Gandrabur,S. ,Goutte,C. ,Kuesza,A. , Sanchis,A. ,& Ueffing,N. (2004).Confidence estimation for machine translation. In *Proceedings of the* 20*th* *international conference on computational linguistics* (*COLING* 04)(p. 315),Geneva,Switzerland.

[5] Brown,P. F. ,Cocke,J. ,Pietra,S. A. D. ,Pietra,V. J. D. ,Jelinek,F. ,Lafferty,J. D. ,Mercer,R. L. ,& Roosin,P. S. (1990).A statistical approach to machine translation. *Computational Linguistics*,16(2),79-85.

[6] Brown,P. F. ,Pietra,S. A. D. ,Pietra,V. J. D. ,& Mercer,R. L. (1993).The mathematics of statistical machine translation: Parameter estimation. *Computational Linguistics*,19(2),263-310.

[7] Callison-Burch,C. ,Fordyce,C. ,Koehn,P. ,Monz,C. ,& Schroeder,J. (2008). Further metaevaluation of machine translation. In *Proceedings of the 3rd workshop on statistical machine translation* (*WMT* 08)(pp. 70-106), Morristown,NJ,USA.

[8] Callison-Burch,C. ,Koehn,P. ,Monz,C. ,Peterson,K. ,Przybocki,M. ,& Zaidan,O. (2010).Findings of the 2010 joint workshop on statistical machine translation and metrics for machine translation. In *Proceedings of the joint fifth workshop on statistical machine translation and metrics MATR*(pp. 17-53),Uppsala,Sweden.

[9] Casacuberta,F. ,& Vidal,E. (2004). Machine translation with inferred stochastic finite-state transducers. *Computational Linguistics*,30(2),205-225.

[10] Casacuberta,F. ,Ney,H. ,Och,F. J. ,Vidal,E. ,Vilar,J. ,Barrachina,S. , García-Varea,I. ,Llorens,D. ,Martínez,C. ,Molau,S. ,Nevado,F. ,Pastor,M. , Picó,D. ,Sanchis,A. ,& Tillmann,C. (2004).Some approaches to statistical and finite-state speech-to-speech translation. *Computer Speech & Language*, 18,25-47.

[11] Casacuberta,F. ,Civera,J. ,Cubel,E. ,Lagarda,A. L. ,Lapalme,G. ,Macklovitch,E. ,& Vidal,E. (2009).Human interaction for high quality machine translation. *Communications of the ACM*,52(10),135-138.

[12] Civera,J. ,Vilar,J. M. ,Cubel,E. ,Lagarda,A. L. ,Barrachina,S. ,Vidal,E. , Casacuberta,F. ,Picó,D. ,& González,J. (2004).From machine translation to computer assisted translation using finite-state models. In *Proceedings of the*

conference on empirical methods for natural language processing （EMNLP 04）（pp. 349-356），Barcelona，Spain.

[13] Civera，J. ，Vilar，J. M. ，Cubel，E. ，Lagarda，A. ，Barrachina，S. ，Casacuberta，F. ，Vidal，E. ，Picó，D. ，& González，J. （2004）. A syntactic pattern recognition approach to computer assisted translation. In A. Fred，T. Caelli，A. Campilho，R. P. W. Duin & D. de Ridder （Eds. ），*Lecture notes in computer science*：*Vol.* 3138. *Advances in statistical，structural and syntactical pattern recognition*（pp. 207-215）. Berlin：Springer. References 151

[14] Cubel，E. ，González，J. ，Lagarda，A. ，Casacuberta，F. ，Juan，A. ，& Vidal，E. （2003）. Adapting finite-state translation to the TransType2 project. In *Proceedings of the joint conference combining the 8th international workshop of the European association for machine translation and the 4th controlled language applications workshop* （EAMT-CLAW 03）（pp. 54-60），Dublin，Ireland.

[15] Cubel，E. ，Civera，J. ，Vilar，J. M. ，Lagarda，A. L. ，Barrachina，S. ，Vidal，E. ，Casacuberta，F. ，Picó，D. ，González，J. ，& Rodríguez，L. （2004）. Finite-state models for computer assisted translation. In *Proceedings of the 16th European conference on artificial intelligence* （ECAI 04）（pp. 586-590），Valencia，Spain.

[16] Foster，G. ，Isabelle，P. ，& Plamondon，P. （1997）. Target-text mediated interactive machine translation. *Machine Translation*，12(1-2)，175-194.

[17] Foster，G. ，Langlais，P. ，& Lapalme，G. （2002）. User-friendly text prediction for translators. In *Proceedings of the conference on empirical methods in natural language processing* （EMNLP 02）（pp. 148-155），Philadelphia，USA.

[18] Gandrabur，S. ，& Foster，G. （2003）. Confidence estimation for text prediction. In *Proceedings of the conference on natural language learning* （CoNLL 03）（pp. 315-321），Edmonton，Canada.

[19] González-Rubio，J. ，Ortiz-Martínez，D. ，& Casacuberta，F. （2010）. Balancing user effort and translation error in interactive machine translation via confidence measures. In *Proceedings of the 48th annual meeting of the association for computational linguistics* （ACL 10）（pp. 173-177），Uppsala，Sweden.

[20] González-Rubio，J. ，Ortiz-Martínez，D. ，& Casacuberta，F. （2010）. On the use of confidence measures within an interactive-predictive

machine translation system. In *Proceedings of the* 15*th conference of the European chapter of the association for machine translation* (*EAMT* 10),Saint-Raphaël,France.

[21] Jiménez,V. M. ,& Marzal,A. (1999).Computing the k shortest paths: a new algorithm and an experimental coparison. In J. S. Viter & C. D. Zaraliagis (Eds.),*Lecture notes in computer science*: *Vol*. 1668. *Algorithm engineering*(pp. 15-29). Berlin: Springer.

[22] Koehn,P. (2010). *Statistical machine translation*. Cambridge: Cambridge University Press.

[23] Koehn,P. ,& Haddow,B. (2009). Interactive assistance to human translators using statistical machine translation methods. In *Proceedings of the* 12*th machine translation summit* (*MT Summit* 09), Ottawa, Ontario,Canada.

[24] Koehn,P. ,Hoang, H. ,Birch,A. ,Callison-Burch,C. ,Federico,M. , Bertoldi,N. ,Cowan,B. ,Shen,W. ,Moran,C. ,Zens,R. ,Dyer,C. , Bojar,O. ,Constantin,A. ,&Herbst,E. (2007).Moses: Open source toolkit for statistical machine translation. In *Proceedings of the* 45*th annual meeting of the association for computational linguistics* (*ACL* 07),Prague,Czech Republic.

[25] Langlais,P. ,Foster,G. ,& Lapalme,G. (2000). Unit completion for a computer-aided translation typing system. *Machine Translation*, 15(4),267-294.

[26] Langlais,P. ,Lapalme,G. ,& Loranger,M. (2002). TransType: development-evaluation cycles to boost translator's productivity. *Machine Translation*,15(4),77-98.

[27] Lowerre,B. T. (1976). *The Harpy speech recognition system*. Ph. D. thesis,Carnegie Mellon University,Pittsburgh,PA,USA.

[28] Mariño,J. B. ,Banchs,R. E. ,Crego,J. M. ,de Gispert,A. ,Lambert, P. ,Fonollosa,J. A. R. ,& Costa-jussà,M. R. (2006). N-gram-based machine translation. *Computational Linguistics*,32(4),527-549.

[29] Nepveu,L. ,Lapalme,G. ,Langlais,P. ,& Foster,G. (2004). Adaptive language and translation models for interactive machine translation. In *Proceedings of the conference on empirical methods in natural language processing* (*EMNLP* 04)(pp. 190-197),Barcelona,Spain.

［30］Och,F. J. (2003). Minimum error rate training for statistical machine translation. In *Proceedings of the* 41*st annual meeting of the association for computational linguistics* (*ACL* 03)(pp. 160-167), Sapporo,Japan.

［31］Och,F. J. ,& Ney,H. (2004). The alignment template approach to statistical machine translation. *Computational Linguistics*,30(4), 417-450. 152 6 Interactive Machine Translation

［32］Och,F. J. ,Zens,R. ,& Ney,H. (2003). Efficient search for interactive statistical machine translation. In *Proceedings of the* 10*th conference of the European chapter of the association for computational linguistics* (*EACL* 03)(pp. 387-393),Budapest,Hungary.

［33］Ortiz-Martínez,D. ,García-Varea,I. ,& Casacuberta,F. (2005). Thot: a toolkit to train phrasebased statistical translation models. In *Proceedings of the* 10*th machine translation summit* (*MT Summit* 05)(pp. 141-148),Phuket,Thailand.

［34］Patry,A. ,& Langlais,P. (2009). Prediction of words in statistical machine translation using a multilayer perceptron. In *Proceedings of the* 12*th machine translation summit* (*MT Summit* 09)(pp. 101-111), Ottawa,Ontario,Canada.

［35］Sanchis,A. ,Juan,A. ,& Vidal,E. (2007). Estimation of confidence measures for machine translation. In *Proceedings of the* 11*th machine translation summit* (*MT Summit* 07)(pp. 407-412),Copenhagen, Denmark.

［36］SchlumbergerSema S. A. ,I. T. de Informática,für Informatik VI,R. W. T. H. A. L. ,en Linguistique Informatique Laboratory University of Montreal,R. A. ,Soluciones,C. ,Gamma,S. ,and Europe,X. R. C. (2001). *TT2. TransType2—computer assisted translation*. Project Technical Annex. Information Society Technologies (IST) Programme,IST-2001-32091.

［37］Simard,M. ,& Isabelle,P. (2009). Phrase-based machine translation in a computer-assisted translation environment. In *Proceedings of the* 12*th machine translation summit* (*MT Summit* 09)(pp. 255-261), Ottawa,Ontario,Canada.

［38］Tomás,J. ,& Casacuberta,F. (2006). Statistical phrase-based models for interactive computerassisted translation. In *Proceedings of the 44th annual meeting of the association for computational linguistics and 21th international conference on computational linguistics (COLING/ACL 06)*(pp. 835-841),Sydney,Australia.

[39] Ueffing,N. ,& Ney,H. (2005). Application of word-level confidence measures in interactive statistical machine translation. In *Proceedings of the 10th conference of the European chapter of the association for machine translation (EAMT 05)*(pp. 262-270),Budapest,Hungary.

[40] Ueffing,N. ,& Ney,H. (2007). Word-level confidence estimation for machine translation. *Computational Linguistics*,33(1),9-40.

[41] Wagner,R. A. (1974). Order-n correction for regular languages. *Communications of the ACM*,17(5),265-268.

第7章　多模交互机器翻译

在交互式机器翻译(Interactive Machine Translation,IMT)体系中,人工翻译员可以和IMT系统交互以得到高质量的翻译结果。这种交互可以通过基本编辑操作来实现,例如删除或替换错误的词、插入遗漏的词,这个过程通常是用键盘完成的。键盘被认为是向计算机输入文本的主要方式,而其他的方式也可以提供有用信息来改善IMT的性能或者提高系统工作效率。

可以改善性能的一个多模交互例子是指针交互,它可以提供对IMT系统很有帮助的隐式和显式信息。此外,语音和手写文本模式可以提高系统的可用性和工作效率,特别是对于正以难以置信的速度发展起来的新型无键盘设备而言,例如触摸屏平板电脑和移动电话。

7.1　简　介

在第6章中介绍了IMT架构,在IMT中人工翻译者可以和系统交互以得到高质量的翻译结果,这主要是通过迭代地修改错误的词来实现的。一般来说,这个过程都是用键盘来完成的,最多用鼠标将键盘的光标放在正确的位置。

尽管这种架构已经被证实有利于用户,但这样的迭代方法却是非常受限的,可以简单地想象这样的场景:用户希望通过其他不同的方式与系统进行交互,例如通过说话、手写文字、鼠标手势甚至视线跟踪。这些交互模式可以提供有用信息来改善IMT性能,或者在键盘不适用的特殊系统中提高系统工作效率。随后而来的挑战是实现合适的模式协同,以最大限度地利用所有涉及的模式,最终实现IMT系统和人类用户间更有效的合作。

在本章中,将分析几种将多模态引入传统IMT架构的方法。7.2节介绍了IMT架构的一种扩展模式,指针设备作为一个额外的交互设置置于用户和IMT系统之间;7.3节将语音识别作为纠正系统错误的一种有效模式;7.4节将手写文本识别用于纠正系统错误;7.5节给出了实验结果,展现了这些不同应用方案获得的性能增益;7.6节给出了结论。

7.2　利用弱反馈

在传统 IMT 的架构中,系统只在用户输入一个新词时接收反馈。尽管这个机制已被证实有一定的好处,但这同时也意味着 IMT 系统只依赖于用户通过键盘提供的信息。实际上,坐在计算机前的用户多数时间也在通过鼠标与机器进行交互,只是这种交互没有被传统 IMT 系统考虑进去。本节将指针动作(Pointer Actions,PA)作为系统的一个附加信息源,用户通常都会提供这个信息,但很少有人意识到。在这种架构中,考虑两种不同的 PA 类型:非显式(定位)PA 和显式交互 PA。

7.2.1　非显式定位指针动作

将 PA 作为系统和用户间附加交互媒介的基本思想是:为了纠正一个输出假设,用户首先需要将光标放在想要键入单词的位置,然后才能修改它,或插入一个新词,或删除一个已有的词。这里,假设这个动作是通过 PA 完成的,通过这种方式,用户向系统提供了非常有价值的信息。换句话说,这是一种信号,表明光标之前的所有信息都被认为是正确的,从而验证了当前前缀 p;而更重要的是,这也是一种信号,表明它不喜欢光标之后的单词,想要更换它。此时,系统就可以捕获这个动作,知道当前的后缀被认为是不正确的,然后给出一个新的翻译假设,其中前缀保持不变而改变后缀,并保证新后缀的第一个词和先前后缀的第一个词不同。

诚然,系统修改了不正确的后缀并不意味着新的后缀就是正确的,但考虑到系统知道当前后缀的第一个词是不正确的,最差的情况也只是新给出的词仍然是错误的,这时需要由用户键入正确的词,而无论如何先前也是要这么做的;然而如果新给出的词恰巧是正确的,系统就节省了一次用户交互,因为用户会欣然发现他 / 她只需要接受这个(些)新给出的词,甚至可能是整个后缀,就可以了。

图 7.1 给出了这种过程的一个例子。在这个例子中,SMT 系统首先提供了一个用户不喜欢的翻译。因此用户将光标放置在单词“para”的前面,想要输入一个“en”。通过这个动作,用户验证了前缀“Haga click”并发出了想要把“para”替换掉的信号。在用户还没有键入任何内容之前,系统就已经意识到用户想要修改位于光标之后的单词,然后将后缀替换,这恰好是用户心中想要的。错词“diálogo”上也发生了同样的过程。最后,用户只需要接受这个最终的翻译版本即可。

输入	(x)	Click OK to close the print dialog
0　系统	$(\hat{s})$	**Haga clic para cerrar el diálogo de impresión**
1　用户	(p)	Haga clic |
系统	$(\hat{s})$	**en ACEPTAR para cerrar el diálogo de impresión**
2　用户	(p)	Haga clic en ACEPTAR para cerrar el |
系统	$(\hat{s})$	**de diálogo de impresión**[①]
3　用户	(p)	Haga clic en ACEPTAR para cerrar el cuadro de diálogo de impresión ♯
输出	(h)	Haga clic en ACEPTAR para cerrar el cuadro de diálogo de impresión

图 7.1　一个解决了两处错误的非显式定位 PA 的例子。这个案例中,用户验证了前缀 p 并隐式地表明他/她想要修改后缀后,不需进一步动作系统就直接产生了正确的后缀 $\hat{s}$,'|'表示光标放置的位置

　　称这种 PA 为非显式是因为,用户不需要执行一个明显的操作来通知系统它需要修改后缀,而是系统自身意识到用户想要输入一个词,预测用户意图并给出一个新的后缀。出于这个原因,同时考虑到用户无论如何都需要给出光标位置这一事实,这里要重点指出,通过这种 PA 得到的任何改善本质上都是一种进步,因为它不需要用户做进一步动作。因此,这种 PA 被认为是没有额外开销的。

　　非显式 PA 可以用公式表示为:给定源语句 x,一个确认过的前缀 p,和上一次交互中系统建议的后缀 s',寻找另一个后缀 $\hat{s}$ 且 $\hat{s}$ 中的第一个词不同于 s' 中的第一个词:

$$\hat{s} = \arg\max_{s:s_1 \neq s'_1} P(s \mid x, p, s') \tag{7.1}$$

7.2.2　显式交互指针动作

　　下面来想象这样一个不同于非显式 PA 的场景:用户想要修改系统给出的后缀,而与光标的位置无关。

　　如果底层的 IMT 系统有能力提供高质量的输出假设,那么用户只需要在想要修改的后缀中的第一个单词前点击,不需进一步动作,系统就可以将想修改的后缀替换,这种 PA 模式被称为显式交互。与非显式定位 PA 相反,用户需要显式地请求系统给出另一个假设。显然,这可以通过使用一些不同的设备来实现,此处假设是用鼠标完成的。需要注意的是,这种 PA 会带来一些额

———————————

①　译者注:译者认为在此后缀前应有"cuadro"

外的开销,因为用户需要执行一个显式的动作以给系统信号,表明他 / 她想要替换后缀。然而,如果生成后缀的底层 MT 引擎足够强大,用这点代价来换取好处是很值得的,因为和键入一个(或几个)全新的单词相比,运用 PA 的开销显然更小。在显式交互 PA 中,系统要求用户主动参与和协作,而在非显式 PA 中则不需如此。图 7.2 是显示交互 PA 的一个例子。

	输入	(x)	A message appears stating that this action is processing
0	系统	$(\hat{s})$	**Hay un mensaje que establece que dicha acción se está realizando**
1	用户	(p)	|
	系统	$(\hat{s})$	**Aparece un mensaje que establece que dicha acción está realizándose**
2	用户	(p)	Aparece un mensaje que |
	系统	$(\hat{s})$	**afirma que dicha acción está realizándose**
3	用户	(p)	Aparece un mensaje que |
	系统	$(\hat{s})$	**indica que dicha acción está realizándose**
4	用户	(p)	Aparece un mensaje que indica que dicha acción está realizándose #
	输出	(h)	Aparece un mensaje que indica que dicha acción está realizándose

图 7.2   用显式交互 PA 解决一处错误的例子。对于第一处翻译错误,系统给出的第一个单词被认为是错误的,因此此用户将光标放在第一个单词之前,这个动作等于执行了一次非显式定位 PA,系统修改了这个词并且恰好改正了用户想要纠正的错误。对于第二处翻译错误,用户先将光标置于此处,系统执行了一次非显式 PA,但该结果也不是用户想要的,因此用户又执行了一次显示交互 PA 以要求系统给出新的假设,接下来系统返回一个新的后缀,用户得到了想要的结果。最后,用户确认了完整的输出结果。同上一幅图,字符'|' 表示光标放置的位置(即 PA 执行的位置)

假设到当前时刻为止,用户已经执行了 n 次 PA 要求系统给出新后缀 $\hat{s}$,与非显式 PA 类似,显式 PA 问题也可以用公式表示为

$$\hat{s} = \arg\max_{s : s_1 \neq s_1^{(i)},\, \forall i \in \{1,\cdots,n\}} P(s \mid x, p, s^{(1)}, s^{(2)} \cdots, s^{(n)}) \tag{7.2}$$

其中 $s_1^{(i)}$ 是第 i 个废弃后缀的第一个单词;$s^{(1)}, s^{(2)}, \cdots, s^{(n)}$ 是所有 n 个废弃后缀的集合。

7.3   利用语音识别纠错

利用语音识别来执行 MT 任务已经引起了广泛的关注。这些系统的早期思想是由人工翻译员将翻译结果大声朗读出来,然后用语音识别系统将语音

信号转录下来。如果识别系统能够利用源文本来减少转录错误,那么识别错误也能相应减少。然而这些方法都专注于全自动系统,需要用户对系统的输出进行后期编辑。

多模交互(1.3.5 节)则提出了一种新的有趣的应用模式,其中语音识别作为一种可选的模式被用于和 IMT 系统进行交互。这里,允许人工翻译员阅读(并可能修改)IMT 系统给出的部分翻译结果以对 IMT 系统进行纠正。IMT 框架允许用户在语音转录过程中降低自由度以提高识别的准确性。另一方面,如果将识别系统完全整合在 IMT 架构内,用户还可以利用传统的方式(键盘和 / 或鼠标)来保证所生成的文本维持在一定的质量水平之上。这种思想以图 7.3 为例进行说明。

	输入	(x)	Click OK to close the print dialog
0	系统	(s)	**Haga clic para cerrar el diálogo de impresión**
1	语音	(v)	〰〰
	系统	(d)	Haga clic a
	用户	(p)	*Haga clic **en***
	系统	$(\hat{s})$	**ACEPTAR para cerrar el diálogo de impresión**
2	语音	(v)	〰〰
	系统	(d)	cerrar el cuadro
	用户	(p)	*Haga clic en ACEPTAR para cerrar el cuadro* ↑
	系统	$(\hat{s})$	**de diálogo de impresión**
3	用户	(p)	*Haga clic en ACEPTAR para cerrar el cuadro de diálogo de impresión* ♯
	输出	(h)	Haga clic en ACEPTAR para cerrar el cuadro de diálogo de impresión①

图 7.3 利用语音和键盘交互的 IMT 例子,目的是将英文句子"Click OK to close the print dialog"翻译成西班牙语。每一步的开头都是一个已经确认的目标语言前缀 p,系统依此给出一个后缀建议 $\hat{s}$,然后用户说出一些词来定位(同时接受了一些词)并纠正 $\hat{s}$ 中的词。在第 1 次迭代中,用户的话音是为了定位并接受"Haga clic"、纠正"para",而用户对话音解码结果的最后一个词不满意,并键入了另一个词,系统给出一个新的后缀以补全翻译。第 2 次迭代中用户通过特殊的击键(↑)表示接受系统给出的解码结果。在最终的翻译结果 h 中,用户键入的文本用下划线示出

---

① 译者注:译者认为"cuadro"不应有下划线,此例中用户只输入了"en"一个单词

下面是该问题的公式表示。令 x 为源文本，p 为目标语句的正确前缀，用户可以说出一些词 v 来修改系统在上一次迭代中给出的后缀 s' 的某个部分，然后系统搜索最可能的后缀 $\hat{s}$。根据式(1.26)，以 $f = v$ 的形式引入反馈并假设这是一个从左到右的协议($h = p, s; h' = p, s'$)，那么这个搜索问题可以用公式表示为

$$\hat{s} \approx \arg \max_{s} \max_{d} P(v \mid d) \cdot P(d \mid p, s', x) \cdot P(s \mid p, s', d, x) \quad (7.3)$$

其中，d 是语音 v 的转录。最后，用户可以根据先前的 p、d 和部分 s 输入额外的修改按键以产生一个新的确认前缀 p。

这个最大化通常是分两步进行的(见第 1.3.5 节)，因为联合优化并不总是有效的解决方式。首先，反馈数据 v 被"最优地"解码为 $\hat{d}$，

$$\hat{d} = \arg \max_{d} P(v \mid d) \cdot P(d \mid p, s', x) \quad (7.4)$$

其中 $P(v \mid d)$ 用声学模型建模，通常是隐马尔可夫模型(Hidden Markov Model，HMM，见4.3.3节)，$P(d \mid p, s', x)$ 则来自由前缀、先前的后缀和输入所约束的语言模型。

第二步，假设 $P(s \mid p, s', d, x)$ 不依赖于先前的后缀 s'，那么式(7.3)可以用固定的 $\hat{d}$ 重新写作

$$\hat{s} \approx \arg \max_{s} P(s \mid p, \hat{d}, x) \quad (7.5)$$

注意式(7.5)和 IMT 的基本公式(6.7)实际上是等效的，因为以适当的方式将 p 和 d 连接在一起就可以构成一个新的验证前缀。

根据式(7.4)中语言模型的约束条件不同，可以构成不同的应用，下面列出一些具体方案。

7.3.1 无约束语音解码 DEC

DEC 受到的约束非常少，其语言模型近似为 $P(d)$，并摒弃了所有对前缀、先前后缀及输入的依赖，因此这个问题可以用常规的语音解码来求解：

$$\hat{d} = \arg \max_{d} P(d) \cdot P(v \mid d) \quad (7.6)$$

$P(d)$ 的语言模型是一个(平滑的)n-gram 模型，是从用于估计其他方案的翻译模型的相同目标语句估计出的。因为 n-gram 模型是从完整的目标语句估计出来的，而 v 通常是一个语句片段的发音，因此这个语言模型必须能够适应于接受任何可能的语句子序列。为此，需要适当修改语言模型，而搜索空间也因此明显大于原先的 n-gram 模型。$P(v \mid d)$ 的声学模型是传统单音节的 HMM 模型。

DEC 比本节开始讨论的听写翻译方法更加困难,这不仅是因为 DEC 没有利用源语言文本提供的信息,还因为它处理的是目标语句片段的解码而不是像文献[2-4] 中的整句。

7.3.2 前缀约束语音解码 DEC − PREF

第二种纯语音解码方案是 DEC − PREF,现在前缀 p 被当作额外的约束条件,但同样不利用源文本的信息,在这种情况下,

$$\hat{d} = \arg \max_d P(d \mid p) \cdot P(v \mid d) \tag{7.7}$$

除了搜索方式不同外,式(7.7) 类似于式(7.6),这里,搜索被限制于只从 p 的最终 n-gram 模型开始。

7.3.3 前缀约束语音解码 IMT − PREF

约束条件最少的 IMT 方案是 IMT − PREF,它对应于式(7.4) 的一种实现,其中源语句 x、先前前缀 p 和人工翻译员的发音 v 是已有的。IMT 系统的目标是将 v 解码成最佳的 $\hat{d}$ 并给出一个建议后缀 $\hat{s}$ 作为解码的接续,

$$\hat{d} = \arg \max_d P(d \mid x, p) \cdot P(v \mid d) \tag{7.8}$$

这里,用于估计式(7.8) 中 $P(d \mid x, p)$ 的约束语言模型,可以通过调整 DEC−PREF 中(已经将 p 考虑进来)基于源语句 x 的目标(平滑)n-gram 模型来实现。每个 n-gram(h_1^n)的调整权重是 DEC − PREF 中原始 n-gram 的概率 $P(h_n \mid h_1^{n-1})$ 和将 x 中的任一单词翻译成 h_n 的最大概率(即 $\max_{1 \leqslant j \leqslant |x|} P(x_j \mid h_n)$,这里 $|x|$ 表示 x 中单词的个数)的乘积。词汇翻译概率 $P(x_j \mid h_n)$ 是从随机字典中得到的,而这个随机字典是用平行语料库和 GIZA++ 工具箱估计出的。式(7.8) 中用于估计 $P(v \mid d)$ 的声学模型是和 DEC、DEC−PREF 中相同的 HMM 模型。

7.3.4 前缀选择 IMT − SEL

约束条件最多的方案是前缀选择(Prefix Selection)IMT − SEL,对应于式(7.9) 的一种实现。它和 IMT − PREF 相似,但这里人工翻译员只能从 IMT 系统的建议(s')中选一部分作为前缀说出来。这些语音旨在从系统的建议中选出可以接受的前缀(因此得名"前缀选择"IMT − SEL),而剩余的部分只能依靠打字来进行修改,有

$$\hat{d} = \arg \max_d P(d \mid s') \cdot P(v \mid d) \tag{7.9}$$

在实践中,式(7.9) 可以这样来实现,在目标后缀 $\hat{s}$ 的可能前缀的(小) 集

合上对 $\hat{d}$ 进行搜索,也就是说,$P(d\,|\,\hat{s})$ 估计自一个特殊的有限状态语言模型,其中只有那些是 $\hat{s}$ 的前缀的 d 有非零概率。式(7.9)中估计 $P(v\,|\,d)$ 的声学模型是和前面例子中相同的 HMM。

7.4 利用手写文本识别纠错

在线手写文本识别(Handwritten Text Recognition,HTR)可以视为语音识别的一种替代(或补充)形式。在这种情形下,用户在手写板或触摸屏上写下对目标词的纠正,这个纠正可以是另一个词,也可以是一个指出在指定位置执行插入或删除的手势。

尽管这个方案和语音识别很相似,但也有很多的差异。首先,在用户写下更正时,已经用笔指出了光标的放置位置,这就使得以一种确定性的方式验证前缀成为可能。另外,这一步还执行了和7.2.1节中所描述相似的非显式指针动作,这就为系统提供了“后缀需要修改”这一有价值的额外信息。并且,用户每次只能修改一个单词,这也简化了识别过程。当然,和语音交互方案一样,触摸屏的输入也是非确定型的,因此,用户可能需要在出错时用键盘纠正 HTR 的解码结果。

图 7.4 是这种交互模式的一个例子。最初,系统从一个空的前缀开始。在第一次迭代中系统提出了一个完整的假设,相当于一个全自动系统的输出。用户发现了第一个错误“not”并在触摸屏上手写了一个“is”来修改它,但 HTR 系统错误地识别成了“in”,因此用户又用键盘输入了“is”。由于用户是按从左到右的顺序阅读(验证)句子,系统认为前缀“if any feature”是正确的。基于这个验证过的前缀,系统产生了一个新的后缀,其中第一个词“not”已经被自动修正了。在第二次迭代中,用户用“in”替代了“at”。最后,系统给出了一个新的正确的后缀,用户接受了这个句子并结束这个翻译过程。

令 x 为源文本,t 代表纠正先前后缀 s' 中第一个错误 $\underset{\sim}{s'}$ 的在线手写词。接下来的问题就是找到 t 的一个转录 d 以纠正目标词 s'_e,并根据已经确认的前缀 $p(s'$ 中之前错误位置 $\underset{\sim}{s'}$ 之前的部分加上 d)得到一个新的后缀 s 以完成目标语句的翻译。根据式(1.26),通过在触摸屏上手写引入反馈 $f=t$。另一方面,假定这是一个从左到右的协议($h=p,s;h'=p,s'$)。假设给定其余依赖关

Input	(x)	Si alguna función no se encuentra disponible en su red	
0	System	$(\hat{s})$	If any feature not is available on your network
1	Handwriting	(t)	If any feature | ∽
	System	(d)	in
	User	(p)	If any feature | is
	System	$(\hat{s})$	not available at your network
2	Handwriting	(t)	If any feature is not available | ∽
	System	(d)	in
	User	(p)	If any feature is not available in↑
	System	$(\hat{s})$	your network
3	User	(p)	If any feature is not available in your network #
Output		(h)	If any feature is not available in your network

图 7.4　将 Xerox 语料库从西班牙语翻译为英语的 IMT 任务案例，图中给出了将源语句 x 翻译成目标语句 h 的过程。每次迭代步骤中，s 代表系统给出的后缀，t 是用户输入的笔迹，如果笔迹的解码 $\hat{d}$ 是正确的，则用粗体表示[1]，否则用红色标出，这种情况下就需要由用户通过键盘输入正确的词，这同时也产生了一个新的验证前缀 p。最后，♯ 符号标记了字符串的结束（见插页）

系后 $P(s \mid p, s', d, x)$ 不依赖于 s'，同时考虑到 s'_e 的位置是确定的，因此式 (1.26) 中的 $P(d \mid p, s', x)$ 可以写作 $P(d \mid p, s'_e, x)$。最后，这个搜索问题用公式表示为

$$\hat{s} \approx \arg \max_{s} \max_{d} P(t \mid d) \cdot P(d \mid p, s'_e, x) \cdot P(s \mid p, d, x) \quad (7.10)$$

其中 $P(t \mid d)$ 是在线手写文本识别的规则形态模型（更多细节可以参考 3.5.2 节）。与语音交互模式相似，最后一项 $P(s \mid p, d, x)$ 和式 (6.7) 中的 IMT 模型相同，其中 p 和 d 连接起来形成一个新的验证前缀。最后，$P(d \mid p, s'_e, x)$ 是受约束的语言模型。一方面，语言模型必须给出前缀 p 后面所接单词的概率，因为这些词可能还存在其他的译法（以便根据概率选择最优译法）。另一方面，s 包含了用户反馈的非显式信息，即，用户正准备纠正预测的后缀 s' 中一个已知为错误的单词 s'_e。因此，受约束的语言模型概率可以近似为（假设给定 p 时 $P(d \mid p, s'_e, x)$ 不依赖于 x）

$$P(d \mid p, s'_e, x) \approx \begin{cases} 0 & (d = s'_e) \\ \dfrac{P(d \mid p)}{1 - P(s'_e \mid p)} & (d \neq s'_e) \end{cases} \quad (7.11)$$

其中 $P(d \mid p)$ 可以用由前缀 p 约束的 n-gram 模型来近似。

---

[1]　译者注：原书的文字描述与图片不一致，从图片来看，正确识别时用正常字体和正常字色（深绿），当错误识别时用红色黑（粗）体

式(7.10)必须要解决两个问题。首先,估计概率的动态范围差异很大,因此有必要平衡这些概率的绝对值。第二,估计概率是真实概率的粗略近似,因此需要用更一般、更好的估计模型来平滑。对数线性模型可以解决上述两个问题,并且已经成功地应用于其他自然语言任务。根据这个架构,式(7.10)的决策规则可以写作

$$(\hat{s},\hat{d}) = \arg \max_{s,d} \sum_{m=1}^{M} \lambda_m f_m(d,t,x,p,s'_e,s) \qquad (7.12)$$

其中有 M 个特征函数 $f_m(d,t,x,p,s'_e,s)$ 和比例系数 λ_m。

下面的特征函数构成了对数线性模型的一部分。首先,$f_{hmm} = \lg P(t \mid d)$ 是被建模为 HMM 的 HTR 形态模型。第二,$f_e = \lg P(d \mid s'_e)$ 是一个误差约束模型,对于 IMT 系统错误预测的词 w,其概率为 0,其余单词的概率服从均匀分布。第三,$f_{tr} = \lg P(s \mid d,p,x)$ 是一个 IMT 模型。最后,1-gram 模型 $f_{1gr} = \lg P(d)$ 被用于平滑处理。

7.5   任务,实验和结果

7.5.1   利用弱反馈的结果

在基准系统所用的部分语料库上做一些实验,来评估将指针作为输入反馈(见 7.2 节)的结果。表 7.1 给出了 IMT 系统运用非显式定位 PA 的结果。从该表中可以看到,非显式 PA 使得在没有额外动作的情况下,在 XEROX 语料库上获得了 11.3% 的改善,在 EU 语料库上获得了 6.0% 的改善。

表 7.1   使用指针动作(PA) 的 XEROX 和 EU 语料库上的实验结果,用 WSR(单词键入率) 百分比表示

语料库	语言	不使用 PA 时的 WSR	使用定位 PA 时的 WSR
XEROX	英语－西班牙语	41.7	37.8
EU	法语－英语	51.9	45.9

此外,为找到正确的后缀而反复执行 PA 还可以取得进一步的改善,如图 7.5 所示,这个改善可以使 WSR 进一步降低多达 30 个百分点。然而,当把显式 PA 的最大允许次数从 1 增加到 5 时,WSR 的相对改善显著降低。另外也很容易想象,一个用户在键入一个新词之前很少会执行超过 2～3 次的 PA。尽管如此还是要注意,在实际键入一个单词之前,仅仅让系统重新生成两次后缀就可以使用户节约大约 15% 的 WSR。

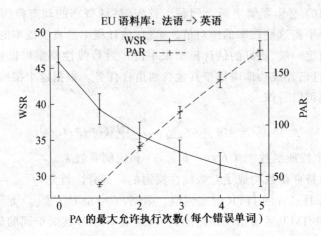

图 7.5　翻译 EU 语料库时,显式 PA 的最大允许执行次
　　　　数从 1 增加到 5 时 WSR 的改善情况(95% 置信
　　　　区间)

7.5.2　语音作为输入反馈的结果

为了评估语音交互模式的性能,采用了 6.4.3 节中介绍的误词率(WER)指标,同时还考虑了误句率(Sentence Error Rate,SER),误句率是指错误识别的语句占全部语句的百分比。

本节用语音交互 IMT 实验完成 6.4.2 节中介绍的 XEROX 任务。在语音实验里,测试语料库由目标语言(西班牙语)的语句片段的发音组成,是从原始平行 TT2 语料库的测试部分提取的。这些发音被用作测试集以模拟人工翻译员与 IMT 系统的真实交互[①]。为了获取语音,10 个不同用户大声朗读 580 段 XEROX 语料库中的句子,总计得到 4 h 的语音信号。语音数据是通过高品质麦克风用 16 kHz 的采样频率采集的。然后用西班牙语 XEROX 语料库训练一个 3-gram 语言模型。最后,从一个比较大的语音语料库中训练出声学模型,该模型包含音素平衡的西班牙语口语句子,是从文献[6]的工作中获得的。这里使用这个语料库只是为了训练所有语音相关的实验中所需的声学 HMM 模型。更多细节可参考 4.6 节和文献[17]。

表 7.2 给出了 7.3 节中所描述的不同方案的结果。从这些结果中可以看

---

① IMT-PREF 和 IMT-SEL 的真实实验需要由真正的人工翻译员与系统进行交互,而这在本书的研究中是不现实的,这不仅是因为成本高,也因为缺乏实验灵活性

出,语音识别的准确率随语言模型受约束程度的提高而提高。如果在 DEC 上加上前缀衍生的约束,DEC－PREF 就可以获得 2.5 个百分点的 WER 改善和5.8 个百分点的 SER 改善。通过进一步增加源文本衍生的约束,IMT－PREF 获得了更显著的改善:WER 改善了 5.5 个百分点、SER 改善了 14.4 个百分点(相对于约束最少的 DEC,有 8.0 个百分点的 WER 改善和 20.2 个百分点的SER 改善)。最后,IMT－SEL 方案附加的约束来自于(模拟)IMT 系统的建议,这种情况下的改善是很显著的:相对于上一个方案有 9.0 个百分点的WER 改善和 26.4 个百分点的 SER 改善(相对于约束最少的 DEC,有 17 个百分点的 WER 改善和 46.6 个百分点的 SER 改善)。

表 7.2   不同方案的语音解码结果   %

	DEC	DEC-PREF	IMT-PREF	IMT-SEL
WER	18.6	16.1	10.6	1.6
SER	50.2	44.4	30.0	3.6

　　这些结果清楚地表明,利用源语句中的信息比只使用用户验证的前缀更加重要。此外,如果考虑到测试集的翻译难度(根据表 6.2,难度相当大),那么利用翻译信息带来的好处将是很显著的。因此,在 IMT－PREF 中使用问题更少的文本并／或利用更好的翻译模型可以带来更好的结果。另外,方案的约束条件越多,对语音解码器的解码运算能力的要求就越低,因其语言模型的复杂度更低。

　　上面以 WER 和 SER 评估了不同方案的准确率,然而实际上只有 SER 指标是真正重要的,至少在 IMT－SEL 中是这样,因为它直接估计了语音驱动的光标定位精度。3.6% 的 SER 意味着,平均每 28 次语音驱动动作需要一次对光标位置的手动(通过鼠标或键盘)修正。通过应用更好的语音解码声学模型,这个数字可以很容易被改善。

7.5.3   手写文本作为输入反馈的结果

　　用该模式下的实验来评估式(7.12)给出的解码算法的性能。具体来讲,感兴趣的是在线 HTR 系统的性能评估,这已用分类错误率(Classification Error Rate,CER)评估过,CER 是错误识别的词数占总词数的比例。

　　本小节给出的结果是在 6.4.2 节描述的 XEROX 英语－西班牙语语料库上实验得到的。从 6.4.4 节的实验中,收集了用户手动纠正的单词,利用这个单词列表,用 UNIPEN 数据集中的三个用户样本(详见 3.6.1 节)生成一个合成测试语料库。这些单词通过将同一用户的字符样本随机串联来产生,关于如何生成这些单词的更多细节可以参考 3.6.1 节。这个生成的样本集构成了测试语料库，它由 3.5.2 节中介绍过的在线 HTR 子系统解码。式(7.12)中所用模型的其他部分，与 6.4.4 节中所用的相同。

表 7.3 总结了不同特征函数组合下的结果。系统从左到右依次为：纯 HMM 系统(f_{hmm})、传统 1-gram 在线 HTR 系统(f_{hmm}, f_{1gr})、对数线性(LL)模型($f_{hmm}, f_e, f_{tr}, f_{1gr}$)、有标点符号菜单的对数线性模型(LL＋menu)。表中给出了三个用户的平均 ER 值和相对于基本(HMM)系统的改善。值得注意的是，对数线性模型比传统在线 HTR 系统表现更好。此外，增加了标点符号菜单后，性能有了显著的提升。为什么要增加这个菜单将在下一段中予以解释。在 IMT 的结果中，用户需要纠正 31.9％ 的单词以得到参考翻译(6.4.4 节)。这里得到一个非常重要的结果：所有的翻译单词中只有 1.6％ 的单词需要用键盘写入，余下 30.3％(占总词数)的错误是通过触摸屏修改的，其余单词保持不变。

表 7.3　不同系统(λ 参数组合)的 CER 结果汇总。R.I. 是相对于基本(HMM) 系统的改善。系统从左到右依次为：纯 HMM 系统(f_{hmm})、传统 1-gram 在线 HTR 系统(f_{hmm}, f_{1gr})、对数线性(LL) 模型($f_{hmm}, f_e, f_{tr}, f_{1gr}$)、有标点符号菜单的对数线性模型(LL＋menu)

系统	HMM	HTR	LL	LL＋menu
ER	18.7	11.0	10.6	5.0
R.I./％	—	41.2	43.3	73.3

仔细观察在线 HTR 系统的结果，可以将错误分为六种类型。通过分析最好的系统所犯的错误可以发现，大部分错误都是由短笔画(标点符号和至多三个字母构成的单词)造成的，特别是标点符号，它覆盖了 47％ 的错误。因为标点符号的数量是非常有限的，可以设计一个特别的确定型人机接口而不影响触摸屏的用户体验。例如，当在标点符号上面点击时，弹出一个拥有全部标点符号列表的循环菜单。因为这个菜单是完全无错的，触摸屏交互模式产生的错误总数将减少一半。此外，引入这些符号对用户来说开销并不大，而且不影响工作效率。

最后要说的是，关于对数线性模型的优化，可以通过调整开发语料库的 λ 参数来改善 CER。可以观察到，开发集的最优 λ 值和测试最优值非常接近，这是一个理想特性。附加实验表明，如果将每个用户的 λ 值分开估计，平均 CER 也是相同的(都是 10.6％)。因此可以认为，这些参数的估计对用户的变化不敏感。

7.6　结　论

在处理 IMT 问题时,一个重要的研究领域是如何给用户提供适当的接口,以从交互模式中获得最大的收益。本章提出了一些可供选择的交互方案。其中一些对用户几乎是透明的,比如非显式定位的指针动作,并用一个例子展示了它如何分析用户的动作以使人机交互更加有效。另外一些,比如用手写文本识别或语音识别来纠正错误,提供了一种近乎正交的交互方式以提高人工翻译员和 IMT 系统的协作效率。此外,实验表明,耦合 IMT 子系统和反馈子系统,相比不耦合的独立反馈子系统可以大大提高反馈识别的性能。

尽管本章中已经探讨了一些可能的交互方案,这些方案也只是广泛应用场景下的一小部分例子。比如,可以再来想象这样一个场景:通过某种视线跟踪装置,系统与用户同步地阅读一个给定的语句,这样的系统将会带来一个全新的交互方案。

本章参考文献

[1] Berger,A. L. ,Pietra,S. A. D. ,& Pietra,V. J. D. (1996). A maximum entropy approach to natural language processing. *Computational Linguistics* ,22,39-71.

[2] Brousseau,J. ,Drouin,C. ,Foster,G. ,Isabelle,P. ,Kuhn,R. ,Normandin,Y. ,& Plamondon,P. (1995). French speech recognition in an automatic dictation system for translators: the TransTalk project. In *Proceedings of the forth European conference on speech communication and technology* (*Eurospeech* 95)(pp. 193-196),Madrid,Spain.

[3] Brown,P. F. ,Chen,S. F. ,Pietra,S. A. D. ,Pietra,V. J. D. ,Kehler,A. S. ,& Mercer, R. L. (1994). Automatic speech recognition in machine aided translation. *Computer Speech and Language* ,8(3),177-187.

[4] Dymetman,M. ,Brousseau,J. ,Foster,G. ,Isabelle,P. ,Normandin,Y. ,& Plamondon,P. (1994). Towards an automatic dictation system for translators: the TransTalk project. In *Proceedings of the international conference on spoken language processing* (*ICSLP* 94)(pp. 691-694).

[5] Khadivi,S. ,Zolnay,A. ,& Ney,H. (2005). Automatic text dictation in computer－assisted translation. In *Proceedings of the 9th European conference on speech communication and technology* (*Interspeech* 2005)(pp. 2265-2268),

Portugal,Lisbon.

[6] Moreno,A. ,Poch,D. ,Bonafonte,A. ,Lleida,E. ,Llisterri,J. ,Marino,J. B. ,& Nadeu,C. (1993). Albayzin speech database: design of the phonetics corpus. In *Proceedings of the third European conference on speech communication and technology* (*Eurospeech* 93)(pp. 175-178),Berlin,Germany.

[7] Och,F. J. ,& Ney,H. (2000). Improved statistical alignment models. In *Proceedings of the 38th annual meeting of the association for computational linguistics* (*ACL* 2000)(pp. 440-447),HongKong,China.

[8] Och,F. J. ,& Ney,H. (2002). Discriminative training and maximum entropy models for statistical machine translation. In *Proceedings of 40th annual meeting of the association for computational linguistics* (*ACL* 02)(pp. 295-302),Philadelphia,Pennsylvania,USA.

[9] Ogawa,A. ,Takeda,K. ,& Itakura,F. (1998). Balancing acoustic and linguistic probabilities. In *Proceedings of IEEE international conference on acoustics*, *speech and signal processing* (*ICASSP* 98)(pp. 181-184),Seattle,WA,USA.

[10] Papineni,K. A. ,Roukos,S. ,& Ward,T. (1998). Maximum likelihood and discriminative training of direct translation models. In *Proceedings of IEEE international conference on acoustics*,*speech and signal processing* (*ICASSP* 98)(pp. 189-192),Seattle,WA,USA.

[11] Paulik,M. ,Stüker,S. ,& Fügen,C. (2006). Speech recognition in human mediated translation scenarios. In *Proceedings of 2006 IEEE Mediterranean electrotechnical conference* (*MELECON* 06)(pp. 1232-1235),Benalmádena, Málaga.

[12] Reddy,A. ,& Rose,R. (2008). Towards domain independence in machine aided human translation. In *Proceedings of the 9th annual conference of the international speech communication association* (*Interspeech* 08)(pp. 2358-2361),Brisbane,Australia.

[13] Reddy,A. ,& Rose,R. (2010). Integration of statistical models for dictation of document translations in a machine-aided human translation task. *IEEE Transactions on Audio*,*Speech*,*and Language Processing*,18(8),2015-2027.

[14] Reddy,A. ,Rose,R. ,& Désilets,A. (2007). Integration of asr and machine translation models in a document translation task. In *Proceedings of the 10th European conference on speech communication and technology* (*Interspeech* 07)(pp. 2457-2460),Antwerp,Belgium.

［15］Sanchis-Trilles,G. ,González,M. T. ,Casacuberta,F. ,Vidal,E. ,&　Civera,J. (2008). Introducing additional input information into IMT systems. In *Lecture notes in computer sciences*:*Vol*. 5237. *Proceedings of the 5th joint workshop on multimodal interaction and related machine learning algorithms*(pp. 284-295),Utrecht,The Netherlands.

［16］Sanchis-Trilles,G. ,　Ortiz-Martínez,D. ,Casacuberta,J. C. F. ,Vidal, E. ,& Hoang,H. (2008). Improving interactive machine translation via mouse actions. In *Proceedings of the conference on empirical methods for natural language processing* (*EMNLP* 08)(pp. 485-494),Waikiki,Honolulu,Hawaii.

［17］Vidal,E. ,Casacuberta,F. ,Rodríguez,L. ,Civera,J. ,& Martínez,C. D. (2006). Computerassisted translation using speech recognition. *IEEE Transactions on Speech and Audio Processing*,14(3),941-951.

第8章 交互式机器翻译中的增量和自适应学习

任何语言之间的高质量翻译都可以通过对机器翻译(MT)的结果进行人工后期编辑,或者通过第6章所介绍的交互式机器翻译(IMT)获得。在交互式模式识别架构中,IMT能够预测输出结果中接下来几个单词的翻译,并将其提供给人工翻译员,人工翻译员则反复地接受或修正这些给出的翻译建议。这个从连续交互过程中得到的整合的翻译可以认为是一个完美的结果,因为它们已经被人工翻译员验证过了。因此,这种整合的翻译结果可以很容易地转换成新的训练数据,用于动态地调整系统,使其适应环境的变化。考虑到这一点,一方面,IMT范式提供了一个用于统计机器翻译(Statistical Machine Translation,SMT)中增量和自适应学习的合适框架。另一方面,增量和自适应学习为避免用户执行一次又一次相同的修正动作提供了可能性,从而大大节省了用户的工作量。

8.1 简 介

IMT可以看作是SMT框架的一种演进(见6.2节),只是其统计模型和搜索算法略有不同。因为这些相似性,最初在SMT框架中引入的一整套域自适应方案同样可以应用于IMT中。而人工交互提供了另外一个独特的机会,可以通过调整参与翻译过程的统计模型提高IMT系统的性能。具体来说,在每一步交互中,用户所验证的每个文本片段及其对应的源文本片段可以转换成新的训练数据,使得该系统适应于不断变化的环境。下面给出一个这方面的早期例子,在TransType框架中,目标语言模型和翻译模型都应用了基于缓存的技术。文献[4]给出了另一个例子,将后期编辑系统的输出用于自适应。最近,文献[16]提出了一个纯统计的IMT系统,该系统具有在线学习功能,并且可以逐步更新所有参与翻译过程的不同模型的参数,从而使系统可以自动地适应于新的用户、新的翻译风格,甚至新的目标语言。

在下面的小节中,将描述几种不同的方法,利用用户的反馈扩展IMT系统的统计模型。具体来说,8.2节将介绍一种具有在线学习能力的IMT系统,8.3节将介绍一些与IMT自适应技术相关的主题。

8.2　在线学习

8.2.1　在线学习的概念

在 IMT 框架中,经过用户验证的目标语句与其相应的源语句共同构成新的训练样本,用于扩展 IMT 系统的统计模型。不幸的是,目前绝大部分 IMT 工作使用的都是众所周知的批量学习范式。在批量学习范式中,IMT 系统的训练和交互式翻译过程在不同的阶段分别完成。这种范式无法有效利用 IMT 系统中用户产生的新知识。为了解决这个问题,可以在 IMT 框架中应用在线学习范式。在在线学习范式中,训练和预测阶段不再分离。

在线学习范式此前已经应用在 SMT 系统中,用于训练判别模型。而在 IMT 系统中在线学习技术的应用并没有得到广泛的研究,一个早期工作描述了一种在线学习技术,但是其使用非常局限。由于学习过程的效率受到技术问题影响,这个受限版的在线学习方法无法扩展到翻译模型中应用。

本节提出了一个纯统计的 IMT 系统,该系统可以增量式更新系统中用到的所有不同模型(包括翻译模型)的参数,而不受上述提及的限制。提出的方案使用一个基于对数线性模型的传统 IMT 系统。这个对数线性模型由一组特征函数组成,而这些特征函数主导着翻译过程中的不同方面。下面将简要地描述增量式更新系统所用统计模型所需要的技术,为此,首先需要增量式更新每个特征函数的统计数据。

8.2.2　基础 IMT 系统

如前文所述,提出的基础 IMT 系统用对数线性模型生成翻译结果。从式(6.3)可以看出,引入了七个特征函数(从 f_1 到 f_7):f_1 是语言模型,f_2 是语句长度倒数模型,f_3 和 f_4 分别是反向和正向翻译模型,f_5 是目标短语长度模型,f_6 是源短语长度模型,f_7 是失真模型。

特征函数 f_1 是通过平滑 n-gram 语言模型来实现的。具体来说,采用了 Kneser-Ney 平滑插值 n-gram 模型。

特征函数 f_2 用一组高斯分布构成一个语句长度倒数模型,其中高斯分布的参数用每条源语句的长度来估计。

反向翻译模型(特征函数 f_3)用一个基于短语的反向模型来实现。这个基于短语的模型通过线性插值用基于 HMM 的对齐模型(alignment model)进行平滑处理。这里给出 f_3 的确切表达式,以便在后续部分中解释它是如何实现增量式更新的。具体而言，f_3 的定义如下：

$$f_3(x, h, a) = \lg(\prod_{k=1}^{K} P(\widetilde{x}_k \mid \tilde{h}_{a_k})) \tag{8.1}$$

其中 x 和 h 分别是源语句和目标语句，而隐藏对齐变量 a 决定了一个介于 x 和 h 之间长度为 K 的短语对齐。$P(\widetilde{x}_k \mid \tilde{h}_{a_k})$ 是短语间的翻译概率，定义如下：

$$P(\widetilde{x}_k \mid \tilde{h}_{a_k}) = \beta \cdot P_{\text{phr}}(\widetilde{x}_k \mid \tilde{h}_{a_k}) + (1 - \beta) \cdot P_{\text{hmm}}(\widetilde{x}_k \mid \tilde{h}_{a_k}) \tag{8.2}$$

在式(8.2)中，β 是线性插值参数，$P_{\text{phr}}(\widetilde{x}_k \mid \tilde{h}_{a_k})$ 表示由在常规基于短语的模型中使用的基于短语的统计字典给出的概率(更多细节可参见文献[10])，$P_{\text{hmm}}(\widetilde{x}_k \mid \tilde{h}_{a_k})$ 是由在短语层面定义的基于 HMM 的对齐模型给出的概率：

$$P_{\text{hmm}}(\widetilde{x} \mid \tilde{h}) = \epsilon \sum_{b_1^{|x|}} \prod_{j=1}^{|\widetilde{x}|} P(\widetilde{x}_j \mid \tilde{h}_{b_j}) \cdot P(b_j \mid b_{j-1}, \mid \tilde{h} \mid) \tag{8.3}$$

其中 ϵ 是一个小的固定数值，代表源语句长度的概率(更多细节可参见文献[3])；$b_1^{|x|}$ 表示一个位于 $\widetilde{x}$ 和 $\tilde{h}$ 之间的单词级隐藏对齐变量；$P(\widetilde{x}_j \mid \tilde{h}_{b_j})$ 是词汇概率；$P(b_j \mid b_{j-1}, \mid \tilde{h} \mid)$ 是对齐概率(alignment probability)。

类似地，特征函数 f_4 是通过基于短语的正向平滑模型实现的。

目标短语长度模型(特征函数 f_5)是通过一个几何分布的方法实现的，用几何分布去惩罚(penalise)目标短语的长度。几何分布方法同样也适用于 f_6，用几何分布惩罚源短语和目标短语之间的长度差。最后，再次用几何分布来构建短语翻译的失真模型(特征函数 f_7)，这里几何分布用于惩罚重新排序。

对数线性模型包含上文描述的特征函数，用于在给定用户已验证前缀 p 时生成后缀 s。具体来说，IMT 系统产生一个基于短语的局部对齐，也就是将用户前缀 p 与源语句 x 的一部分进行对齐，并返回一个后缀 s 作为 x 剩余部分的翻译(见文献[15])。

8.2.3　在线 IMT 系统

翻译完一条源语句 x 后，可以得到一个新语句对 (x, h) 并提供给 IMT 系统。在本节中，主要讨论如何用这个新语句对更新上一节描述的对数线性模型。要做到这一点，需要为每一个特征函数 $f_i(\cdot)$ 都保存一组足够多的统计数据，并且这些统计数据能够增量式更新。对于一个统计模型而言，"足够多的统计量"意味着要捕获与估计该模型相关的所有信息。如果对统计模型的估计不需要使用期望最大化(Expectation-Maximisation，EM)算法(例如 n-gram 语言模型)，则在给出一个新的训练样本时，一般比较容易对模型进行增量式扩展。与此相反，如果要求必须使用 EM 算法时(例如，单词对齐模型），估计过程必须做出修改，因为传统的 EM 算法在设计时主要用于批量学习场景。为了解决这个问题，使用 EM 算法的增量式版本。

用于实施特征函数 f_1 的经过 Kneser $-$ Ney 平滑处理的 n-gram 语言模型，其参数可以用合适的算法进行增量式调整。因为估计过程不涉及 EM 算法，该算法相对比较简单。

而对于特征函数 f_2，其增量式估计需要对一组高斯分布参数进行更新。这个问题已经被深入地研究过了，其增量式更新方法参见文献[8]。

特征函数 f_3 和 f_4 分别构建了基于短语的反向和正向平滑模型。因为基于短语的模型是对称模型，所以只需要保留基于短语的反向模型（正向的概率可以利用适当的数据结构快速获取，参见文献[14]）。怎样去增量地更新基于短语的反向模型是一个很有趣的问题，因为，正如下面将要阐述的，增量式更新需要应用 EM 算法的增量式版本。

给定一个新的语句对 (x, h)，标准的基于短语的模型估计方法使用了一个介于 x 和 h 之间的单词对齐矩阵，来提取与该单词对齐矩阵一致的短语对集合（更多细节参见文献[10]）。一旦一致的短语对被提取出来，短语数就按照如下公式更新：

$$P(\widetilde{x} \mid \widetilde{h}) = \frac{c(\widetilde{x}, \widetilde{h})}{\sum_{\widetilde{x}'} c(\widetilde{x}', \widetilde{h})} \tag{8.4}$$

其中 $c(\widetilde{x}, \widetilde{h})$ 表示在从训练语料中提取出的一致短语对集合中短语对 $(\widetilde{x}, \widetilde{h})$ 的个数。

提取短语对所需要的单词对齐矩阵，通过特征函数 f_3、f_4 所使用的基于 HMM 的模型生成。

这里使用基于 HMM 的反向和正向模型是出于两个目的：一是通过线性插值法平滑基于短语的模型；二是生成单词对齐矩阵。插值的权重可以用开发语料库来估计。由于基于 HMM 的模型中的对齐是由一个隐藏变量决定的，因此需要用 EM 算法来估计该模型的参数。然而，传统的 EM 算法并不适用于在线学习场景。为了解决这个问题，需要使用上面提到的 EM 算法的增量式版本。如前文所述，基于 HMM 的对齐模型由词汇概率和对齐概率构成。词汇概率由下式计算：

$$P(u \mid v) = \frac{c(u \mid v)}{\sum_{u'} c(u' \mid v)} \tag{8.5}$$

其中 $c(u \mid v)$ 是单词 v 对齐到单词 u 的期望次数。而对齐概率可以按照类似的方式进行定义：

$$P(b_j \mid b_{j-1}, l) = \frac{c(b_j \mid b_{j-1}, l)}{\sum_{b_j'} c(b_j' \mid b_{j-1}, l)} \qquad (8.6)$$

其中 $c(b_j \mid b_{j-1}, l)$ 表示，给定源语句由 l 个单词构成，当之前已经对齐 b_{j-1} 时，对齐 b_j 的期望次数。

最后，与特征函数 f_5、f_6、f_7 相关联的几何分布的参数是固定的，因此对于这些特征函数来说，没有大量的统计数据要存储。

8.3　相关主题

8.3.1　置信度在 IMT 主动学习中的应用

正如 1.3 节所述，交互式模式识别技术能够利用自适应训练过程中的交互动作产生的有价值的用户反馈信号，来逐步调整模型，使其适应具体的任务，或用户在该任务中使用系统的方式 / 习惯。最终的输出中含有大量用户提供的信息，这些信息用以帮助系统优化或改善它的假设。对于 IMT 场景来说，这些信息包含输入语句的正确翻译结果，可以用来改善翻译模型，如 8.2 节所述。

回顾在 6.2.1 节中描述的 IMT 可选方案，其使用置信度来减少所需的用户工作量，最终的翻译结果由用户验证的片段和系统自动翻译的片段组成。置信度信息可以用来实施主动和半监督混合学习，一方面可以使系统获知它对未标记数据了解多少，另一方面对于系统不够了解（自信）的数据，可以由用户来提供新的信息。

8.3.2　贝叶斯自适应技术

在 IMT 中经常出现这样的情况，在含有大量数据的域中训练模型，但是其目的却是翻译另一个只有（训练集中的）少量数据的域（换句话说，测试集中的样本大部分不在训练集中）。在传统的 SMT 背景下已经有一些工作着手处理这个问题，但在 IMT 背景下还没有开始。贝叶斯自适应技术就是将贝叶斯学习范式应用在 SMT 自适应中的一个例子。

式 (6.3) 中对数线性组合的权重，可以应用第 6 章的 MERT 算法，根据自适应数据估算出一组新的权重，替代旧权重，从而适应新的情况。然而，如果提供给系统的自适应集合不够大，MERT 很可能变得不稳定，而不能获得合适的权重向量。在 IMT 中这种情况是很常见的。

贝叶斯学习的主要思想是,将参数视为具有某种先验分布的随机变量。给定一个训练集 T 去建立初始模型和一个自适应集合 A,这个问题可以表述为

$$\hat{h} = \arg\max_h P(h \mid x; T, A) = \arg\max_h \int P(\lambda \mid T, A) P(h \mid x; \lambda) \mathrm{d}\lambda$$

$$(8.7)$$

在上式中,在整个参数空间的积分使模型能够考虑到模型参数的所有可能值(在这里,只有式(6.3)中的 λ),尽管参数的先验分布意味着模型更倾向于接近先验知识的参数值。这里采用了两个假设:首先,输出语句 h 仅取决于模型参数(而不是完整的训练和自适应数据);其次,模型参数不依赖于实际的输入语句 x。这种简化使积分可以分解成两个部分:第一部分 $P(\lambda \mid T, A)$ 评估当前的模型参数是否合适,第二部分 $P(h \mid x; \lambda)$ 表示在给定当前模型参数下翻译结果 h 的质量。

8.4　结　　果

用实验来测试在 8.2 节中提出的使用了在线学习技术的 IMT 系统,而在 8.3 节中介绍的方法尚未在 IMT 框架下进行充分测试。

所有的实验均使用 6.4 节中介绍的 XEROX 任务进行。分别在两个不同的场景中用 XEROX 任务进行 IMT 实验,比较其性能。在第一个场景中,从英语—西班牙语训练语料库中提取前 10 000 条语句,通过 IMT 系统进行交互式翻译,而且并不预先在内存中存储任何模型。每当验证了一组新语句对,便用它来增量式地训练系统。第一个实验场景所获得的结果示于图 8.1。该图给出了 WSR 指标随交互式翻译语句数量的变化情况。可以看到,实验结果清晰地表明 IMT 系统能够从零基础开始学习。XEROX 语料库中其余语言对的翻译结果与从英语到西班牙语的翻译结果类似,详情可参阅文献[16]。

此外,还在不同的学习场景下进行了实验。具体来说,通过翻译 XEROX 测试语料库,对比了批处理 IMT 系统和在线 IMT 系统的性能。在该实验中,对于批处理 IMT 系统和在线 IMT 系统,其统计模型均用 XEROX 训练语料库进行初始化。表 8.1 给出了英语—西班牙语语言对的 WSR 结果。

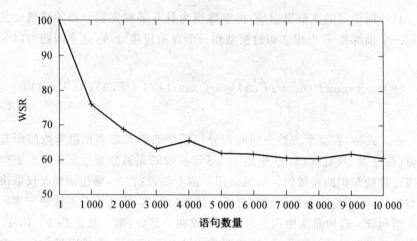

图 8.1　部分 XEROX 英语 — 西班牙语训练语料库在在线 IMT 系统中翻译时的 WSR 变化情况

表 8.1　英语 — 西班牙语 XEROX 任务的在线学习结果

任务	系统	WSR
XEROX(英语 — 西班牙语)	批处理	32.0
	在线	26.6

从表 8.1 中可以看出,所提出的在线学习技术允许 IMT 系统从先前估计的模型中学习,关于本实验场景的更多结果可以参阅文献[16]。

8.5　结　论

人机交互提供了一个独特的机会,通过调整翻译模型提高 IMT 系统的性能。具体来说,在 IMT 过程的每次交互中,经过用户验证的文本及其源语句构成新的训练数据,用来扩展系统的统计模型。本章中提出的 IMT 技术,使系统可以通过不同的技术,包括在线学习、主动学习和贝叶斯自适应技术,利用这些用户反馈信息。

本章参考文献

[1] Arun, A. , & Koehn, P. (2007). Online learning methods for discriminative training of phrase based statistical machine translation. In *Proceedings of the machine translation summit XII* (*MT Summit* 07)(pp. 15-20),Copenhagen,

Denmark.

[2] Bertoldi,N. ,& Federico,M. (2009). Domain adaptation for statistical machine translation with monolingual resources. In *Proceedings of the EACL 09 fourth workshop on statistical machine translation* (WSMT 09)(pp. 182-189),Athens, Greece.

[3] Brown, P. F. , Pietra, S. A. D. , Pietra, V. J. D. , & Mercer, R. L. (1993). The mathematics of statistical machine translation: Parameter estimation. *Computational Linguistics*,19(2),263-310.

[4] Callison — burch,C. ,Bannard,C. ,& Schroeder,J. (2004). Improving statistical translation through editing. In *Proceedings of the 9th EAMT workshop broadening horizons of machine translation and its applications*,Malta.

[5] Cesa-Bianchi,N. ,Reverberi,G. ,& Szedmak,S. (2008). *Online learning algorithms for computer-assisted translation*. Deliverable D4. 2,SMART: Statistical Multilingual Analysis for Retrieval and Translation.

[6] Chiang,D. ,Marton,Y. ,& Resnik,P. (2008). Online large-margin training of syntactic and structural translation features. In *Proceedings of the conference on empirical methods in natural language processing* (EMNLP 08)(pp. 224-233),Honolulu,Hawaii.

[7] Civera,J. ,et al. (2004). A syntactic pattern recognition approach to computer assisted translation. In A. Fred,T. Caelli,A. Campilho,R. P. Duin,& D. de Ridder (Eds.),*Lecture notes in computer science. Advances in statistical, structural and syntactical pattern recognition*(pp. 207-215). Berlin: Springer.

[8] Knuth,D. E. (1981). *Seminumerical algorithms: Vol. 2. The art of computer programming*(2nd ed.). Reading: Addison — Wesley. References 177.

[9] Koehn,P. ,& Schroeder,J. (2007). Experiments in domain adaptation for statistical machine translation. In *Proceedings of the ACL 2007 second workshop on statistical machine translation* (WSMT 07)(pp. 224-227),Prague, Czech Republic.

[10] Koehn, P. , Och, F. J. , & Marcu, D. (2003). Statistical phrase-based translation. In *Proceedings of the human language technology and North American association for computational linguistics conference* (HLT / NAACL 03)(pp. 48-54),Edmonton,Canada.

[11] Liang,P. ,Bouchard — Côté,A. ,Klein,D. ,& Taskar,B. (2006). An end-to-end discriminative approach to machine translation. In *Proceedings of the joint*

international conference on computational linguistics and association of computational linguistics (COLING/ACL 06)(pp. 761-768),Sydney, Australia.

[12] Neal,R. M. ,& Hinton,G. E. (1998). A view of the EM algorithm that justifies incremental,sparse,and other variants. In *Learning in graphical models*(pp. 355-368). Dordrecht: Kluwer Academic.

[13] Nepveu,L. ,Lapalme,G. ,Langlais,P. ,& Foster,G. F. (2004). Adaptive language and translation models for interactive machine translation. In *Proceedings of the conference on empirical methods in natural language processing* (EMNLP 04)(pp. 190-197),Barcelona,Spain.

[14] Ortiz—Martínez,D. ,García—Varea,I. ,& Casacuberta,F. (2008). The scaling problem in the pattern recognition approach to machine translation. *Pattern Recognition Letters*,29,1145-1153.

[15] Ortiz—Martínez,D. ,García—Varea,I. ,& Casacuberta,F. (2009). Interactive machine translation based on partial statistical phrase-based alignments. In *Proceedings of the international conference recent advances in natural language processing* (RANLP 09)(pp. 330-336),Borovets,Bulgaria.

[16] Ortiz—Martínez,D. ,García—Varea,I. ,& Casacuberta,F. (2010). Online learning for interactive statistical machine translation. In *Proceedings of the 11th annual conference of the North American chapter of the association for computational linguistics* (NAACL 10)(pp. 546-554),Los Angeles,USA.

[17] Sanchis,G. ,& Casacuberta,F. (2010). Bayesian adaptation for statistical machine translation. In *Proceedings of the 23rd international conference on computational linguistics* (COLING 10)(pp. 1077-1085),Beijing,China.

[18] Sanchis—Trilles,G. ,& Cettolo,M. (2010). Online language model adaptation via *n*-gram mixtures for statistical machine translation. In *Proceedings of the conference of the European association for machine translation* (EAMT 10), Saint—Raphaël,France.

[19] Vogel,S. ,Ney,H. ,& Tillmann,C. (1996). HMM-based word alignment in statistical translation. In *Proceedings of the 16th international conference on computational linguistics* (COLING 96)(pp. 836-841),Copenhagen, Denmark.

[20] Watanabe,T. ,Suzuki,J. ,Tsukada,H. ,& Isozaki,H. (2007). Online large-margin training for statistical machine translation. In *Proceedings of the*

joint conference on empirical methods in natural language processing (*EMNLP* 07) *and computational natural language learning* (*CoNLL* 07)(pp. 764-773),Prague,Czech Republic.

[21] Zhao,B.,Eck,M.,& Vogel,S. (2004). Language model adaptation for statistical machine translation with structured query models. In *Proceedings of the international conference on computational linguistics* (*COLING* 04)(pp. 411-417),Geneva,Switzerland.

第9章 交互式解析

为了获得给定语句的正确语法解析树，本章介绍了交互式解析（Interactive Parsing，IP）框架，这个形式的框架允许对解析树建立交互式系统。与对自动解析器生成的树进行人工后期编辑相比，这种交互式系统可以以很小的代价帮助人工注解员创建无错解析树。

在本质上，在 IP 框架下定义的交互协议与贯穿本书的从左到右的交互协议是不同的。具体来说，IP 协议是无序的，也就是说，IP 用户可以以任意顺序编辑解析树的任意部分。

尽管如此，为了有效地在 IP 框架中计算出下一最优树，在9.4节中介绍了一种从左到右深度优先的树审查顺序。此外，这个方法也将运算优势引入到对自底向上交互式解析算法中最可能的树的搜索。

IP 中的置信度指标也可以有效地检测出错误解析树。在 IP 框架下，置信度能够被高效地计算出来，因为置信度能够在整个 IP 过程中提供判别信息，所以可帮助 IP 过程更快速地检测出错误成分。

9.1 简 介

概率解析是一个与自然语言处理和计算语言学相关的重要问题，它已被用于语言建模、RNA 建模和机器翻译等方面的研究。在概率解析中，用解析树来描述一个输入语句中不同部分之间的语法关系，这个解析树可以通过使用概率模型和解析算法获得。

概率上下文无关文法（Probabilistic Context Free — Grammars，PCFG）是一种已经被广泛用于概率解析的强有力的形式。PCFG 给出了算法的描述能力和时间复杂度之间的一个适当折中，以便于算法的使用。在解析中获得的出色结果使 PCFG 成为在处理这个问题时使用最多的一种形式，因此，本章将重点关注 PCFG 作为概率模型的使用。

可以根据是否使用词汇信息来对解析算法进行分类。在词汇化解析（lexicalized parsing）中，解析过程使用词汇信息，以消除非词法规则中的歧义。这种概率词汇化解析的主要缺点是解析算法的时间复杂度高。另一种方法是使用非词汇化解析。在过去的几年中，非词汇化解析用低时间复杂度算法取得了很好的解析结果。非词汇化解析算法可以分为两大类:一类基于欧雷(Earley)算法[12],另一类基于Cocke-Kasami-Younger(CKY)算法。欧雷算法是一种经典的解析算法,它可以解决一般形式的PCFG问题。CKY算法具有相似的性能,但它要求PCFG必须是乔姆斯基范式的(Chomsky Normal Form,CNF)。在过去几年中,由于一些原因使得CKY算法更受欢迎:第一,CKY算法可以更容易地使用高效方法来获得一系列n-最优解析树;第二,近年来提出了用于非词汇化解析的高效A*算法,这种算法能够获得非常好的性能;第三,已经为CKY式解析设计出了高效的最大熵技术;第四,近期提出了用于机器翻译的高效CKY式解析算法。在本节中,将重点讨论如何使用CKY式算法解决乔姆斯基范式下的PCFG概率解析问题,不过在研究使用欧雷算法处理一般形式或其他解析形式下的PCFG问题时,也可以使用类似的思路。

在概率解析中,给出一个语句x和PCFG G,感兴趣的问题是如何根据模型G获得最能表现语句x中单词之间关系的解析树t。从模式识别的角度来看,概率解析可以表示为

$$\hat{t} = \arg \max_{t \in T} p_G(t \mid x) \tag{9.1}$$

其中$p_G(t \mid x)$是使用PCFG G模型的情况下,给定输入字符串x时解析树t的概率,T是x的所有可能的解析树的集合。在概率解析中,与字符串$x = x_1^n$关联的解析树t可以分解为子树t_{ij}^A,其中,A代表根节点的标签,i和j是界定解析子字符串x_i^j的索引。在这种方式下,$t = t_{1n}^S$,其中S是语法的公理。如果PCFG是CNF形式的,那么式(9.1)的最大值可以通过CKY式动态规划算法获得。这个CKY式算法与有限状态模型中的Viterbi算法相似,因此有时也被称为Viterbi算法。该算法用长度为n的字符串填充一个$n \times n$的解析矩阵V。V中的每个元素都是一个概率非终端(non-terminal)向量,每个部分都可以被定义为

$$V_{i,j}[A] = \hat{p}(t_{ij}^A) = \hat{p}_G(A \xrightarrow{+} x_i^j) \quad (A \in N; 1 \leqslant i, j \leqslant n) \tag{9.2}$$

其中N是语法的非终端符号集合;$\hat{p}_G(A \xrightarrow{+} x_i^j)$是从非终端符号$A$中生成子字符串$x_i^j$的最可能树的概率。

正如在第1章中介绍的,在语法和统计模式识别的领域中,可以将自动化系统分为两种不同的使用场景。第一种场景是,系统的输出以一种标准的方式使用,也就是说,系统产生的结果没有经过确认或校正。在这种使用模式中,自动化系统的最重要的因素就是输出结果的质量。尽管通常也要考虑这

种系统的内存和运算需求,但是,与这种场景相关的大多数研究的最终目标都是最小化生成结果的错误率。

当需要保证结果完美且完全无错时,就要用到第二种使用场景。在这种情况下,校验人员或校正人员的介入是不可避免的。校正员会检查生成的结果并对其进行确认,或在其成为系统输出之前对其做适当修正。在这种类型的问题中,需要最小化的最重要的因素是,在把系统可能存在错误的输出变成经过验证的无错输出的过程中,操作人员付出的工作量。对用户工作量的衡量,其本质上是一个主观问题,很难进行量化。大多数与这种场景相关的问题的研究只是尝试最小化系统的错误率。

直到最近,在这个方向上才开展了以交互式模式识别(IPR)形式出现的更正式的研究工作(见第 1 章)。这些系统从形式上把校正员整合在(识别系统进程)环路内,使他成为交互式系统的一部分(见 1.4 节)。在这样的系统中,错误率本身就显得不那么重要了,反而,在意的是用户和系统之间配合的程度。为此,正式的用户模拟协议开始被用作基准。在评估系统性能或用户工作量里面用到的方法也可用于概率解析。

在解析领域中,当需要获得包含完美注释树(annotated tree)的无错结果时,存在很多问题。为完成诸如手写数学表达式识别和建立新的黄金标准树库之类的任务,需要建立正确的树。当使用自动解析器作为基准建立完美语法树时,人工注解员这个角色的工作就是对树的后期编辑以及修正错误。这种操作方式产生了用于修正错误的典型的两步过程:首先系统产生完整的输出,然后用户确认或者修正它。这种模式很没有效率,而且对于人工注解员来说很不方便。比如,创建 Penn 树库标注语料库时,使用了基本的两步过程:首先由一个基本的解析系统给出语法表示的骨架,然后由人工注解员手动更正。在这个领域中的另外一些工作则提出了一种系统,这种系统可以作为计算机辅助帮用户获得完美的注解。文献[4]给出了为获得完美注解所需工作量的主观测量方法,但是仍需要能够更直观比较的度量标准。

为减少用户工作量,使繁重的注解树工作轻松一些,提出了一种用于概率交互解析(Interactive Parsing,IP)的 IPR 框架。在这个 IP 框架中,用户作为自动解析器的一部分置于进程环路内,并且可以在系统中进行实时交互。因此,IP 系统可以方便地利用现成的用户反馈来使未经校验员确认的部分的预测结果得到改善。

通常为了降低 IPR 系统特别是 IP 系统中用户的工作量,一个可行的方法就是引入系统信息,这样可以帮助用户更快地找到并修正错误。对于这种系统的用户而言,不仅要知道输出可能有错误,而且还要知道在这些复杂的输出块中哪部分更容易出现错误。置信度(Confidence Measures,CM)是在这个方向上衍生出的一种形式体系,它允许PR系统为其复杂输出块中的每个个体成分设置一个正确概率。

在HTR、MT或ASR领域中,输出语句有一个全局概率或分值,其反映整个识别或翻译语句的正确程度。CM允许预测误差的精度超过语句级,也就是说,可以直接对生成的独立单词进行"正确"或"错误"的标注。这就使得系统能够为用户标出可能出错的部分,或者只找出可能正确的单词。CM已经被成功地用于很多全自动化PR系统中。最近,CM也被应用于HTR领域的IPR系统中。

在下面的章节里,将描述怎样将IPR框架用于概率交互式解析(IP)。然后将在IP框架下探索CM的使用方法,评估CM在交互过程中检测错误成分方面具有多大的潜力。

9.2　交互式解析框架

如9.1节所述,在解析过程中为获得无错解析树,人类用户的参与是必要的。这里有两种人类用户参与解析的方法:一种方法是将人类用户置于后期编辑过程中;另一种是让人类用户直接参与交互式识别过程。根据本书的引导思路,本节将考虑第二种方法。在第1章中介绍过IPR的形式架构,特别是1.3.2节中介绍的结合了交互历史的情形,可以直接应用到IP问题中。

根据IPR的工作模式,在每一步交互过程中,系统都应该给出新的假设(解析树),并与用户在之前交互过程中通过修订产生的约束条件兼容。起初,对于一个给定的输入字符串,系统给出一个解析树。然后,用户纠正所给出解析树中的一处可能的错误。接下来,系统必须给出一个与用户校正兼容的新解析树。显然,这个用户校正限制了一组可能的解(解析树)。这个交互过程将一直持续到获得正确的解析树为止。

在原理上,这个交互协议与贯穿本书的从左到右交互协议不同。按照1.4.1节介绍的交互协议的分类,IP协议是无序的。也就是说,在IP协议中用户可以以任意顺序编辑解析树的任意部分。下面将正式描述IP问题,并分析隐式交互协议。在9.4节将再分析IP中的另一种交互协议,并提出一些约束条件。

从语言学的角度,用户注解可以以成分的形式进行表述。所谓成分是一个单词序列,作为一个单一语言单元。更正式地从解析的角度来讲,成分 C_{ij}^A 是由非终端符号(语法标签或词性标签POS)A 和它的跨度 ij(指出该成分在原输入语句中起始和结束位置的索引）定义的。解析子树 t_{ij}^A 定义了成分集合 $C(t_{ij}^A)$，这个成分集合是由一些成分 C_{su}^B 组成的，并且集合中的所有成分都满足 $C_{su}^B \in C(t_{ij}^A), i \geqslant s \geqslant j, i \geqslant u \geqslant j$。然而需要注意的是，如果考虑周期和单元规则，那么给定的成分集合 C 可能是不同子树的结果。

在 IP 方法中，对于某一解析树 t，在每次交互过程中用户都要修订其某一特定成分。更确切地说，用户指出该树的某一特定节点，并修正该节点的标签及 / 或其跨度。正如 1.3.2 节（式（1.13））所述，概率解析的正式交互式框架可以定义为

$$\hat{t} = \arg \max_{t \in T} p_G(t \mid x, C, C_{ij}^A) \tag{9.3}$$

其中 C_{ij}^A 是在最后一步交互过程中经过用户确认的（反馈）成分；C 是经过用户确认的（历史）成分集合；$p_G(t \mid x, C, C_{ij}^A)$ 是在给定输入字符串 x、用户反馈 C_{ij}^A 和历史 C 的情况下，解析树 t 的概率（使用模型 G）；T 是对于 x 而言所有可能的解析树的集合。

这里，只考虑用户反馈是确定型的（如鼠标或键盘）。也就是说用户反馈的解码过程没有引入新的错误。在 1.3.5 节中，介绍过如何利用交互信息引入非确定型的多模反馈，来辅助非确定型反馈解码。

注意 C 的定义是一般性的，所以如果想在用户审查过程中定义一个特定的顺序，那么集合 C 就不只包括用户直接修正的成分，还包括 IP 系统每一步交互过程中隐式验证的成分。正如前面章节中提到的，这种情况也会出现在以从左到右顺序进行分析的应用中。在这种情况下，当用户编辑一个单词时，就意味着他默认了前面部分的语句。

在式（9.3）中，搜索算法应该考虑到 C 和 C_{ij}^A 引入的约束条件，即可能的解析树定义的搜索空间。在这两种情况下，用户引入的约束条件应该限制解析矩阵 $\mathbf{V}$ 提出的可能的解。需要注意的是，C 和 C_{ij}^A 都会以某种方式对输入序列进行局部标记。在这种情况下，参照文献[22]，对于与 C 中成分兼容的定义在 $\mathbf{V}$（式（9.2））上的所有子问题，定义了一个兼容性函数 $c(Y, r, s)$。换句话说，给定一个子问题 $V_{r,s}[Y]$，它与 C 的兼容性可以用下面的函数定义：

$$\forall C_{pq}^X \in (C \bigcup \{C_{ij}^A\})$$
$$c(Y, r, s) = \begin{cases} 1 & ((r,s) = (p,q) \wedge (Y = X)) \\ 0 & ((r,s) = (p,q) \wedge (Y \neq X)) \\ 1 & ((r,s) \neq (p,q) \text{ 但是是一致的}) \\ 0 & \text{（其他）} \end{cases} \tag{9.4}$$

这个函数滤除了与已经确认成分不兼容解析的派生（或部分派生）。跨度 $(r,$

s)与跨度(p,q)在$p \leqslant r \leqslant q < s$或$r < p \leqslant s \leqslant q$时是不一致的。

式(9.4)定义的$V_{r,s}[Y]$和C_{pq}^X之间的兼容性函数要求当跨度相等时,标签Y和X也必须相等。然而,如果语法G有一元规则$(A \to B)$,那么这个约束条件就多余了,应该简化为$X \overset{*}{\Rightarrow} Y$或$Y \overset{*}{\Rightarrow} X$。

9.3　交互式解析中的置信度计算

注解语法树,即使是有自动系统辅助,也通常需要高级专业人员的介入。这一事实部分证实了大型手动注解树库的缺点。尽力减轻参与工作的专业人员的负担对完成任务而言将是很有帮助的。一个可以在 IPR 模式下减轻用户工作量的方法是增加能够帮助用户定位句子中错误的信息,这样,用户就可以更加快速地进行修正。置信度(CM)体系的引入就遵循了这一理念,可以为模式识别系统中复杂输出块的每个个体成分设置一个正确概率。

从 1.4.1 节中介绍的交互式协议的角度看这个问题是一件很有意思的事。1.4.1 节讨论了两种主要的交互式协议:被动型,用户决定哪个解析树(假设)元素需要监督;主动型,系统决定哪个解析树元素需要用户监督。到目前为止看到的 IP 模式框架明显都是基于被动策略的。与系统提供的解析树元素相关联的 CM 的引入,可以看作是向主动方式迈近的第一步,这里系统可以在校正过程中直接帮助用户或提供建议。

尽管在这个领域上已经有了很多有趣的应用,然而直到现在,在概率解析方面对 CM 的利用仍然在很大程度上未被开发。评估解析树不同部分的正确性对于提高 IP 系统的效率和可用性而言是很有帮助的,不仅可以为用户对置信度低的部分进行着色,交互过程中的自动部分还可以迫使用户改正低置信度部分。此外,CM 还可以帮助改善解析过程本身,它可以作为$n-$最优排序器($n-$best reranker)的一个组成部分使用,也可以被解析系统直接使用以重新计算低置信度部分。

文献[3]研究了从$n-$最优列表中计算出以联合特征形式解析的 CM 的方法。仅当解析算法通过使用某种 A* 策略修剪搜索空间时,从$n-$最优列表中计算 CM 才是有意义的。不过,如果在解析过程中不使用任何剪枝策略,从树成分的后验概率也可以有效地计算出 CM。

下面研究 IP 框架下的 CM。每个解析子树(子问题)的 CM 可以通过其后验概率进行计算,这可以理解为对于给定输入字符串 x,子树可能正确的程度,可以表示为

$$p_G(t_{ij}^A \mid x) = \frac{p_G(t_{ij}^A, x)}{p_G(x)} = \frac{\sum_{t \in T} \delta(t_{ij}^A, t_{ij}'^A) p_G(t' \mid x)}{p_G(x)} \tag{9.5}$$

其中 $\delta(\ )$ 是 Kronecker 三角函数。式 (9.5) 表示在给定 x 的情况下,子树 t_{ij}^A 的后验概率。分子表示 x 的所有包含子树 t_{ij}^A 的解析树的概率(见图 9.1)。

后验概率用众所周知的内部概率 β 和外部概率 α 计算。内部概率定义为

$\beta_A(i,j) = p_G(A \overset{*}{\Rightarrow} x_i \cdots x_j)$,可以用内部算法(Inside algorithm) 计算。外部概率定义为

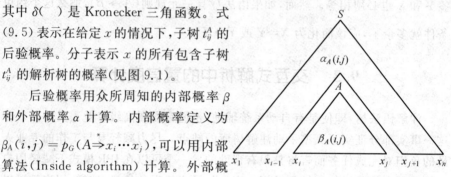

图 9.1　每个成分的内部和外部概率的乘积构成了式(9.6)的上半部分

$$\alpha_A(i,j) = p_G(S \overset{*}{\Rightarrow} x_1 \cdots x_{i-1} A x_{j+1} \cdots x_n)$$

可以用外部算法(Outside algorithm) 计算。用这种方式,式(9.5) 可以表示为

$$p_G(t_{ij}^A \mid x) = \frac{p_G(t_{ij}^A, x)}{p_G(x)} = \frac{\beta_A(i,j) \alpha_A(i,j)}{\beta_S(1,n)} \tag{9.6}$$

注意这里所介绍的 CM 的计算方法可以应用于任何一个使用到 PCFG 的问题,而不仅仅是针对 IP 任务。在 9.5 节给出的实验中,将展示如何在交互式解析中用 CM 来检测错误成分。

9.4　从左到右深度优先顺序的交互式解析

就像本书中前面章节的结构一样,现在不再讨论 9.2 节中定义的一般化无序型架构,转而以实例介绍从左到右的树审查顺序。为此,采用一种前后缀模式来引入一种预定义的审查顺序,用户在这种顺序下对每个解析树的成分进行校验:从左到右深度优先顺序。这种审查顺序除了看上去很合理,并且符合树结构的人机工程学外(审查员将通过一种分层顺序校验成分),这种顺序也把计算优势引入到最可能树搜索中,用于交互式自下而上解析算法。采用这种顺序的另外一个关键好处是它便于用户交互的自动模拟,从而可以估算所减轻用户工作量。

这个顺序可以通过定义前缀树 $t_p(t, C_{ij}^A)$ 进行形式化,它是针对由用户对成分 C_{ij}^A 所做的每一个修正来定义的。前缀树的构成包括已校正成分的所有祖先,以及那些跨度末端低于已校正成分的跨度始端的所有成分。从子树方

面,前缀树可以用下面的公式表示:

$$t_p(t, C_{ij}^A) = (t - t_{ij}^A) - \{t_{pq}^B \in t : p > j\} \tag{9.7}$$

其中 $t - t'$ 表示从树 t 中移除子树 t'。

从成分方面,式(9.7)等价于

$$t_p(t, C_{ij}^A) = \{C_{mn}^B \in C(t) : m \leqslant i, n \geqslant j, d(C_{mn}^B) \leqslant d(C_{ij}^A)\} \bigcup$$
$$\{C_{pq}^D \in C(t) : q < i\} \tag{9.8}$$

其中 $d(C_{ab}^Z)$ 表示成分 C_{ab}^Z 的深度(到根的距离)。在图 9.2(d) 中,用短划线圈出的部分是前缀树,用点划线圈出的子树部分需要被重新计算。

这样,9.2节中式(9.3)的历史记录就变成前缀 $C = t_p(C_{ij}^A)$。因此,兼容性函数受到进一步约束:

$$\forall C_{pq}^X \in (C \bigcup \{C_{ij}^A\})$$

$$c(Y, r, s) = \begin{cases} 1 & ((r, s) = (p, q) \wedge (Y = X)) \\ 0 & ((r, s) = (p, q) \wedge (Y \neq X)) \\ 1 & ((r, s) \neq (p, q) \wedge r \geqslant p \text{ 并且是一致的}) \\ 0 & (\text{其他}) \end{cases} \tag{9.9}$$

注意约束条件 $r \geqslant p$ 来自式(9.7)的逆。

下一最优树的高效计算

如果用 PCFG 作为 IP 的底层解析模型,当使用从左到右深度优先审查顺序时,对式(9.3)中描述的下一最优树的计算就会变得更加简单。

在接下来的计算中,有两种子树不需要重新计算:第一种子树是前缀的一部分,因为这部分已经被隐式地确认过了;第二种子树不是前缀的一部分,但它们也不是从经过修正的成分的父节点继承下来的。以上论述是基于这样一个事实:在从左到右的审查顺序下,被修正成分的父节点已经被确认是正确的,而由于 PCFG 是上下文无关的,成分的改变只会影响它的后代,最多会影响它右边的兄弟子树。

下面的公式将展示在 IP 框架下,如何通过反复利用在先前用户迭代过程中获得的最优树 $\hat{t}'$ 的一部分,来对下一最优树 $\hat{t}$ 进行高效计算。

被修正的成分用 C_{ij}^A 表示,它的父节点是 C_{st}^D,那么下一树 $\hat{t}$ 可以用下面的方式计算:

$$\hat{t} = \arg \max_{t \in T} p_G(t \mid x, C, C_{ij}^A) = (\hat{t}' - \hat{t}_{st}'^D) + \hat{t}_{st}^D \tag{9.10}$$

其中

$$\hat{t}_{st}^D = \arg \max_{t_{st}^D \in T_{st}} p_G(t_{st}^D \mid x_s^t, C_{ij}^A) \tag{9.11}$$

其中 t_{mn}^A 是以 C_{mn}^A 为根节点的树 t 的子树。

式（9.10）对新树 $\hat{t}$ 的计算包含两步，首先（从原树 t 中）减去以被修正成分的父节点为根的子树 t_{at}^{D}，然后加入以被修正成分的父节点为根，但计算时仅考虑了被修正成分（如式（9.11））的新子树 t_{at}^{D}。

这个新的最大化结果受到更大程度的约束，也更容易实现，因为只考虑了最后一次的修正成分，而不用考虑全部的修正历史。

9.5　交互式解析实验

基于 9.4 节实例化的理论框架，设计了一个实验来自动评估，使用 IP 系统与使用传统系统相比，能够节省多少用户工作量。实验基于用户模拟子系统，该子系统用黄金参考树模拟人工校正员与系统的交互，并给出一个可量化比较的基准。

9.5.1　用户模拟子系统

再次参照前面提到的从左到右深度优先审查顺序设计了一个自动评估协议。这个协议非常简单，图 9.2(a) 给出示例。

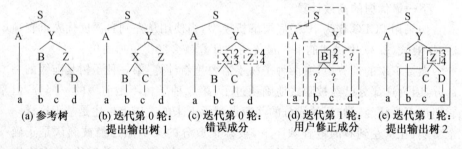

(a) 参考树　(b) 迭代第 0 轮：提出输出树 1　(c) 迭代第 0 轮：错误成分　(d) 迭代第 1 轮：用户修正成分　(e) 迭代第 1 轮：提出输出树 2

图 9.2　IP 系统中用户交互的综合示例。(a) 参考树。(b) 系统提出的初始树。
(c) 用户模拟子系统审查树并检测出两处错误成分。(d) 第一个错误被用户模拟子系统纠正。注意这里的隐式确认前缀（短划线）和被重新计算的部分（点划线）。(e) 系统生成一个与参考树等价的新树

① IP 系统对输入语句建立完整解析树。

② 用户模拟子系统按照前缀树定义的顺序（从左到右深度优先）检查树并与参考树进行比较，找出第一个错误成分。当发现第一个错误成分时，用一个正确的 C_{ij}^{A} 进行覆盖修正，同时也隐式确认了前缀树 $t_p(C_{ij}^{A})$。

③ IP 系统生成与已经确认的前缀树兼容的最可能的树。

④ 重复上述过程，直到 IP 系统生成最终的完美解析树，它由用户模拟子系统对比参考树进行了验证。

9.5.2　评价指标

在进行用户模拟时,需要用一些指标来衡量用户工作量的减少程度。解析质量通常用经典的评估指标 —— 精确率(Precision)、召回率(Recall)以及 F 值($F-\text{measure}$)进行评估。

① 精确率:正确成分的数量除以黄金参考解析树中成分的数量。

② 召回率:正确成分的数量除以所提出解析树的成分数量。

③F 值

$$2 \cdot \frac{\text{精确率} \cdot \text{召回率}}{\text{精确率} + \text{召回率}}$$

然而,对于 IP 过程的评价,需要两个可比较的指标:一个是在经典两步过程中为获得黄金树所需的用户修正工作量(即为了获得黄金树需要对所提出树进行后期编辑的操作次数);第二个是在所提出 IP 系统中为获得黄金树需要用户做出的交互工作量。

本节定义了以下指标来衡量,为获得黄金参考解析树对所提出树进行后期编辑所需要的用户工作量,这些指标类似于统计机器翻译及其相关领域中的误词率(WER)参数:

① 树成分错误率(Tree Constituent Error Rate,TCER):为将所提出的解析树转换成相应的黄金参考树,所需进行成分替代、删除和插入操作的最少次数,除以参考树的成分总数。

事实上,TCER 与 F 值的联系很紧密:F 值越高,TCER 越低。

最后,评估 IP 系统性能的相关评价指标表示操作员在使用该系统时为获得黄金树所需付出的工作量,而这个指标可以与 TCER 进行直接比较:

② 树成分动作率(Tree Constituent Action Rate,TCAC):为获得参考树IP 系统对树成分的修正次数,除以参考树的成分总数。

9.5.3　实验结果

现在用经典的 CKY—Viterbi 算法设计一个 IP 系统。实验基于 Penn 树库(英语)和 UAM 树库(西班牙语)运行。在 Penn 树库中,第 2～21 节用来获取一般化的 Penn 树库语法;第23节作为测试集。同样把 UAM 树库分成两个集合:由库中前 1 400 条语句组成的集合用于获得语法;剩下的 100 条语句构成测试集。

基于 CKY 的解析使用 CNF 中的语法,CNF 是 CFG 的子类型,而 CFG 中的所有生成规则必须满足如下形式:

$$A \rightarrow BC \text{ 或 } A \rightarrow a \text{ 或 } S \rightarrow \epsilon \tag{9.12}$$

注意对于每一个 CFG(或 PCFG),在 CNF 中都有一个该语法的等价版本。

为了从一般化的 PCFG 中获得每一种语言的 CNF 语法,使用一种来自 NLTK 工具箱[①]的 CNF 转换方法。来自 NLTK 的 CNF 方法除了能够获得普通的右因式分解(right − factored)CNF 转换外,还可以通过在非终端名称中引入额外的上下文信息,提高所得到的非词汇化二元文法的性能。这个过程称为语法的马尔可夫化,并由垂直(v)和水平(h)马尔可夫参数控制。普通的右因式分解 CNF 转换语法对应于 v 和 h 都为 0 的马尔可夫过程。

引入一个基本架构来解析含有词汇表以外单词的语句:当一个输入单词不能通过一般树库语法中的任何一个前端(preterminal)获得时,这个单词将一个很小的概率均匀添加到所有的前端中。

在实验中,通过使用不同的 v 和 h 值,得到一些不同规模的 CNF 语法。对于所获得语法的不同马尔可夫过程的度量(在 9.5.2 节中讨论过)结果见表 9.1 和 9.2。由表发现,使用 IP 系统时用户所做校正的百分比,比对所提出树进行后期编辑的用户所做的校正比例低很多:人工监督员的工作量可以减少 42% ~ 47%。这个结果清晰地表明 IP 系统可以在很大程度上降低人工注解员的工作负担。

此外,还在 IP 过程中对 CM 进行了实验,来评估检测错误成分的能力。根据评估结果,在 IP 过程中 CM 保留了全部的错误检测能力:在 IP 过程的大多数阶段中,18% ~ 25% 的错误成分能够被识别出来,在经历大约七次用户交互之后,这个值可以达到 27%。完整的详细信息可以参见文献[28]。

表 9.1 Penn 树库测试集的结果:基准系统中的 F_1 和 TCER;IP 系统中的 TCAC;TCER 和 TCAC 之间的相对减少率

PCFG	基准		IP	相对减少率
	F_1	TCER	TCAC	
$h = 0, v = 1$	0.67	0.40	0.22	45%
$h = 0, v = 2$	0.68	0.39	0.21	46%
$h = 0, v = 3$	0.70	0.38	0.22	42%

① *http://nltk.sourceforge.net/*

表 9.2 UAM 树库测试集的结果：基准系统中的 F_1 和 TCER；IP 系统中的 TCAC；TCER 和 TCAC 之间的相对减少率

PCFG	基准		IP	相对减少率
	F_1	TCER	TCAC	
$h=0, v=0$	0.57	0.48	0.26	45%
$h=0, v=1$	0.59	0.47	0.25	47%
$h=0, v=2$	0.62	0.44	0.24	46%
$h=0, v=3$	0.61	0.45	0.24	47%

请注意，这里给出的实验所使用的解析模型，其性能远不如最新的 F_1 结果；此处实验的目的是评价 IP 架构的效用。不过，如果用使用了最先进解析器的 IP 系统来做这个实验，其结果（相对减少率）也应是相似的。

9.6　结　　论

在本章中，介绍了一个新颖的交互式解析框架，用户可以通过它获得无错语法解析树。该框架与经典的对解析系统产生的错误成分进行人工后期编辑的两步模式相对。在所介绍的一般 IP 框架下，最初定义的交互协议是无序的：用户可以以任意顺序对解析树的任意部分进行编辑。此后，为了提高下一最优解析树的计算效率，介绍了一种从左到右深度优先的树审查顺序。

为了实现自动实验评估，对用户与系统的交互进行了模拟。因为有参考解析，所以这个实验是可行的。同时定义并计算了一些评估指标。总体来说，得到的结果表明，与两步系统相比，IP 系统可以很大程度上减少人工注解员的工作量。

此外，证明了置信度的引入对于 IP 过程中正确与错误成分的区分是有一定帮助的。这里，引入了用于概率解析的纯统计置信度（基于成分的内外估算后验概率）。

最后值得一提的是，除了前面章节提到的自动实验评估外，完整的 IP 原型实际上已经被实现了（见第 12 章），并且已经能够提供给真实用户使用。

本章参考文献

[1] Baker, J. K. (1979). Trainable grammars for speech recognition. *The Journal of*

the Acoustical Society of America, 65, 31-35.

[2] Benedí, J. M. , & Sánchez, J. A. (2005). Estimation of stochastic context — free grammars and their use as language models. *Computer Speech & Language*, 19(3), 249-274.

[3] Benedí, J. M. , Sánchez, J. A. , & Sanchis, A. (2007). Confidence measures for stochastic parsing. In *Proceedings of the international conference recent advances in natural language processing* (pp. 58-63), Borovets, Bulgaria.

[4] Carter, D. (1997). The TreeBanker. A tool for supervised training of parsed corpora. In *Proceedings of the workshop on computational environments for grammar development and linguistic engineering* (pp. 9-15), Madrid, Spain.

[5] Charniak, E. (1997). Statistical parsing with a context — free grammar and word statistics. In *Proceedings of the national conference on artificial intelligence* (pp. 598-603), Providence, Rhode Island, USA.

[6] Charniak, E. (2000). A maximum — entropy — inspired parser. In *Proceedings of the first conference on North American chapter of the association for computational linguistics* (pp. 132-139), Seattle, Washington, USA.

[7] Charniak, E. , Knight, K. , & Yamada, K. (2003). Syntax-based language models for statistical machine translation. In *Machine translation summit*, IX *international association for machine translation*, New Orleans, Louisiana, USA.

[8] Chelba, F. , & Jelinek, C. (2000). Structured language modeling. *Computer Speech and Language*, 14(4), 283-332.

[9] Chiang, D. (2007). Hierarchical phrase-based translation. *Computational Linguistics*, 33(2), 201-228.

[10] Collins, M. (2003). Head-driven statistical models for natural language parsing. *Computational Linguistics*, 29(4), 589-637.

[11] de la Clergerie, E. V. , Hamon, O. , Mostefa, D. , Ayache, C. , Paroubek, P. , & Vilnat, A. (2008). PASSAGE: from French parser evaluation to large sized treebank. In *Proceedings of the sixth international language resources and evaluation* (pp. 3570-3577), Marrakech, Morocco.

[12] Earley, J. (1970). An efficient context-free parsing algorithm. *Communications of the ACM*, 8(6), 451-455.

[13] Gascó, G. , & Sánchez, J. A. (2007). A* parsing with large vocabularies. In *Proceedings of the international conference recent advances in natural*

language processing (pp. 215-219),Borovets,Bulgaria.

[14] Gascó,G. ,Sánchez,J. A. ,& Benedí,J. M. (2010). Enlarged search space for sitg parsing. In *Proceedings of the North American chapter of the association for computational linguistics—human language technologies conference* (pp. 653-656),Los Angeles,California.

[15] Hopcroft,J. E. ,& Ullman,J. D. (1979). *Introduction to automata theory, languages and computation.* Reading: Addison — Wesley.

[16] Huang,L. ,& Chiang,D. (2005). Better k — best parsing. In *Proceedings of the ninth international workshop on parsing technology* (pp. 53-64), Vancouver,British Columbia. Menlo Park: Association for Computational Linguistics.

[17] Jain,A. K. ,Duin,R. P. ,& Mao,J. (2000). Statistical pattern recognition: A review. *IEEE Transactions on Pattern Analysis and Machine Intelligence*,22, 4-37.

[18] Klein,D. ,& Manning,C. D. (2003). Accurate unlexicalized parsing. In *Proceedings of the 41st annual meeting on association for computational linguistics* (Vol. 1,pp. 423-430),Association for Computational Linguistics Morristown,NJ,USA.

[19] Lease,M. ,Charniak,E. ,Johnson,M. ,& McClosky,D. (2006). A look at parsing and its applications. In *Proceedings of the twenty-first national conference on artificial intelligence*,Boston,Massachusetts,USA.

[20] Marcus,M. P. ,Santorini,B. ,& Marcinkiewicz,M. A. (1994). Building a large annotated corpus of English: The Penn Treebank. *Computational Linguistics*,19(2),313-330.

[21] Oepen,S. ,Flickinger,D. ,Toutanova,K. ,& Manning,C. D. (2004). LinGO redwoods. *Research on Language and Computation*,2(4),575-596.

[22] Pereira,F. ,& Schabes,Y. (1992). Inside — outside reestimation from partially bracketed corpora. In *Proceedings of the 30th annual meeting of the association for computational linguistics* (pp. 128-135). Newark: University of Delaware.

[23] Petrov,S. ,& Klein,D. (2007). Improved inference for unlexicalized parsing. In *Conference of the North American chapter of the association for computational linguistics; proceedings of the main conference* (pp. 404-411), Rochester,New York.

[24] Roark,B. (2001). Probabilistic top — down parsing and language modeling. *Computational Linguistics*,27(2),249-276.

[25] Salvador,I. ,&. Benedí,J. M. (2002). RNA modeling by combining stochastic context-free grammars and *n*-gram models. *International Journal of Pattern Recognition and Artificial Intelligence*,16(3),309-315.

[26] San — Segundo, R. , Pellom, B. , Hacioglu, K. , Ward, W. ,&. Pardo,J. M. (2001). Confidence measures for spoken dialogue systems. In *IEEE international conference on acoustic speech and signal processing*(Vol. 1),Salt Lake City,Utah,USA.

[27] Sánchez — Sáez, R. , Sánchez, J. A. , &. Benedí, J. M. (2009). Statistical confidence measures for probabilistic parsing. In *Proceedings of the international conference on recent advances in natural language processing*(pp. 388-392),Borovets,Bulgaria.

[28] Sánchez — Sáez, R. , Leiva, L. , Sánchez, J. A. , &. Benedí, J. M. (2010). Confidence measures for error discrimination in an interactive predictive parsing framework. In *23rd International conference on computational linguistics*(pp. 1220-1228),Beijing,China.

[29] Serrano,N. ,Sanchis,A. ,&. Juan,A. (2010). Balancing error and supervision effort in interactive-predictive handwriting recognition. In *Proceeding of the 14th international conference on intelligent user interfaces*(pp. 373-376),Hong Kong,China.

[30] Stolcke,A. (1995). An efficient probabilistic context-free parsing algorithm that computes prefix probabilities. *Computational Linguistics*,21(2),165-200.

[31] Tarazón,L. ,Pérez,D. ,Serrano,N. ,Alabau,V. ,Terrades,O. R. ,Sanchis,A. , &. Juan,A. (2009). Confidence measures for error correction in interactive transcription of handwritten text. In *LNCS : Vol.* 5716. *Proceedings of the 15th international conference on image analysis and processing*(pp. 567-574), Salerno,Italy.

[32] Ueffing,N. ,&. Ney,H. (2007). Word-level confidence estimation for machine translation. *Computational Linguistics*,33(1),9-40.

[33] Wessel,F. ,Schluter,R. ,Macherey,K. ,&. Ney,H. (2001). Confidence measures for large vocabulary continuous speech recognition. *IEEE Transactions on Speech and Audio Processing*,9(3),288-298.

[34] Wu,D. (1997). Stochastic inversion transduction grammars and bilingual

parsing of parallel corpora. *Computational Linguistics*, 23(3), 377-404.

[35] Yamada, K., & Knight, K. (2002). A decoder for syntax-based statistical MT. In *Meeting of the association for computational linguistics*, Philadelphia, Pensilvania, USA.

[36] Yamamoto, R., Sako, S., Nishimoto, T., & Sagayama, S. (2006). On-line recognition of handwritten mathematical expressions based on stroke-based stochastic context-free grammar. In 10*th international workshop on frontiers in handwriting recognition* (pp. 249-254), La Baule, France.

第 10 章　交互式文本生成

目前,用计算机生成文本文档本质上是一种人工作业。计算机基本上可以看成是电子打印机,由使用者完成全部的任务,使用者首先要以正确的语法和语义整理出文本的每一部分,然后再输入到计算机中。尽管用户在完成这种工作时是非常有效率的,但是在某些情况下,这项工作可能会变得十分耗时。这些情况可能包括:用非母语语言书写文本;使用高度受限的输入接口;或是残疾人使用计算机等。此时应用一些自动化操作将给工作带来很大的帮助。

交互式文本预测(Interactive Text Prediction,ITP)能够为文档录入工作提供帮助。交互式模式识别技术可以通过分析之前输入的内容来预测使用者将要输入的内容,预测在单词级和字符级均可以进行,这两种预测都是针对多个单词的文本块进行的,而不是单一单词或单词片段(即每次给出多个单词的预测)。经验结果表明,使用本书提出的方法可以有效节约使用者的输入工作量(某种程度上包括思考工作量)。在本章中,还详细地介绍并讨论了一些执行这些任务的搜索策略。

10.1　简　介

自从古代人采用书面语言进行交流,书写文本已经成了一种很常见的工作,电子计算机出现后,人们能够更容易地生成文本。通过文字处理软件,计算机能够比以前更快、更便捷地生成文本。然而截至目前,所使用的方法本质上仍和几个世纪以前的方法是一样的。计算机实质上只是纸、笔、橡皮的复杂替代品,输入文本仍然是一个手工过程,计算机提供的强大计算能力几乎没有被开发出来,甚至在已开发出的最先进的文字处理软件中,通常也只是使用了一些像拼写和语法检查、词典等基本工具来帮助用户生成正确的文本。

随着人们对通用文字处理应用软件兴趣的不断增加,以及一些具体应用环境下对文本输入需求的增长,开始研究一些先进的辅助工具来生成文本。在任何一种情况下,正确地预测用户将要输入的内容能够节省可观的用户工作量,这对于用户来说是非常有益的。

在某些情况下,输入工作会变得很慢、很不方便。例如,到目前为止,在手机和 PDA 等设备上尚没有令人满意的文本输入界面。除此之外,对于有某种身体残障的人,即使有像传统键盘这样输入功能完备的打字设备,也无法达到足够的输入速度。所以,对于他们中的大多数人,文本生成可能是唯一合适的输入渠道。

很多文献都给出了一些不同的文本预测方法,但是大多数方法只能预测下一个单词或者致力于测量离线文本预测的准确度。这里,考虑一个在IPR(交互式模式识别)架构下更具有一般性的方法,这种方法不仅能预测单个的单词,还能预测多个单词构成的片段甚至完整的句子。

交互式文本生成与交互式模式识别

在文本输入过程中提供帮助,有益于第 2 ~ 4 章介绍的交互式转录和第6 ~ 8 章介绍的交互式翻译,其基本思想是根据之前输入的文本来预测(或补全)文本的后续部分,用第 2 章中的术语来说,这个问题就是要找到一个匹配给定文本前缀的文本后缀。然而本章这种情况和前面几章提到的情况有很大区别。

在一般的 IPR 框架中,目的是解码输入的信号或数据,而文本预测则与之相反,文本预测是没有输入的。也就是说,唯一能够得到的用于产生结果的信息源是用户的反馈[1]。由于系统输出不受输入的约束,可能的系统假设会有很多,所以文本预测的难度会很大,而且预测准确度会比本书之前讨论的问题低得多。

根据 1.4.1 节介绍的概念,文本预测问题显然对应于一种没有输入数据的被动式交互协议,该协议可以表示为式(1.37):

$$\hat{h} = \arg \max_{h \in H} P(h \mid h', d) \tag{10.1}$$

除此之外,就像在 2.3 节那样,可以很自然地假设这是一个从左到右处理的协议,那么,假设 h 就是文本后缀(以下记为 s),而之前的历史 h' 和用户的反馈 d 对应于给定的文本前缀(以下记为 p)。因此式(10.1)可以写为

$$\hat{s} = \arg \max_{s} P(s \mid p) \tag{10.2}$$

开始的时候是没有前缀的,系统会做出一个初步的预测。用户验证预测的一部分,选择一个正确的前缀,再给这个前缀添加一些文本(这些文本对应于式(10.1)中的反馈 d)。然后系统接受这个已经过用户确认的正确文本,并继续预测剩下的部分,整个过程按照上述方式反复进行,直至最终得到令人满

---

① 实际上,这个问题还可以从另一个角度来看,如果把前缀看作是一种输入,那么这个问题就变成了经典的模式识别问题

意的全部文本。图 10.1 给出了一个 ITG 过程的例子。

第一步

预测：Check the printer before sending jobs

前缀：**Check the**

修正：**Check the** *following*

第二步

预测：**Check the following** conditions before continuing

前缀：**Check the following conditions**

修正：**Check the following conditions** *to*

第三步

预测：**Check the following conditions to** ensure an optimum work

前缀：**Check the following conditions to ensure an optimum**

修正：**Check the following conditions to ensure an optimum** *performance*

结果：**Check the** *following* **conditions** *to* **ensure an optimum** *performance*

WSR $= \dfrac{3}{9} = 0.33 \rightarrow 33\%$

图 10.1　文本生成过程示例以及相应的生成文本"Check the following conditions to ensure an optimum performance"的单词键入率（WSR）。系统首先生成一个初始预测，然后用户确认一个正确的前缀（粗体字）并添加一个单词修正（斜体字）。系统利用这些信息生成一个新的预测，这个过程不断迭代进行，直至得到一个正确的完整句子。在最后的结果中，用户仅仅需要输入三个单词（用斜体字标示）。WSR 是用户键入的单词数除以全部的单词数

　　这个任务中有一些实际问题值得讨论。一方面，由于式（10.2）中的条件概率仅仅取决于一个空的先验概率，初始预测（没有可用的前缀时）总是相同的，因此初始预测似乎是没有意义的，等用户输入一些内容之后，再进行预测应该会更好。但是在某些应用中，初始预测可能是很有用的，比如，当生成文档以固定的或典型的单词序列开始时。

　　由于缺乏输入数据，这个任务还涉及另一个实际问题。本书之前所介绍的所有 IPR 任务中，以某种方式利用输入信号来估计预测的最佳长度，而文本生成则不同，必须研究出其他的策略来进行估计。最简单的策略就是只预测前缀后面的一个单词，但是多单词预测显然更符合用户的需求。另一方面，预测整个句子是最好的选择，但这需要一个整句的语言模型，而到目前为止，没有一种足够好的语言模型能用于此类语言建模。当然，可以让用户自己设定一个预测长度以达到更好的效果，但是让系统自己处理这个问题才更有价值。

10.2 单词级交互式文本生成

接下来介绍交互式文本生成系统(ITG)的开发。在本节中,从单词级的角度考虑问题,在下一节中,将从字符级的角度来考虑。首先描述 ITG 涉及的模型,然后考虑求解式(10.2)的搜索方法。相对于本书前面章节中提到的搜索方法,这里需要注意的是,输入数据的缺乏会带来一定的简化,由此会得到更简单更有效的搜索技术。

10.2.1 n-gram 语言模型

n-gram 是 NLP 应用中使用最为广泛的语言模型,本节的文本生成方法以 n-gram 模型为基础,并同时考虑一些其他问题,这些问题将在接下来的几段中讨论。正如 2.4 节所描述的,n-gram 的基本思想是根据前缀的后$(n-1)$个单词来预测适当的后续部分。显然,这些模型并没有充分利用到所提供信息的全部价值,而只使用到了一小部分。尽管如此,正如同 2.2 节所讨论的,n-gram 语言建模(LM)通常能够大大地简化搜索和(主要是)训练过程。

10.2.2 后缀搜索

式(10.2)所需要的条件概率最大值理论上可以通过 2.5.1 节讨论的动态规划算法来求解。然而需要注意的是,由于输入数据的缺乏,这里所用到的解码过程会比 2～4 章所提到的 CATTI 或 CATS 等文本图像或语音转录的解码过程简单。

这里,面临的问题仅仅是如何根据给定的 LM 生成后缀,这也是下面即将要讨论的问题。在大多数模式识别任务中,有一个输入信号用来解码,而且当输入信号结束时可以停止搜索算法。但是在 ITG 中,不存在输入信号,所以也就没有停止预测的提示。此外,由于 n-gram 模型的性质,单词序列的概率会随着单词数量的增加而迅速下降,而且与短预测相比,长预测具有劣势。因此,需要一个函数 $F_{length}(\cdot)$,当给出一个预测假设时,这个函数可以根据假设的长度给出一个相应的分数。综合以上这些考虑,给出了算法 10.1(称之为"MaxPost"),用于求解式(10.2)(的最大后验概率)。

算法 10.1：（MaxPost 算法）用动态规划类 Viterbi 算法（Dynamic-programming Viterbi-like algorithm）来搜索给定前缀的最佳后续部分。n-gram 模型的状态被标识为长度为 $(n-1)$ 的子字符串。因此，例如，当 $n=3$，$q=w_{i-n+2}^{i}$ 代表一个 2-gram 模型的状态，并标识为 $w_{i-1}w_i$。假定，如果 $j<i$，则 w_j^i 是空字符串 (λ)。用函数 $F_{length}(i,g)$ 给可能性为 g，含有 i 个单词的句子评分，分值受长度条件约束。该函数的不同实现方法将在 10.2.4 节中讨论。

输入：用户验证的前缀 (p)，词汇表 (V)，最大预测长度 $(maxLen)$，n-gram 大小 (n)，长度评分函数 (F_{length})
输出：整句预测结果
begin

$i=|p|+1; q=p_{i-n+1}^{i-1};$
$Q=\{q\};//$ 状态
$G[q]=0;//$ 可能性
$W[q]=p;//$ 单词序列
$g_{best}=0; w_{best}=\lambda;$
while $i<maxlen$ **do**
　　$Q'=Q; G'=G;$
　　$W'=W; Q=\varnothing;$
　　forall $q' \in Q'$ **do**
　　　　forall $v \in V$ **do**
　　　　　　$q=q_2'^{n-1}.v//$ 将 v 连接在 w_{i-n+2}^{i-1} 后面
　　　　　　if $q \notin Q$ **then**
　　　　　　　　$Q=Q \cup \{q\};$
　　　　　　　　$G[q]=G'[q]P(v \mid q');$
　　　　　　　　$W[q]=W'[q'] \cdot v;$
　　　　　　else if $G[q]<G'[q]P(v \mid q')$ **then**
　　　　　　　　$G[q]=G'[q]P(v \mid q');$
　　　　　　　　$W[q]=W'[q'] \cdot v;$
　　$g^*=0; w^*=\lambda;$
　　forall $q \in Q$ **do**
　　　　if $G[q]>g^*$ **then**
　　　　　　$g^*=G[q];$
　　　　　　$w^*=W[q];//$ 长度为 i 的最佳结果
　　if $g_{best}<F_{length}(i,g^*)$**then**
　　　　$g_{best}=F_{length}(i,g^*);$
　　　　$w_{best}=w^*;//$ 目前为止的最佳结果
　　$i=i+1;$
return $w_{best};$
end

　　然而,最大后验概率(Viterbi搜索)并不一定是ITG的最好策略,最近人们提出了一个更好、更简单的方法,将在接下来的部分对其进行讨论。

10.2.3 后缀的最佳贪婪预测

　　MaxPost策略实际上是以最小化整行或整句的错误数量为目标的,它假设了一个像1.2.1和1.3.4节介绍的0-1损失函数,用来优化整行或整句的正确预测数量[①]。换句话说,MaxPost的优化目标是语句错误率(Sentence Error Rate,SER)。

　　在一个像ITG这样的交互式任务中,真正的目标是节约用户的交互工作量,而不必是最大化整句或整行的正确预测数量。正如在1.3.4节所讨论的,用户的交互工作量可以通过不同的损失函数来估计,遵循这一思想,可以得到一个在交互式环境中预测后缀的最佳策略。该策略需要一个类似贪婪算法的搜索方法(以下称为贪婪搜索/预测,Greedy),该搜索方法通过将局部最佳决策串联起来得到最终的假设。该策略由算法10.2给出描述。

　　可以通过适当地应用最优决策规划来推导出贪婪搜索(预测)方法的优势。为不失一般性,考虑在前缀之后预测一个单词的情况。只存在两种可能性:如果单词的预测是正确的,那么这个单词就会被加入到前缀中(从而产生一个新的前缀),这一过程会不断重复;如果单词预测错误(此时将由用户手动键入单词),单词键入数将增加1,同时加入键入的正确单词形成新的前缀。可以很容易地看出,这一过程和考虑生成一个句子所需的单词键入数的常规方法是完全等价的。因此,这里得到的结论也可以应用于多单词预测的情况。

　　根据这一新观点,可以认为,正在处理的是一个迭代分类问题,在每次迭代中都有一个前缀,并且可以得到这个前缀的标签类别(预测的单词)。提出一个合理的假设,认为每一个分类步骤都独立于前面的步骤,从而可以使用最佳决策规则。这个规则告诉我们,给定模式(前缀)后,需要最大化类别(单一单词)的后验概率。这样,在每次迭代中,应该根据给定前缀选择可能性最大的单词,而这实际上就是一个贪婪预测算法。

　　为了阐述并分析MaxPost和贪婪预测两种策略的工作方式,在图10.2中给出了一个基于简单LM的例子。

---

　　① 这里认为ITG是工作在"逐句"或"逐行"模式下的。在NLP中通常遵循这种工作方式,因为一次处理一大块文本是不切实际的

算法 10.2:补全用户已验证前缀的贪婪预测策略。注意,比 $maxLen$ 短的贪婪预测解只是预测结果 w 的前缀。

输入:用户验证的前缀(p),词汇表(V),最大预测长度($maxLen$),n-gram 大小(n)
输出:整句预测结果(w)
begin

 $w = p$;$i = | p | + 1$;

 while $i < maxLen$ **do**

  $v^* = \lambda$;$g^* = 0$;

  forall $v \in V$ **do**

   if $g^* < P(v \mid w_{i-n+1}^{i-1})$ **then**

    $g^* = P(v \mid w_{i-n+1}^{i-1})$;

    $v^* = v$;

  $w = w \cdot v^*$;

  $i = i + 1$;

 return w;

end

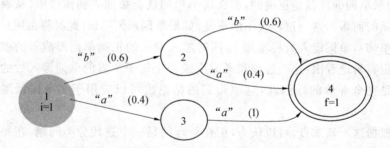

图 10.2　简单随机语言模型

假设想要生成的文本都是由这个 LM 建模的字符串,分别表示为 aa、ba 和 bb(假设这里每一个字母代表一个单词)。现在来计算,使用 MaxPost 来生成这些文本时,期望的交互步骤数(I)。字符串 aa 以 0.4 的概率生成,并且不需要任何交互(aa 是这个模型最可能生成的文本)。接下来,字符串 ba 以 0.24 的概率生成,并且需要一次交互(在没有前缀的情况下,MaxPost 预测出字符串 aa,在把 b 设为前缀之后,得到了字符串 ba)。最后,字符串 bb 以 0.36 的概率生成,并且需要两次交互。因此

  MaxPost:$E(I) = 0 \cdot 0.4 + 1 \cdot 0.24 + 2 \cdot 0.36 = 0.96$

另一方面,当没有前缀可用的时候,贪婪预测方法不需要任何交互步骤就

可以预测出 bb（下面等式中的第三个加数），而字符串 aa 和 ba 分别需要两次[①]和一次交互（等式中的第一个和第二个加数）。因此贪婪预测方法对应的期望值是

$$\text{Greedy:} \quad E(I) = 1 \cdot 0.4 + 1 \cdot 0.24 + 0 \cdot 0.36 = 0.64$$

可见，贪婪预测方法所需的整体交互工作量更少，那么它的预测错误如何呢？可以发现预测错误的数量（期望）和交互的次数（期望）是对应的。当系统没能生成一个完美后缀时，就需要进行一次用户交互。因此，可以得出如下结论，在这种情况下，（单个单词）预测错误数量也是贪婪预测方法最小，而非MaxPost。

这一明显悖论可以用适当的损失函数来证明，这个函数是 MaxPost 想要最优化的，即完整后缀预测的错误修正数量 C。在前面的例子中，考虑到所有可能的情况，可以很容易地计算出这个数据的期望值：由于模型中的字符串有三个不同的可能前缀 ——λ（空字符串）、a 和 b，所以存在三个不同的决策问题。在 MaxPost 的情况下，首先考虑空前缀 λ，它产生的概率为 1，并使该算法预测得到字符串 aa。然后，正确后缀预测的概率是 0.4（也就是 aa 的概率），所以预测错误的概率是 0.6（也就是 ba 和 bb 的概率）。第二个前缀 a 生成的概率是 0.4，在这种情况下，该算法后缀预测的唯一可能就是 a，那么错误预测的概率为 0。最后，生成前缀 b 的概率是 0.6，而且 b 会被认为是最佳的后缀，所以，正确预测的概率是 0.6（也就是，给定前缀 b 时，预测结果是 b 的概率），而错误预测的概率是 0.4（也就是，给定前缀 b 时，预测结果是 a 的概率）。因此 MaxPost 的期望值是

$$\text{MaxPost:} \quad E(C) = 1 \cdot 0.6 + 0.4 \cdot 0 + 0.6 \cdot 0.4 = 0.84$$

以同样思路考虑贪婪预测的情形，得到

$$\text{Greedy:} \quad E(C) = 1 \cdot 0.64 + 0.4 \cdot 0 + 0.6 \cdot 0.4 = 0.88$$

10.2.4 句长处理

正如之前提到的，决定何时在 ITG 中停止生成单词是系统的一个实际问题。在这方面，可以采用简单的办法，比如让用户设置一个最大预测长度。然而，有一个关于预测模型本质的问题是不能忽略的。当使用动态规划方法时，会构建一个包含所有假设的网格，这个网格的每一层面包含长度相同的假设。最初的时候，只考虑由 1 个单词组成的假设，然后，生成 2 个单词的假设

---

① 译者注：从图 10.2 和文字下方的公式来看，"aa" 应该也只需要一次交互

并对其进行评估,依此类推。另一方面,一个 n-gram 语言模型通过计算一条语句的所有 n-gram 的概率的乘积来对这条语句评分。由于所有的概率值都是分布在 0 和 1 之间的数字,因此假设中 n-gram 的数量越少,它的分数就会越高,换句话说,短预测结果会比长预测结果的分值高(平均来说)。在最极端的情况下,系统将只生成一个只有一个单词的预测结果。下面给出两个不同的方法来解决这个问题。

第一个方法是根据假设的长度归一化每个假设的概率值。这个归一化的分数 $S(s \mid p)$ 可以用下面的常规对数概率计算式更好地表示:

$$S(s \mid p) = \frac{1}{l-k} \cdot \sum_{i=k+1}^{l} \lg P(w_i \mid w_{i-n+1}^{i-1}) \tag{10.3}$$

其中,$w = p \cdot s$;k 是 p 的长度;l 是 w 的长度。

根据这个公式可知,最好的假设是那些本身 n-gram 对数概率平均较高的。这个方法有一个比较严重的缺点,由于归一化,模型不再是一个概率型的模型,而且会丢失一些能够描绘这种模型的性质。

为此提出一个不同的方法作为替代,即用一个独立的模型来描述长度(表示为 $p_l(\cdot)$)。例如,可以用一个高斯模型来近似所有可能长度的分布。这个高斯分布可以很容易地用训练样本由最大似然法训练生成。一旦得到一个明确的长度模型,就可以在 n-gram 模型和这个新长度模型之间进行线性插值:

$$P(s \mid p) = \alpha \cdot P_l(\mid p \mid + \mid s \mid) + (1-\alpha) \cdot \prod_{i=k+1}^{l} P(w_i \mid w_{i-n+1}^{i-1}) \tag{10.4}$$

对于贪婪预测方法来说,这实际上并不是问题。在 MaxPost 中,多个局部假设被并行地考虑。而在贪婪预测中,每一个预测都是通过陆续在前缀后面加上局部最优计算得到的单词构成的。这就意味着预测的长度并不能显著改变预测本身的内容,也就是说,长度为 m 的最佳预测总会是长度为 $m+1$ 的最佳预测的前缀。

10.2.5　单词级实验

下面的评估方法是基于前面已经定义的单词键入率(WSR)这一度量标准的(参见 2.6 节)。图 10.1 给出了一个 WSR 计算的例子。

考虑三个不同的任务,其中前两个,EUTRANS 和 XEROX 已经在 CAST 中使用过了(参见第 4 章),第三个 ALBAYZIN 由一组查询地理数据库的自然语言组成。这些语料库的主要特征参数见表 10.1。

这一节进行的实验是为了评估 ITG 的两个不同方面,一方面是测量预测的准确度,另一方面对 MaxPost 和贪婪预测两项技术进行对比,以证明后者更优。表

10.2 显示了实验的主要结果。表中,长度模型这一列是指式(10.4)中提到的线性插值,最后两列分别对应 MaxPost 方法中的长度归一化(参见式(10.3))和贪婪预测法中定义的长度。每个语料库的最佳结果用粗体字表示。

可以发现,贪婪预测法在所有的语料库中都显著优于 MaxPost 方法。而且值得注意的是,对于简单的任务,系统能够准确地预测出参考集合中大约一半的单词。同样值得指出的是,XEROX 的测试结果和在 CAST 中的结果是一样的,WSR 都达到了 18.6%。通过比较两者的结果,可以看出,由于缺少输入数据,预测准确度有所损失。

表 10.1 所使用语料库的特征参数

	EUTRANS	ALBAYZIN	XEROX
测试语句数	2 996	1 440	875
行文单词数	35 023	13 566	8 257
行文字符数	188 707	81 246	53 337
训练词汇	688	1 271	10 913
训练语句数	10 000	9 893	53 740
测试集困惑度(3-gram)	4.9	6.6	41

表 10.2 不同语料库的 WSR 结果。列出了前面提出的两种搜索算法在三种语料库上的对比结果。长度模型下面的每一列显示了当式(10.4)中的参数 α 取不同值时,用概率长度模型对 n-gram 插值的结果。长度归一化下面这一列显示了对这种算法应用长度归一化后的结果。最后一列表示贪婪预测取得的结果

语料库	MaxPost					长度归一化	贪婪预测法
	长度模型(α)						
	0.1	0.3	0.5	0.7	0.9		
EUTRANS	57.6	57.6	60.4	62.7	62.7	62.5	**50.9**
ALBAYZIN	62.5	62.5	62.5	62.5	62.8	60.4	**53.6**
XEROX	79.6	79.6	79.7	80.0	80.0	77.3	**66.3**

10.3 字符级预测

前面部分给出的结果是在每一次用户交互都会修正一个完整单词的前提下得到的。而如果以字符为单位进行操作,就会得到另一种方法,这里用户反馈由单一按键操作组成,而不是整个单词。这种方法以击键率(Key Stroke Ratio, KSR)评估交互工作量,而非单词键入率(WSR),这里 KSR 的定义是:为生成参考文本,用户的击键次数除以文本中的总字符数。

原则上,什么时候用 WSR、什么时候用 KSR 来评估文本生成过程中用户

的工作量是很清晰的。如果用户界面的输入功能受限，那么其瓶颈在于键入过程，因为将有很大一部分时间花费在击键动作上，而非考虑应该键入什么，所以此时计算击键次数是合理的。反之，如果瓶颈不在于键入，而是寻找（思考）正确的单词去生成预期的文本，那么用 WSR 评估就更有意义。

在字符级交互过程中，当用户键入一个字符，系统不必等待完整的单词修正就会直接提出字符的接续部分。这个过程本质上和单词级 ITG 一样，但是需要考虑的是，当搜索后缀的时候，需要处理不完整的单词（也就是说，前缀的最后一个字符可能是一个单词的前缀，而不一定是完整单词）。在这个前提下，首先要补全前缀的最后一个／几个字符，而这一个／几个字符一般是一个不完整的单词。图 10.3 展示了一个字符级 ITG 系统交互的例子，同时还计算了 KSR。

第一步

预测：Check the printer before sending jobs

前缀：**Check the**

修正：**Check the** *f*

第二步

预测：**Check the f** inal configuration before continuing

前缀：**Check the f**

修正：**Check the f** *o*

第三步

预测：**Check the fo** llowing conditions to ensure an optimum work

前缀：**Check the following conditions to ensure an optimum**

修正：**Check the following conditions to ensure an optimum** *p*

第四步

预测：**Check the following conditions to ensure an optimum p** erformance

结果：**Check the** *fo* **llowing conditions to ensure an optimum** *performance*

$KSR = \dfrac{4}{65} = 0.06 \rightarrow 6\%$

图 10.3   字符级文本生成过程以及相应的 KSR 计算的例子，生成的文本为"Check the following conditions to ensure an optimum performance"。系统首先生成一个初始预测，然后用户确认一个正确的前缀（粗体字）并给出一个修正（斜体字）。系统利用这些信息生成一个新的预测。这个过程一直迭代下去直到得到一个正确的完整语句。在最后的结果中，用户只需要键入三个字母（用斜体字显示）。假设最后接受预测结果时还有一次击键，KSR 的计算就是用用户击键次数除以总的字符数。

在形式上，令 c_{w_k} 为前缀中紧跟在最后一个空格后面的字符序列，需要搜索一个以 c_{w_k} 为前缀的单词 $\hat{v}$。在 n-gram 语言模型情形下，可得到如下最优化公式：

$$\hat{v} = \underset{v \in V : c_{w_k} \in \text{pref}(v)}{\arg \max} \quad P(v \mid w_{k-n+1}^{k-1}) \tag{10.5}$$

其中,pref(v) 代表单词 v 的所有前缀集合。

字符级实验

表 10.3 显示了基于 10.2.5 节描述的语料库,字符级交互的结果。

这里回顾前面的讨论,哪种测量指标(WSR 还是 KSR)能够更好地评估用户的交互工作量。考虑一个普通的情况,用户在一个台式机上生成了一个文本文档,但并不清楚哪种评估方法更合适。如果系统是用于帮助用户撰写文档的(即,提出语法结构、单词选择等建议),因为单词可以看作是人类语言中有具体含义的最小语言单元,所以 WSR 似乎更合适,工作量应该用 WSR 来评估。另一方面,如果 ITG 只是在复杂环境中作为一种辅助工具使用,用户的工作只是敲键盘(很少或几乎不需要思考),那么 KSR 显然是更合适的度量标准。目前为止得到的(简单任务的)结果表明,对于第一种情况,ITG 暂时仅仅是提供有限的帮助。与之相反,KSR 的结果表明,在输入功能受限的环境下,ITG 是一个引人关注的方法。

表 10.3 贪婪预测方法的字符预测结果(KSR 以百分数表示)。之前得到的同一语料库的 WSR 结果也附在此处

语料库	KSR	WSR
EUTRANS	14.1	50.9
ALBAYZIN	13.3	53.6
XEROX	19.5	66.3

10.4　结　　论

本章提出了一种源于交互式模式识别范式的不同类型应用。这种应用的目的是为文本文档的生成提供辅助。它与其他 IPR 应用的主要区别在于没有任何输入信息可用,系统只能利用用户的反馈信息生成预测结果。这个过程比起前面章节介绍的几种系统更加困难,因为本系统的输出受到的约束条件要少得多。

本章的主要贡献之一是采用了一种不同的、更简单的贪婪搜索策略,利用这种策略,能够得到文本前缀的最佳接续。

已经进行的实验表明,这种方法能够很可观地节省打字工作量。当用户要处理很烦琐的打字工作时,这种方法会很有价值。

本章参考文献

[1] Bickel,S. ,Haider,P. ,&Scheffer,T. (2005). Predicting sentences using n-gram language models. In *HLT'05:Proceedings of the conference on human language technology and empirical methods in natural language processing* (pp. 193-200),Morristown,NJ,USA. Menlo Park: Association for Computational Linguistics.

[2] Jelinek,F. (1998). *Statistical methods for speech recognition*. Cambridge: MIT Press.

[3] Oncina,J. (2009). Optimum algorithm to minimize human interactions in sequential computer assisted pattern recognition. *Pattern Recognition Letters*, 30(6),558-563.

[4] Trost,H. ,Matiasek,J. ,&Baroni,M. (2005). The language component of the fasty text prediction system. *Applied Artificial Intelligence*,19(8),743-781.

第 11 章　交互式图像检索

本章介绍几种图像检索中的搜索方法,这些方法结合用户监督可以得到性能上的大幅提升,具体通过人机交互的方式来实现。本章针对这一问题的不同方面做出了两个主要贡献。

本章做出的第一个贡献涉及经典的相关反馈和基于内容的图像检索,但是配有一个直接源自于贯穿本书的 IPR(交互式模式识别)范式的公式。这个公式能够帮助提高检索图像之间的"一致性"(consistency)。本章做出的另一个贡献是,用基于补充文本的"模态"来表示用户相关反馈信息,从而改进检索结果。

11.1　简　介

本章提出了两种不同的方法来改进图像检索结果,这两种方法分别应用了用户交互和多模态。第一种方法是相关反馈法,利用用户反馈信息和图像相异点以迭代方式对检索结果进行优化。该方法采用了交互式过程的概率模型,在图像检索过程中,形成了一种能将检索图像相关性最大化的算法。第二种方法也是基于用户相关反馈实现的,但更多地侧重于在检索机制中加入新的模态。特别地,提出了一种能同时利用视觉特征和文本特征的多模检索系统。

11.2　图像检索中的相关反馈

本节提出了一个概率模型来处理信息检索应用中的用户交互。在这类信息检索应用中,用户反馈中通常含有关于系统所检索信息的相关性的提示。所给出的模型对于一般的信息检索系统都是有效的,不过这里只关注图像检索。图像检索的研究可追溯到 20 世纪 80 年代,到 90 年代,基于内容的图像检索(Content-Based Image Retrieval,CBIR)成了研究热点。在 CBIR 领域,研究的目的是:当用户通过一个示例图像给出他们想要查找的某一类图像时,系统应能为他们找到相关的图像。实际上,基于内容的图像检索问题到目前为止仍然没有很好地解决。能够提高检索性能的方法之一是利用用户的反馈,例如:用户用一个示例图像进行查询,然后会得到一组有可能相关的图像。用户从这些图像中选出相关的图像和不相关的图像并做标记(也可能剩余一些图像没有被用户标记),然后检索系统根据用户的标记情况改进检索结果。这样,每一步交互之后所得到的结果很可能都比上一步要好。

相关工作:图像检索和信息检索领域中关于相关反馈的研究几乎从信息检索技术出现时就已经开始了。文献[20]给出了早期图像检索中相关反馈技术的相关工作综述。大多数方法在查询时将每幅标记图像单独使用,然后再合并检索结果。比较新的方法则采用了基于查询实例的方法或用支持向量机(Support Vector Machine,SVM)训练一个两类分类器。在本书中,采用一种概率方法对候选图像集的相关性进行建模。这种方法带来了性能上的大幅提升,也开拓了一种将一致性检查融入检索过程的新方式。研究的另一个相关领域是图像和视频数据库的浏览方法。与本章提出的方法关联最为紧密的方法是贝叶斯(Bayesian)浏览方法。本章提出的方案遵循交互式模式识别的思想,这一思想由文献[19]首次提出,在本书第 1 章对其进行了详细的阐述。文献[10]介绍了这项工作的早期版本。

11.2.1　概率交互模型

本节将介绍一种概率模型和贪婪算法,用于解决交互式搜索问题。这里,标记、建模和搜索针对图像检索问题都被具体化了,不过它们也可以很容易地适应于其他信息检索任务。

令 U 为通用图像集合,$C \subset U$ 是一个固定的、有限的图像集合,假设用户"想要的"相关图像的集合为 R,且 $R \subset U$。集合 R 是未知的,系统的目标是在集合 C 中找出 n 个属于集合 R 的图像。交互检索过程始于用户给出一幅查询图像 $q,q \in U$。然后,系统给出一个初始图像集 $X \subset C$,其中包含 n 个系统认为与 q 相似的图像。这些图像提供给用户来判断,用户通过选出相关的图像(同时也暗示了哪些图像是不相关的)给出反馈意见,系统根据这些反馈信息给出一个新的图像集 X,重复该过程直到用户对检索结果满意,即用户认为集合 X 中的所有图像都是相关的。

遵循第 1 章中给出的框架,在此交互式过程中的每一步,历史记录都可以用一个集合 $H' \in C^m$ 来表示,其中,$m \geqslant n$ 是之前用户监督过的图像总数①。

---

①　由于 H' 可能是若干次交互的结果,监督图像的总数 m 可能比每次交互步骤中检索出的图像数 n 要大

集合 H' 中包含所有在之前交互步骤中用户判定为"相关"的图像,以及系统提供的其他图像。而在当前步骤中,由用户给出的(确定型)反馈 $f \equiv d$,包含一些 H' 中先前未被标记,而现在被标记为"相关"的图像。

为优化用户体验,根据 H' 和 d,最大化集合 X 中图像"相关"的概率,即

$$\hat{X} = \arg \max_{X \in C^n} \Pr(X \mid q, H', d) \tag{11.1}$$

式中忽略了 C,因其对于所有查询都是固定的。需要注意的是,该式在形式上与式(1.14),即用于与显式历史表示和确定型反馈交互的通用方程,是相同的。

在本章的任务中,初始查询图像可以看作是 H' 的相关监督图像子集中的一个额外图像,这样可以写出

$$\hat{X} = \arg \max_{X \in C^n} \Pr(X \mid H', d) \tag{11.2}$$

也就是说,本任务中的交互协议可看作是式(1.37)的一个实例,在1.4.1节中称之为"无输入交互"。

现在,令 $X' = (H', d)$ 表示"综合历史记录",包含 m 个图像,其中子集 $Q^+ \subset R$(其中 $q \subset Q^+$)被标记为相关,剩下的子集 $Q^- \subset C - R$ 被认为是不相关的,也就是说,$X' = (Q^+ \cup Q^-) \in C^m$。根据式(11.2),系统假设 $\hat{X}$ 中给出的图像应与 Q^+ 中的图像"相似"(并且它们互相之间也可能是相似的),而与 Q^- 中的图像"不同"。使用这种表示方法,应用贝叶斯准则,并略去不依赖于最优化变量 X 的项,式(11.2)可写成

$$\hat{X} = \arg \max_{X \in C^n} \Pr(X' \mid X) \cdot \Pr(X) \tag{11.3}$$

对于式(11.3)中的第一项,应用直接基于图像距离的模型:

$$\Pr(X' \mid X) \propto \prod_{x \in X} P(X' \mid x) \tag{11.4}$$

其中乘积中的每一项[①]都是使用了合适的图像距离 $d(\cdot, \cdot)$、基于最近邻的经典类条件概率估计的平滑形式:

$$P(X' \mid x) = \frac{\sum_{q \in Q^+} d(q, x)^{-1}}{\sum_{q \in X'} d(q, x)^{-1}} \tag{11.5}$$

注意,这里用乘积的形式合并了式(11.4)中的概率,这样可以用11.2.2节中提出的贪婪检索策略来找到式(11.3)的近似解。

---

① 符号 $\Pr()$ 代表真实概率,$P()$ 表示作为模型使用的任意函数

对于式(11.3) 中的第二项,假设,如果集合 X 是"一致的",也就是说,集合 X 内的所有图像相互之间都是相似的,那么其先验概率值就较大。应用链式法则,得到

$$\Pr(X) = \Pr(x_1, x_2, \cdots, x_n) = \Pr(x_1)\Pr(x_2 \mid x_1)\cdots\Pr(x_n \mid x_1\cdots x_{n-1})$$

(11.6)

同前面一样,乘积中的每一项可以用图像距离来建模:

$$\Pr(x_i \mid x_1\cdots x_{i-1}) \propto \frac{P(x_1\cdots x_i)}{P(x_1\cdots x_{i-1})}$$

(11.7)

其中

$$P(x_1\cdots x_i) = \frac{1}{i(i-1)} \sum_{j=1}^{i} \sum_{k\neq j, k=1}^{i} d(x_j, x_k)^{-1}$$

(11.8)

从直观上看,式(11.5) 和式(11.7) 分别测量集合 X 中图像的相关性和一致性。因此,在实际应用中,通常用一个参数 α 来平衡这两个因素的重要程度,这种方法非常简便,当 $\alpha=1$ 时,表示没有考虑一致性信息;当 $\alpha=0$ 时,表示只考虑了一致性信息。综合以上,式(11.3) 可以扩展为

$$\hat{X} \approx \arg \max_{X \in C^n} P(X' \mid x_1)P(x_1)\prod_{i=2}^{n} P(X' \mid x_i)^{\alpha} \left(\frac{P(x_1\cdots x_i)}{P(x_1\cdots x_{i-1})} \right)^{1-\alpha}$$

(11.9)

在接下来的部分,将介绍一种寻找图像近似最优集 $\hat{X}$ 的有效手段。

11.2.2　贪婪近似相关反馈算法 GARF

令 $C_{X'} = C - X'$ 为已收集但未检索的图像集合。在下面的表达式中,m、r 和 $\bar{r}$ 分别为集合 X'、Q^+ 和 Q^- 的大小。提出一种算法来逼近式(11.9) 的最大值。算法描述如下:首先选取集合 Q^+ 中的 r 个图像,作为集合 $\hat{X}$ 中的前 r 个图像。集合 $\hat{X}$ 中剩下的 $n-r$ 个图像从集合 $C_{X'}$ 中选出,这是因为 Q^+ 和 Q^- 中的图像刚刚经过用户的监督($X'=Q^+ \bigcup Q^-$,Q^+ 中的图像已全部取出,Q^- 中的图像不相关,所以只能从 $C_{X'} = C - X'$ 中选)。对式(11.9) 中的最大值稍做修改:

$$\hat{X} \approx Q^+ \bigcup \arg \max_{X \in C_{X'}^{n-r}} P(X' \mid x_{r+1})P(x_{r+1})\prod_{i=r+2}^{n} P(X' \mid x_i)^{\alpha} \left(\frac{P(x_1\cdots x_i)}{P(x_1\cdots x_{i-1})} \right)^{1-\alpha}$$

(11.10)

假设 $\Pr(x)$ 服从均匀分布,那么 $P(x_{r+1})$ 在求取最大化的过程中为常数,可以忽略。为求解最大化问题,t 个具有最大 $P(X' \mid x_i)$ 值的最优图像被选中,$t \geqslant n-r$,把这个集合记作 B。集合 B 中的每个图像都被暂时假设为首幅

图像,即 x_{r+1}。随后,通过贪婪最大化式(11.10)中的指数项,应用图 11.1 所示的贪婪近似相关反馈算法(Greedy Approximation Relevance Feedback,GARF),选定后续图像。

$\hat{X} = \mathbf{GARF}(C, Q^+, Q^-)$ {

  for each $x \in C_{X'}\{V = P(X' \mid x)\}$

  $B = \text{select}(V, t); max = -\infty$

  for each $x \in B$ {

    $x_{r+1} = x; S = \{x_{r+1}\}$

    for $i = r+2, \cdots, n$ {

      $x_i = \arg\max_{x \in B-S} P(X' \mid x)^{\alpha} \left(\dfrac{P(x_{r+1}, \cdots, x_{i-1}, x)}{P(x_{r+1}, \cdots, x_{i-1})} \right)^{(1-\alpha)}$

      $S = S \bigcup \{x_i\}$

    }

    $sc = P(X' \mid x_{r+1}) \prod_{i=r+2}^{n} P(X' \mid x_i)^{\alpha} \left(\dfrac{P(x_{r+1} \cdots x_i)}{P(x_{r+1} \cdots x_{i-1})} \right)^{1-\alpha}$

    if $(sc > max)$ {

      $max = sc; SBest = S$

    }

  }

  $\hat{X} = Q^+ \bigcup SBest$

return $\hat{X}$

}

图 11.1　GARF:贪婪近似算法,用于选取相关性和一致性最好的图片。t 值需根据经验调整

11.2.3　GARF 简化版

如果 $\alpha = 1$,不考虑图像一致性,那么最大化计算公式变为

$$\hat{X} = Q^+ \bigcup \arg\max_{X \in C_{X'}^{n-r}} \prod_{i=r+1}^{n} P(X' \mid x_i) \tag{11.11}$$

这种方法进一步简化了过程。为获得表达式的最大值,只选择具有最大 $P(X' \mid x_i)$ 值的图像,从而产生了图 11.2 中的 GARFs 算法。

根据上述的简化形式可知,GARFs 是式(11.11)的精确解,而非近似解。本节将这一算法称为 GARFs,因其可看作是 GARF 的简化版本。GARFs 的计算复杂度与 11.2.6 节中提出的相关反馈基准方法的复杂度相

同。

$$\hat{X} = \mathbf{GARFs}(C, Q^+, Q^-) \quad \{$$
$\quad$ **for each** $x \in C_{X'}\{V = P(X' \mid x)\}$
$\quad B = \text{select}(V, n - r)$
$\quad \hat{X} = Q^+ \bigcup B$
$\quad$ **return** $\hat{X}$
$\}$

图 11.2　GARFs：GARF 算法的简化版，不考虑图像一致性

11.2.4　实验

采用人们所熟知的 Corel/Wang 数据集对本节中提出的算法进行评估。为了实验的明确性和可重复性起见，在所有实验中，都对相关反馈进行模拟，也就是说，没有真实的用户参与。不过，这里提出的方法可以直接应用于任何一种用户界面，而且在交互式检索的过程中，允许用户对图像是否相关进行标记，正如本书第 12 章或文献[8,12]所描述的那样。

WANG 数据库中有一个包含 1 000 个图像的子集，图像来自 Corel 照片存储数据库，这些图像经手动挑选分成 10 类，每一类下有 100 张图像。图 11.3 给出了一些示例图片。WANG 数据库可认为与一般存储图像检索任务相似，即每个分类下有若干图片，用户持有属于某一类的某一张图片，去寻找版税较低或未被其他媒体使用过的相似图片。上述的 10 类图像用于进行用户相关行为的模拟：给出一幅查询图像，假定用户要寻找的是同一类别下的其他图像。因此，结果应该是，认为同一类别下的其他 99 张图像是相关的，而其他类别的图像与给定图像是不相关的。

图 11.3　WANG 数据库中的示例图片（见插页）

11.2.5　图像特征提取

实验中，选择使用色彩直方图和 Tamura（田村）纹理直方图来描述图

像。尽管有些图像描述符(特征)在特定应用中会有更好的表现,但仍选择了以上两个图像描述符,因为有近期研究表明,对于一般图像数据库,色彩直方图和 Tamura 纹理直方图是非常合理的基准。此外,这里研究的相关反馈概率模型可以被应用在任何图像描述符上,只要这些描述符能够计算图像间的距离。接下来,对如何比较和获得这些特征进行说明。

对于直方图的比较,使用 L_1 距离,若(两个)直方图具有相同的直方条,则 L_1 表示的是直方图的交集。

$$d(h, h') = \sum_{i=1}^{l} \mid h_i - h_i' \mid \tag{11.12}$$

其中 h 和 h' 为参与比较的两个直方图;h_i 和 h_i' 是第 i 个直方条。

1. 色彩直方图

色彩直方图方法是最基本的方法之一,广泛用于图像检索。为显示图像检索性能的提升,经常用仅使用色彩直方图的系统作为基准。色彩空间被划分为几个部分,在每个部分中,对(在一定范围内)属于某种颜色的像素点计数,从而得到该颜色的相对出现频率。在直方图中使用 RGB 色彩空间,并将每个维度划分为八个直方条,得到 $8^3 = 512$ 维直方图。只观察其与其他色彩空间的微小差别,文献[15]观察同样的内容。

2. Tamura 纹理直方图

在文献[17]中,作者提出了六个与人类视觉感知对应的图像纹理特征:粗糙度(coarseness)、对比度(contrast)、方向性(directionality)、线性度(line-likeness)、规则度(regularity)和粗略度(roughness)。从测试以上特征对人类感知的重要程度的实验中得到的结论是,前三个特征是非常重要的。所以在本章的实验中,选用了粗糙度、对比度和方向性这三个特征。对于每个像素点,在其邻近区域计算上述三个特征的值,并将其量化成八个离散值,为每个图像建立 512 维联合直方图。QBIC 系统也使用了这些特征直方图。

11.2.6 基准方法

下面,将提出的方法与一些基准方法进行比较。

1. 简单方法

简单方法是通过对 C_X' 中的图像集合实施下一轮 $n-r$ 个图像的搜索实现的,保留相关图像实施下一轮搜索,实际上与初始结果一样,只是这是在缩减后的 C_X' 上进行的。

2. 相关度

文献[5]提出了相关度(R)的概念,它的提出是受到最近邻分类方法的启发。对于数据库中的每个图像,先找到与其最匹配的一幅查询图像,然后再考虑该图像与查询图像是否真的匹配(即该图像是不是想要的检索结果),而不是直接从图像数据库中找到与每个查询图像都匹配的最佳图像。最近的相关图像(的距离)与最近的不相关图像(的距离)之比,即为图像相关度的评价参考。在文献[5]中,相关度 R 按照下式进行计算:

$$R(x, Q^+, Q^-) = \left(1 + \frac{\min_{q_+ \in Q^+} d(x, q_+)}{\min_{q_- \in Q^-} d(x, q_-)}\right)^{-1} \tag{11.13}$$

然后按顺序排列图像,将相关度最小的图像排在最前。

3. Rocchio 相关反馈

Rocchio 的相关反馈法可以看作是文本信息检索中的一个标准方法。在 CBIR 中,研究了它在 GIFT 系统环境下的应用。在 Rocchio 的相关反馈中,多个独立的查询文档被合并为一个查询请求,合并公式为

$$\hat{q} = q + w_+ \cdot \sum_{q_+ \in Q^+} q_+ - w_- \cdot \sum_{q_- \in Q^-} q_- \tag{11.14}$$

其中,$\hat{q}$ 是新的查询请求,q 是来自最近一次反馈迭代的查询;w_+ 和 w_- 是加权因子,决定相关反馈的影响程度,通常把这两个参数设为 $w_+ = |Q^+|^{-1}$,$w_- = |Q^-|^{-1}$。

一旦 $\hat{q}$ 被确定下来,就用 $\hat{q}$ 来查询数据库并寻找最相似的图像。

在所有的实验中,都将要检索的图像数目设为 $n = 20$,并且查询图像总是包含在检索图像集合中的。在检索过程中,进行了四次反馈迭代,并测量每个迭代步骤的精度,每种方法得到五个值 $I_1, \cdots, I_5$。这里精度是指 n 个检索图像中相关图像的比率,用百分数表示。

用"Leaving - One - Out"方法(留一法)对作用于该数据库的不同相关反馈方法进行评估。每个图像都有机会作为查询图像,而剩余的图像则被当作参考图像集合 C。

该数据库的结果展示在表 11.1 中,其中 GARF 的简化版本得到了最好的结果。值得一提的是,通常用户对能在第一轮反馈迭代中就得到较高的精度更感兴趣,在这样的需求下,GARFs 仍是最佳方法。

表 11.1 作用于 WANG 数据库上不同方法在连续交互步骤中的精度 %

方法	I_1	I_2	I_3	I_4	I_5
简单方法	73.6	83.2	88.0	91.0	92.9
Rocchio 方法	73.6	92.7	97.3	99.2	99.8
相关度方法	73.6	92.2	97.8	99.5	99.9
GARFs 方法	73.6	94.5	98.9	99.9	99.9

图 11.4 展示了 GARF 算法首轮反馈迭代精度(I_2)随 α 参数和集合 B 的大小变化的结果。α 参数的取值从 0(不考虑一致性信息,即简化的 GARF 算法)到 1(只考虑一致性信息)。集合 B 的大小,即 t 参数,根据接下来还需要的相关图像的数目 $n-r$ 决定。$t=100\%$ 时所得到的结果不会随着参数 α 变化,因为这个值意味着集合 B 中只有 $n-r$ 个图像。第一轮反馈迭代中的最高精度为 94.62%,这个结果是在应用了 GARF 算法,$\alpha=0.3$,$t=130\%$ 的情况下得到的。

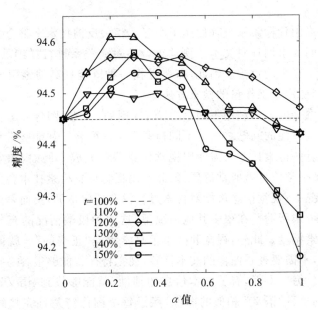

图 11.4 将 GARF 方法作用于 WANG 数据库时,不同 α 值和 t 值的结果比较

11.2.7　讨论

在这一部分中,介绍了一种新的图像检索相关反馈的概率模型。与其他方法相比,这种方法以一种健全的概率方式在图像检索中融入了一致性信息。此外,还提出了一种简化模型,这种简化模型没有考虑一致性信息。

由这种简化版本得到的结果明显优于目前已经过测试的最先进技术所得到的结果。另一方面,结合了一致性信息的模型能进一步提升检索系统的性能。从结果来看,当图像类别的一致性足够好时,由一致性模型带来的性能提升才较为明显。

尽管这种性能上的提升不是很大,但这表明了所提出的信息检索新方法是合理的,这种方法为开发新技术提供了合适的框架,同时,这种新方法也更好地利用了所有可利用的信息源。

11.3　多模相关反馈

很多网络图片检索系统都使用了交互式相关反馈技术来整合关键词和视觉特征。它们要求用户对文本 / 视觉组合的对应关系进行详细的说明,因此给用户造成了很大的负担。因此,需要寻找一种既能提高搜索引擎的检索准确度,又能降低用户工作量的检索方法。

如何以融合的方式利用不同信息模态(例如:文本,图像)是多媒体信息检索中最引人关注的问题之一。不同检索方法的融合往往能够带来更准确的检索结果。有些检索任务只需使用视觉信息即可完成。例如,如果想要查询"老虎",那么视觉信息就非常重要,因此使用视觉信息检索技术会更好。而在另外一些情况下,视觉信息可能对检索过程没有任何帮助,反而是文本注释会给问题解决带来帮助。在很多其他情况下,这两种极端情况的充分融合会带来更高的检索精度。此外,视觉和文本信息常常是"正交的"。就像在目前的一些工作中,不需要查看图像的文本标签,视觉特征就能够很容易找到"外观"相似的图像。另一方面,有了文本信息的辅助,就能够找到"语义"相似的图像,但为找到这种"语义"相似的图像,赋予每个图像清楚且完整的注释就变得非常重要。

本书通过不同的评估路线,如 TRECVID 和 ImageCLEF,研究了近期关于视觉特征和文本特征融合的发展趋势,认为这些信息源之间的关系并不是竞争关系,而是互补的,那么实际的问题就简化为,如何找到一种能够充分融合视觉信息和文本信息的有效方法。这种融合是多模信息检索方法中的一种,可以在前期融合,也可以在后期融合。在这两个方向上都已经涌现出一些相关研究,但目前这些方法的性能并不理想,在寻找更好的融合方案和选择更合适的个体相关模型方面,还需要进一步研究。

11.3.1　精练融合

这种方法的原理是显而易见的(图 11.5)。首先用户在网页浏览器中输入文本形式的查询内容。被检索库中的图像都附有相应的标题或注释,所以系统搜索标题、注释与用户查询内容一致的图像。然后,系统以视觉的形式将检索结果呈现给用户,用户选出他认为相关的那些图像。这可以看作是多模交互中的一种简单情况,因为它只在第一轮迭代中用到了文本信息,而在之后的迭代中只需要视觉信息。 这种方法被称为"精练融合(Fusion by Refining)",因为在这种方法中,先用文本信息来产生一组粗糙集图像,随后(仅)用视觉技术对这组图像进行精练。

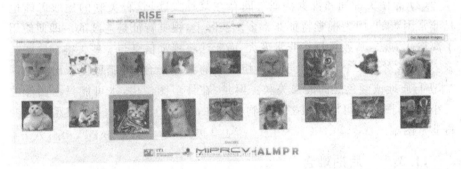

图 11.5　使用了"精练融合"的基于相关性的图像检索原型系统,三幅图像被标记为"相关"(见插页)

11.3.2　前期融合

前期融合方法属于监督式学习过程,在这个过程中,图像经人工训练被划分为不同的类别(图 11.6)。前期融合方法被广泛应用于自动标注问题中,将图像特征和语义概念连接起来。每个图像都被归入某一类别后,训练一个二元分类器来检测图像所属的类别。当收到一个新图像时,分别计算这个图像相对每个图像类别的视觉相似程度。前期融合通过监督学习方法[①],试图发现视觉特征与语义概念间的统计依赖性。前期融合通常很难实施,原因有以

---

① 译者注:原书是"无监督",译者认为这里应该是"监督",与本段第一句话一致

下几点。

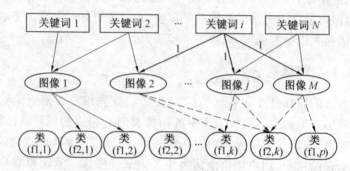

图 11.6　基于注释的前期融合图像检索系统典型结构,其中关
键词与低层视觉特征相结合

（1）图像的注释通常会包含一些与具体视觉特征关联较弱的关键词。这些关键词一般是形容抽象概念的,例如,"友谊""北方""锦标赛"。

（2）即使关键词和视觉特征之间存在某种关联,这种关联的提取可能也是非常困难的,因为视觉特征非常多。实际上,视觉特征是连续的。即便使用了离散化方法,其数量仍然非常庞大,而无法将视觉信息与一些关键词联系起来。例如,对于一个与关键词"水"相关联的图像集合,可能想提取出关键词"水"与质地或颜色之间的强关联。但是,在许多图像中,水可能只占图像的一小部分,图像中可能有很多其他物体存在,而使分离出"水"的典型特征变得非常困难。

11.3.3　后期融合

后期融合是在本书这一部分中采用的方法。后期融合的提出是受到文献[7]的启发,文献[7]假设,两个具有强视觉相似性的图像应具有某些相同的语义。独立检索方法的后期融合是一种更为简便的方法,并广泛地用于搜索过程中视觉信息和文本信息的结合。通常,每种检索方法都是基于单模的,或者即使有一些方法考虑到了所有的模态,这些方法仍然使用同样的信息来进行索引或查询（图 11.7）。后者在融合过程中损失了文档的多样性和互补性,因此导致融合结果不理想。在多模图像检索中,信息源包括从图像中提取出的视觉特征和以关联标题形式给出的文本特征。这些信息源通常都被分别地、独立地使用。在很多图像标题相对清晰的任务中,文本特征被证实比视觉特征效果更好。然而,这两种情况中普遍存在的一个问题是不具备一般性,这使系统在面临多样化的查询集合时往往以失效告终。图 11.8 用一个更具体的示意图描述了这种状况,图中只画出了视觉和文本检索引擎。

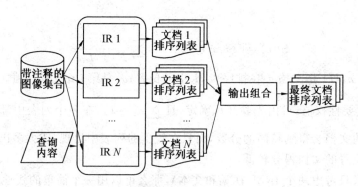

图 11.7 多种不同方法的后期融合示意图,通过结合不同输出
结果得到最终文档排序列表

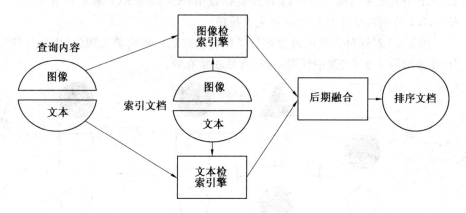

图 11.8 视觉和文本的后期融合

对于每一个查询内容 q,有 N 种不同的检索方法独立工作,得到一个有 N 个文档或图像排序列表的集合。用这 N 个排序列表的信息组成一个单独的文档排序列表,并作为对查询 q 的响应返回给用户。对每个曾在这 N 个列表中出现过的文档打分,最终列表根据这个分数排序给出。分数越高,表明这个文档与查询内容 q 的相关性越大。文档以分数的降序排列,分数最高的 k 个文档被列入最终的文档排序列表。

在本节中,基于不同列表中文档排序的加权线性组合,给出一种简单的(然而也是非常有效的)评分方法。该评分方法考虑了文档的冗余度和每种检索方法各自的性能表现。所涉及独立检索方法(Independent Retrieval Method,IRM)的异构性使文档的多样性和互补性也能够发挥作用,通过对每种模态使用多种独立检索方法,文档的冗余度也被纳入了考虑范围之内。给定一个文档(包括图像和文本)x 和 N 个列表 $L_i,1 \leqslant i \leqslant N$,分数 $S(x)$ 根据下式计算：

$$S(x) = | \{i : x \in L_i\} | \cdot \sum_i^N \frac{\alpha_i}{R(x, L_i)} \qquad (11.15)$$

其中，$R(x, H)$ 是文档 x 在排序表 H 中的位置；α_i 是第 i 个 IRM（独立检索方法）的重要性权值，可由先验知识确定，且 $\sum_{k=1}^N \alpha_k = 1$。在多个列表中都排在较高位置的文档会得到较高的分数，而只在较少的列表中出现，或大多出现在列表底部位置的文档得分较低。

如果只考虑两个 IRM（视觉和文本），那么可以用一个简单的线性组合：

$$R(x) = \alpha R_v(x) + (1 - \alpha) R_t(x) \qquad (11.16)$$

其中，$R(x)$ 是 x 的组合排序；α 是重要性权值；$R_v(x) = R(x, L_v)$ 和 $R_t(x) = R(x, L_t)$ 分别对应于视觉排序和文本排序。

图 11.9 对这种方法的理念进行了阐释。这是一种简单直观的、用来合并 IRM 输出的方法，实践中证明，这种方法非常有效。

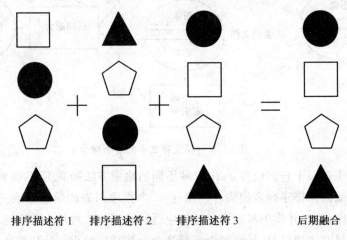

排序描述符 1　　排序描述符 2　　排序描述符 3　　　　后期融合

图 11.9　后期融合排序算法示例

11.3.4　提出的方法：动态线性融合

如前文所述，视觉和文本检索引擎必须互相合作才能得到更高的精度。但是在后期融合的应用中有一个重要的问题：对于每一个任务都必须确定下前文公式中的 α 值。但是，对于给定的任务，很难找到一个适用于当前任务中所有查询类型的唯一 α 值。通常视觉查询需要较大的 α 值，而其他的查询方式（主要是文本查询）需要很小的 α 值。为应对这个动态变化的权值，给出下式来解决这个最大值问题：

$$\hat{\alpha} = \arg\max_{\alpha} \sum_{x \in Q^+} \sum_{x \in Q^-} R(y) - R(x) =$$

$$\arg\max_{\alpha} \sum_{x \in Q^+} \sum_{x \in Q^-} \alpha(R_v(y) - R_v(x)) + (1-\alpha)(R_t(y) - R_t(x))$$

$$(11.17)$$

其中 $R()$、$R_v()$ 和 $R_t()$ 的定义如式(11.16)所示;Q^+ 和 Q^- 分别是当前交互步骤中相关图像和不相关图像的集合。

在每个交互步骤中,系统给出一组图像集合,用户对每个图像进行"相关"或"不相关"的标记。借鉴到当前为止查询过程中用户对图像的标记情况,根据用户的意图更新权值,而不需用户再次参与。

直观地说,上式搜索 ROC 曲线下的最佳区域,通过尽可能地在全局范围对图像排序,使不相关图像和相关图像间的差异更为显著。

11.3.5 实验

为模拟用户相关反馈,给出一个有21个(文本形式的)查询内容的集合。对于其中的每一个查询内容,都用公共搜索引擎从网络上抓取 200 幅图像,并对每一幅图像都人工地标记相关或不相关。表 11.2 给出了每个查询内容的简要描述,图像示例由图 11.10 给出。

表 11.2　查询内容及其在测试语料库中的语义描述

查询内容	描述
香蕉	真的、黄色的香蕉。卡通香蕉和画出的香蕉被认为是不相关的
棒球 1	棒球
棒球 2	投掷棒球的棒球运动员
自行车 1	摩托车类,不一定是白色背景下的
自行车 2	自行车类,图中可以出现人,但自行车要完整
鸟	鸟在飞
汽车 1	真正的汽车,图片中没有人或其他的车,车要完整
汽车 2	汽车引擎
玉米	玉米的照片,没有人的手
奶牛	真正的奶牛,在山上、土地上或草地上
枪	枪,背景白色

续表 11.2

查询内容	描述
帽子	人戴着帽子并直视镜头,单独的帽子被认为不相关
喇叭	喇叭
湖	全景风景画,湖边有无房子皆可
雨	一个人在欣赏雨景的图片
蛇	图中必须包含蛇头和蛇身
团队	一群人
老虎1	真正老虎的全身
老虎2	"老虎"伍兹,正在打高尔夫或没有在打高尔夫皆可,但只有他自己
老虎3	老虎牌运动鞋或皮鞋
火山	四周带有岩浆和火焰

图 11.10 21个查询内容的相关图像示例(以及相关图像的总数)

给定一个图像集合和集合中每个图像的文本描述,就能够知道图像相对于查询内容的相关性。这种用户反馈的方式可以用自动化模拟。在这个实验中,模拟了一个用户,该用户想一次看到 N 个图像。那么在每轮迭代中,他就会看到 N 个图像,然后用户根据每个查询内容的具体含义来判断哪个图像是相关的,哪个是不相关的。下面给出 $N=10$ 的结果。

图 11.11（左图）给出了在连续交互步骤中使用了最佳 α 值的方法，与只使用文本检索和只使用视觉检索的方法的对比。可以预期，该结果要劣于每一个查询的平均最佳百分比。（无法获取一个概念对应的所有相关图像，只知道某一个交互步骤中的相关图像和不相关图像。）在一次交互步骤之后能够看到，提出的动态线性融合方法的表现优于单纯文本检索和视觉检索的结果。然而，显然这种方法的效果不如每个概念的最佳线性组合，而最佳线性组合的性能则是一个上限。

由图 11.11（右图）可以看出，系统很快从用户交互步骤中获得了准确度增益。也就是说，关于用户给出的相关或不相关的判断信息，系统在前面的步骤中获取得越多，系统对当前步骤中最佳 α 值的预测就越好。在第一步中，视觉策略曲线有一段明显的上升趋势，应用纯视觉搜索可以得到很高的精度。然而，在接下来的迭代步骤中，最佳精度并没有在极值处（视觉百分比 100%）取得，这说明了动态用户 / 查询自适应的 α 的重要性，需要通过动态的 α 来得到最佳精度。

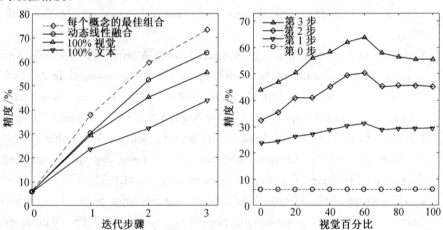

图 11.11　一次给出 $N = 10$ 个图像的情况下，RISE 评估测试结果。左图：图像检索技术之间的比较。右图：多次反馈迭代步骤中，精度随 α 的变化

关于 α 参数很重要的一点是，它是无记忆的。用户在搜索一个概念或查询内容期间可以改变主意。例如，用户在最开始查询"苹果"，原本想要的是真正的、能吃的那种苹果。然而接下来他可能开始查询"苹果公司"的相关信息。因此，用户可以改变 α 值，而系统则根据用户的需要进行调整。这样，相关结果对于用户有了更大的灵活性。

11.3.6   讨论

在这一部分中,探讨了几种基于相关性的图像检索方法。第一种方法是后期融合,根据 α 值融合视觉排序和文本排序。在这种方法中,需要预先确定下 α 值。做了一些实验,证明了查询的类型不同,所需的 α 值也不同。如果对每个查询内容都能取到最佳的 α 值,那么就可以得到精度更高的系统。这促使我们提出了动态线性融合方法。这种方法从用户意图中习得用户想要搜索的查询内容,并自动为每一个交互步骤计算出一个最佳 α 值。实验结果表明,这种动态取值方法的表现比任何单独的检索引擎都要好得多。

本章参考文献

[1] Deselaers,T. ,Keysers,D. ,& Ney,H. (2008). Features for image retrieval: an experimental comparison. *Information Retrieval*,11(2),77-107.

[2] Duda,R. ,& Hart,P. (1973). *Pattern recognition and scene analysis*. NewYork: Wiley.

[3] Escalante,H. J. ,Hérnadez,C. A. ,Sucar,L. E. ,& Montes,M. (2008). Late fusion of heterogeneous methods for multimedia image retrieval. In *MIR'08: Proceeding of the 1st ACM international conference on multimedia information retrieval* (pp. 172-179),New York,NY,USA. New York: ACM.

[4] Faloutsos,C. ,Barber,R. ,Flickner,M. ,Hafner,J. ,Niblack,W. ,Petkovic,D. , & Equitz,W. (1994). Efficient and effective querying by image content. *Journal of Intelligent Information Systems*,3(3/4),231-262.

[5] Giacinto,G. ,& Rolli,F. (2004). Instance-based relevance feedback for image retrieval. In *Neural information processing systems* (NIPS),Vancouver, Canada.

[6] Jin,H. ,Tao,W. ,& Sun,A. (2008). Vast: Automatically combining keywords and visual features for web image retrieval. *International Conference on Advanced Communication Technology*,3,2188-2193.

[7] Lacoste,C. ,Chevallet,J. q. P. ,Lim,J. q. H. ,Le,D. T. H. ,Xiong,W. ,Racoceanu, D. ,Teodorescu,R. ,& Vuillemenot,N. (2006). Inter-media concept-based medical image indexing and retrieval with umlsatipal. In *CLEF* (pp. 694-701).

[8] Moënne—Loccoz,N. ,Bruno,E. ,& Marchand—Maillet,S. (2005). Interactive retrieval of video sequences from local feature dynamics. In *Proceedings of the*

3rd international workshop on adaptive multimedia retrieval, AMR'05, Glasgow, UK.

[9] Müller, H. , Müller, W. , Marchand — Maillet, S. , & Squire, D. M. (2000). Strategies for positive and negative relevance feedback in image retrieval. In A. Sanfeliu, J. J. Villanueva, M. Vanrell, R. Alquezar, J. q. O. Eklundh & Y. Aloimonos (Eds.), *Computer vision and image analysis: Vol. 1. Proceedings of the international conference on pattern recognition* (ICPR'2000) (pp. 1043-1046), Barcelona, Spain.

[10] Paredes, R. , Deselaers, T. , & Vidal, E. (2008). A probabilistic model for user relevance feedback on image retrieval. In *Proceedings of the 5th international workshop on machine learning for multimodal interaction*, MLMI'08 (pp. 260-271). Berlin: Springer.

[11] Rocchio, J. J. (1971). Relevance feedback in information retrieval. In G. Salton (Ed.), *The SMART retrieval system: experiments in automatic document processing* (pp. 313-323). New York: Prentice — Hall.

[12] Rooij, O. d. , Snoek, C. G. M. , & Worring, M. (2007). Query on demand video browsing. In *ACM int. conf. on multimedia* (pp. 811-814), Augsburg, Germany.

[13] Setia, L. , Ick, J. , & Burkhardt, H. (2005). Svm-based relevance feedback in image retrieval using invariant feature histograms. In *IAPR workshop on machine vision applications* (MVA), Tsukuba Science City, Japan.

[14] Smeulders, A. W. M. , Worring, M. , Santini, S. , Gupta, A. , & Jain, R. (2000). Content-based image retrieval at the end of the early years. *IEEE Transactions on Pattern Analysis and Machine Intelligence*, 22(12), 1349-1380.

[15] Smith, J. R. , & Chang, S. q. F. (1996). Tools and techniques for color image retrieval. In *SPIE storage and retrieval for image and video databases* (Vol. 2670, pp. 426-437).

[16] Swain, M. J. , & Ballard, D. H. (1991). Color indexing. *International Journal of Computer Vision*, 7(1), 11-32.

[17] Tamura, H. , Mori, S. , & Yamawaki, T. (1978). Textural features corresponding to visual perception. *IEEE Transactions on Systems, Man, and Cybernetics*, 8(6), 460-472.

[18] Vasconcelos, N. , & Lippman, A. (1998). Bayesian modeling of video editing

and structure: Semantic features for video summarization and browsing. In *ICIP* (*pp*. 153-157),Chicago,IL,USA.

[19] Vidal, E. , Rodríguez, L. , Casacuberta, F. , & García — Varea, I. (2007). Interactive pattern recognition. In LNCS: Vol. 4892. *Proceedings of the* 4*th joint workshop on multimodal interaction and related machine learning algorithms* (pp. 60-71),Brno,Czech Republic.

[20] Zhou,X. S. , & Huang,T. S. (2003). Relevance feedback in image retrieval: A comprehensive review. *Multimedia Systems*,8,536-544.

第12章 原型与演示

本章将介绍几个多模交互模式识别应用的工作原型和演示系统。这些系统是本书前面所提出方法的验证实例。这些例子的设计目的在于针对某个具体任务来实现真正的人机交互。

首先,将详细阐述被测试的不同协议,即从左到右被动型、被动无序型和主动型。每个演示的概述都尽量做到足够详细,以使读者对相关的底层技术有整体的了解。本章中涉及的原型系统包括:文本图像转录(IHT,GIDOC),机器翻译(IMT),语音转录(IST),文本生成(ITG)和图像检索(RISE)。此外,大多数的原型系统都会在最后给出有关用户工作减少量的评估。最后,其中的一些演示系统发展出了基于网页的版本,本书给出了它们的网址,使读者可以在不同的应用中进行测试和练习。

12.1 简 介

本书通篇对多模交互－预测式模式识别范式(MIPR)进行了系统的理论研究。书中提出的方法已经在用计算机模拟用户的受控实验室环境下得到了验证。虽然这种(实验)设置提供了一个合理的研究框架,但在处理实际应用时,这种方法对于用户交互来说还是有些理想化了。

在本章中,给出了一些针对不同 MIPR 任务的系统原型成功实现的例子,它们都涉及多模态和交互策略,并充分将用户的知识整合到模式识别(PR)的过程中。这些演示系统追求两个目标:(1) 允许潜在的用户快速浏览 MIPR技术;(2) 更方便地采集数据以在更贴近真实的场景中评估真实用户的交互工作。正如将要在下面阐述的,利用这些原型系统可以大幅地减少用户的工作量而不必牺牲其可用性 —— 恰恰相反,如前面所述,人机交互(Human-Computer Interaction,HCI)模式被认为是模式识别应用场景中的主角。

本章中每一小节的内容结构如下:在简介之后,描述原型系统的演示。在每一个原型描述中,都给出一种用户交互协议并对其详细阐述。然后,介绍创建原型系统所涉及的技术。最后,讨论对原型系统的评估和所取得的主要成果。在所有的用户评估中都可以看到,所提出的原型系统相对于传统模式识别方法有明显的改进。因此,正如在这一章的序言中所说的,这些演示系统作为本书中提出和描述的 MIPR 框架的验证实例给出。用户的反馈信息可以直接提高系统的精度,而多模性质可以改善系统的人机工程学和用户舒适度。多模交互就是通过这样一种方式使主数据流与反馈数据流互相协助来优化系统的整体性能和可用性。下面将要给出的原型系统可以根据 1.4 节中描述的交互协议的种类来进行分类。现在基于上述架构,先简单介绍一下每种原型的概况。

12. 1. 1　从左到右被动协议

被划分到这种交互协议类别下的原型满足两个条件。首先,它应该是一个被动式协议,接受完全监督以求得到"完美(高品质)"的结果。另一方面,这种交互协议的输出是按照从左到右顺序的,因此这种协议比较适合人类语言处理任务(注意,从右到左顺序的协议也可以满足一些特定语言的需要,如阿拉伯语或波斯语)。

从左到右被动协议的过程如下:首先,系统给出一个完全自动的输出结果。然后,用户验证输出结果中的最长前缀(这一部分是没有错误的),并通过键盘纠正后缀中出现的第一个错误。如果原型系统支持多模态,那么交互动作就可以通过不同种类的反馈渠道来实现,例如触摸屏上的笔画和 / 或其他可能的交互方式,如语音输入。接下来,基于先前验证过的前缀、多模解码以及击键修正,系统将给出一个新的扩展合并前缀并随后根据这个新前缀给出一个新的后缀。重复以上步骤,直至得到用户满意的系统输出。

下面介绍一系列遵从这种协议的针对自然语言处理任务的原型系统实现。

多模交互手写文档转录(Multimodal Interactive Handwritten Transcription,MM − IHT):给定一幅对应于一行数字化手写文档的文本图像,用户在系统的帮助下转录图像中的文本。通过输入一些笔画来修正后缀中的第一个错误就是多模态的一种体现。

交互式语音转录(Interactive Speech Transcription,IST):用户转录从会议宣读、公众讲演、视频讲座等获取的语音数据。这里,修正是通过键盘和鼠标进行的。

交互式机器翻译(Interactive Machine Translation,IMT):首先将源语言文档加载到系统中,翻译程序将文档分割成句子,然后再用键盘、鼠标和 / 或手写笔翻译成目标语言。

交互式文本生成(Interactive Text Generation,ITG):该系统的工作原理

是,根据文档的主题、上下文和同一用户先前键入的文本,预测用户下一步将要输入的内容。为使系统适应不同的场景和／或用户的喜好,可以选择多种输入模式。

多模交互式解析(Multimodal Interactive Parsing,MM－IP):给定一条输入语句,用户交互式地生成其句法结构解析。用户可以通过键盘、鼠标或其他高级输入方式对解析树进行修改。

后面将会看到,这些原型系统中的大多数都是用相同的通信工具包(详见文献[1])建立的,它提供了一个应用程序接口(Application Programming Interface,API),允许客户端和模式识别引擎之间建立 TCP 套接字连接。套接字与其他通信方式相比有如下几个优点:一方面,它可以提供更高的信息交换速率和更低的通信延迟;另一方面,能够轻松实现多用户环境,可以使分布在世界各地的多个用户在同一时间对同一任务开展工作。此外,Web 服务器和模式识别引擎不需要在物理上处于同一地点。因此,一个特定的模式识别引擎可以放在多个任务上运行,来处理对 CPU 要求高的语料库;一个任务也可以设置多个 Web 服务器,以应对用户数量的增长。

上述的 API 可以概括为三项基本功能(对应三个基本函数):

set_source:选择待转录的源短语。

set_prefix:设定最长的无错前缀,并通过键盘输入修正第一处错误。

set_prefix_online:设定最长的无错前缀,并通过手写笔输入修正第一处错误。

另外,这种原型系统都有一个共同的结构,如图 12.1 所示。这种结构的在线形式允许分布在全球各地的数以千计的用户开展协作任务,从而在整体上显著缩短模式识别过程。由于用户是在 Web 浏览器窗口中进行操作的,该系统还具有良好的跨平台兼容性,而且不需要占用客户端上的磁盘空间。

12.1.2　无序被动协议

和前面的协议一样,这里也希望用户能够监督整个系统输出,以获得高品质的结果。不同的是,在这种情况下,用户可以以任意的顺序进行修正。当输出的元素之间没有明确的顺序或层次时,这种方法特别有效。

许多不同的场景可以归为此类。不过在本书中,主要分析信息检索的场景。用户用自然语言描述他／她要寻找的目标,系统则输出一组匹配此描述的对象,用户可从中挑选哪些是他／她需要的,哪些是不需要的。然后系统丢弃用户不想要的对象,并尝试根据之前迭代过程中的用户偏好来引入新的对象。当用户不再从备选对象集中删减对象时,迭代过程将停止。目标是用最

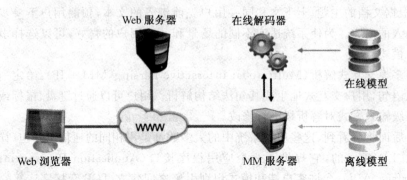

图 12.1　从左到右被动型(通用)原型系统结构图

少的迭代次数获取这个最终对象集合。

相关图片搜索引擎(Relevant Image Search Engine, RISE):用户通过自然语言描述来搜索图像。用户可以选定一些图像,同时寻求更多图像,直到他/她对检索结果满意为止。

12.1.3　主动式协议

与被动式协议相反,主动式协议并不追求结果的完美,而是在输出结果的质量与用户的工作量之间寻求一个折中。在这种情况下,系统通常主动地选择输出结果中置信度低的部分,要求用户进行更正。当用户工作量与识别率之间达到某种平衡时,该过程结束。需要注意的是,在该协议中,输出成分的顺序不一定是相关的,因为并不需要由用户来监督整个输出,而是由系统决定哪一部分需要修正,并决定其显示给用户的顺序。

基于 GIMP 的交互式文档转录(GIMP-based Interactive Document Transcription, GIDOC):该系统是一个人性化的集成系统,它支持交互 — 预测式布局分析、行检测和手写转录。GIDOC 设计的目的是用于处理大量的同类文档(即具有相似的结构和书写风格)。该系统追求与 MM — IHT 类似的目标。只是在这种情况下,文档的转录结果中仅有部分接受用户监督。此外,随着可用的注释文档逐渐增多,统计模型也在不断更新。

12.1.4　原型评估

值得一提的是,这种系统的正式实地研究成本是非常高的,因为它需要一个昂贵的专家小组来开展工作(例如,熟练的古文学家,专业翻译人员,或训练有素的计算语言学家)。出于这个原因,本书决定招募普通计算机用户作为专家小组的替代,以降低成本做初步的探索。到目前为止,IHT 这个原型是所有演示系统中唯一一个被正式评估的,因为 IHT 是所有系统中最先进的。但是,在不久的将来,计划对所有的原型系统都这样做。同时鼓励读者尝试使用免费提供的演示系统,并得出自己的结论。

12.2 多模交互手写文档转录:MM—IHT

转录手写文本是一个费力的任务,因为在现有的技术下,它一般都要通过手动来完成。随着自动手写文本识别器精度的提高,对这些识别器的输出结果进行后期编辑成为一种可能的选择。然而,鉴于目前方法的错误率仍然很高,后期编辑对于用户来说通常效率很低并且很不舒服。作为替代方案,交互一预测模式越来越受欢迎,因为根据实证结果来看,该模式可以大幅减少用户的工作量。

在本节中,介绍一种基于 web 的多模交互演示系统,这种多模交互方法曾在第 3 章中介绍过。这种新的多模交互手写文本转录方法称为 MM—CATTI、MM—IHT,或者简称为 IHT,在一种基于 web 的演示系统中表现得非常出色。读者可以访问网址 $http://cat.iti.upv.es/iht/$ 使用该在线演示系统。

12.2.1 原型描述

在此原型中,服务器与识别引擎之间的通信是通过二进制套接字实现的。Web 应用程序首先加载待转录文档中所有可用页面的索引(图 12.3)。然后,用户导航到一个页面并开始逐行转录手写文本图像(图 12.5)。他 / 她可以用任意一种指针设备(如触摸屏或手写笔)进行修正,当然也可以使用键盘。如果有笔画输入,那么 IHT 引擎将使用在线 HTR 反馈子系统对它们进行解码。最后,综合考虑解码得到的单词和离线模型,引擎为用户已验证的前缀给出一个合适的接续(后缀)。

另一方面,按键数据直接与上述 IHT 引擎进行交互。所有修改都存储在服务器上的纯文本日志中,以便用户可以在任何时刻重新调取它们。其他的客户端一服务器通信,例如管理日志或加载套接字接口,通过 AJAX(异步 Java 脚本与 XML)进行,从而提供了更加丰富的交互体验。

用户交互协议:在基于 web 的 MM—IHT 演示系统中,用户紧密地参与转录过程,按照预先设定好的协议,用户校验并 / 或修正 HTR 过程中的输出结果。这个规定了交互过程的协议,按照下面的步骤来执行。

①IHT 引擎给出输入的手写文本行图像的完整转录。

② 用户验证转录结果中最长的无差错的前缀,并通过一些在线触摸屏笔画和 / 或修正击键来纠正后缀的第一个错误。

③ 如果可以使用笔画输入,那么用在线 HTR 反馈子系统对其进行解码。

④ 通过这种方式,可以产生一个新的扩展整合前缀,该前缀基于先前已经验证过的前缀,以及在线解码得到的单词和按键修正。通过使用这个新的前缀,IHT 引擎给出一个新的合适的延续。

⑤ 上述步骤将迭代进行,直至最后得到一个完美的转录结果。

用户和系统之间的交互并不仅限于写出完整正确的单词,还包括使用笔画和 / 或击键完成其他不同的操作。具体的操作类型如下。

① 替换:把第一个错误单词用正确单词替换。验证的前缀包括位于被替代单词之前的所有单词和新加入的正确单词。

② 删除:删除不正确的单词。验证的前缀包括位于被删除单词之前的所有单词及紧随被删除单词之后的那个单词。

③ 拒绝:在错误单词之前的所有单词构成验证的前缀。系统提出一个新的后缀,其中第一个单词不同于之前的错误单词。

④ 插入:插入一个新单词。验证的前缀包括插入单词之前的所有单词、插入的单词和紧随插入单词之后的那个单词。

⑤ 接受:整个转录结果已经被全部验证。

图 12.2 显示出不同的交互模式是如何利用笔画的。用户可以直接写出正确的单词,用斜线划掉一个错误的单词,画一条竖线然后插入一个单词,或者只是用笔点一下让系统去寻找一个更合适的后缀接续。

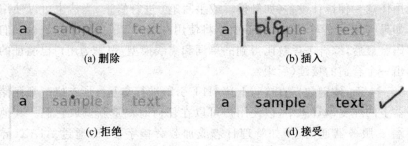

(a) 删除　　　　　　　　　　　　　　　　(b) 插入

(c) 拒绝　　　　　　　　　　　　　　　　(d) 接受

图 12.2　MM－IHT 原型系统中与笔画相关的操作示例

12.2.2 技术

1. IHT 引擎

IHT 引擎结合所有从客户端接收到的信息,计算出一个合适的解决方案。它遵循第 3 章描述的方法,即在线和离线 HTR 系统均是基于 HMM 模型和 n-gram 语言模型的。

离线系统采用词图来实现。这些词图是在转录整幅图像语句时,得到的 Viterbi 搜索网格的修剪版本。为了使系统与用户间的交互更具有时效性,这些计算都是预先完成的。

一旦用户选定了待转录的行,客户端应用程序便向 IHT 引擎发送 set_source 消息。IHT 引擎根据所选定的行加载词图,并提出一个完整的转录结果,如第 2 章的 2.2 节所述。

当用户做出一些修正,例如输入一些笔画时,IHT 引擎利用在线 HTR 反馈子系统对它们进行解码。经过预处理和特征提取后(详见 3.5.2 节),将笔画按照第 3 章最后一个场景进行解码,在解码时需要考虑到从已验证前缀和先前的后缀中获得的信息,如式(3.13) 所示。

一旦笔画被解码,就可以得到一个新的前缀,该前缀由三个部分组成,分别是验证过的前缀,新解码的单词,和用户执行的操作(替换,删除,插入等)。然后,在离线词图中解析这个新前缀,并按照第 3 章描述的方法给出一个合适的接续。因为前缀有可能不在词图中,所以需要应用 3.2.2 节介绍的纠错解析。

2. Web 界面

Web 界面负责显示用户界面,并捕捉用户在不同交互模式下的动作,例如击键和笔画。在演示系统的主页(图 12.3(a)),用户必须点击"transcribe"按钮选择一个可用的文档。另外,当用户的会话处于活动状态时,他／她也可以点击"use custom server?"链接来自定义一个 IHT 引擎。

一旦用户选择了要转录的文档,系统就会将语料库中所有页面的索引呈现给用户,从而使用户能够导航到任意页面。在图 12.3(b) 中,可以看到现代英语语料库 IAMDB 和 19 世纪西班牙语手写文档"Cristo Salvador"中的不同页面。

首先,当用户从索引中选择了一个缩略图页面,整幅页面将以图 12.4 的形式进行加载。视图中心区域是待转录页面。右侧的整齐菜单是一个分页条目,允许用户快速地浏览所有页面。页面滑块使所选语料库在视觉上分页,另外还有一个底部菜单帮助用户快速执行常见任务(如关闭会话,更换语料库,或显示应用程序快捷方式)。

然后,用户可以在当前页面中,通过点击某行的图像来选中该行,系统会

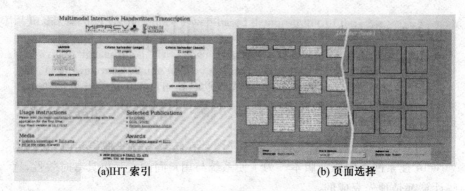

(a)IHT 索引　　　　　　　　　　　　(b) 页面选择

图 12.3　当在 IHT 索引（图（a））中选定了一个语料库时，文档每一页的缩略图（图（b））就会呈现给用户

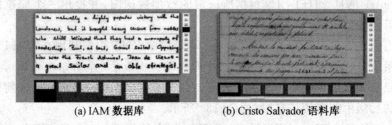

(a) IAM 数据库　　　　　　　　　　(b) Cristo Salvador 语料库

图 12.4　IHT 原型系统语料库示例

图 12.5　两种反馈模式的截屏细节：键盘输入与电子笔

给出一个完整的初始转录结果。如果转录结果中没有发现错误，用户可以选择另一个文本行图像继续转录。否则的话，用户通过前文所述的交互过程编辑它。用户所做的所有修改都在 web 服务器上以纯文本日志进行存储。通过这种方式，用户可以在任何时刻重新调取它们。

12.2.3　评估

草书手写文本识别任务的实证测试表明，与纯人工和非交互的后期编辑方法（见 3.1 节）相比，采用 IHT 方法可以大幅度减少用户的工作量。虽然并没有从这些实证测试中得出明确的结论，但人们确实对这种交互式 HTR 技术的实效性和可用性寄予了厚望。因此，为了评估这种预期是否能够实现，用已经实现的演示系统进行了初步的现场研究，并对比了理论结果与真实用户的工作效果。

1. 评估指标

在交互式模式识别系统中，众所周知的误码率指标的重要性被削弱了，系统更注重的是用户与系统的合作是否融洽。由于这个原因，为了更好地评价用户转录的质量，使用在 2.6 节介绍的两种客观的基于测试集的度量指标：误词率（WER）和单词键入率（WSR）。这两个指标已被证实可用于估计，与传统使用人工后期编辑的 HTR 系统相比，使用 IHT 系统可预期减少多少用户工作量。另一方面，在真实用户的主观测试中，测量用不同转录方式（全人工，后期编辑和 IHT）完全转录每一页所需的时间，以及剩余 WER（residual WER，rWER），其定义为：当用户已经输入了转录结果，或用户已经修正／接受了系统给出的转录结果后，还剩下的 WER（由于人为错误，这个值预计将大于零）。

2. 语料库

实验中使用的语料库是"Cristo Salvador"（CS），先前在 3.6.1 节中已经介绍过了。

3. 参与者

共有 14 名自愿参与的成员，来自瓦伦西亚理工大学计算机科学系，年龄在 28 ～ 61 岁（平均年龄 37.3 岁，包括 3 名女性）。虽然他们之中没有一个人是转录专家，但他们大多具备一定的手写文本转录知识。

4. 系统

为进行现场实验，对给出的 IHT 演示系统做了一些修改。开发了三种 HTR 引擎进行文档转录：一个简单的人工引擎，一个后期编辑引擎，以及一个交互－预测式引擎。用户界面（user interface，UI）对所有引擎是通用的（图 12.4）。此外，在 web 应用程序中嵌入日志机制，详细地记录用户的所有交互动作细节（例如，键盘和鼠标事件，客户端／服务器消息交换，等等）。生成的日志文件以 XML 格式记录，供后续处理使用。

5. 过程

从 CS 语料库的测试区选出两页（第 45 页和第 46 页）进行实验。这些页面的 WER 和 WSR 分别是 24.5% 和 23.0%。参与者通过一个特殊的 URL 来访问 web 应用程序，这个 URL 是通过 e-mail 发送给他们的。为了熟悉 UI，用户非正式地用一些测试页来测试每个转录引擎，并且这些测试页不同于保留的用于正式测试的页面。只有三个参与者在实验之前知道存在这样一个演示系统。然后，参与者转录这两个用户测试页，每一个测试页都分别用这三个引擎转录一次。选中这两个用户测试页做实际测试，是因为他们有非常相近的基于测试集的性能指标（CS第45页：WER＝24.35％，WSR＝23.07％；CS第46页：WER＝24.69％，WSR＝23.04％）。在测试之前，参与者是否看见过测试页面对于测试结果来说是非常重要的。由于这个原因，首先被测试的引擎与后测试的引擎相比将会得出较差的结果，因为在接下来的实验中用户阅读图片文字时会更省时省力。因此，为了避免因为参与者学习能力造成的偏差，第45页的转录顺序是：纯人工引擎，后期编辑引擎，IHT引擎，而第46页的顺序则与之相反。最后，参与者填写一份关于每个引擎的 SUS 调查问卷，可以写下他们对测试过程的想法，给出可能的改进建议或与实用性有关的见解，以及自由评论。

6. 实验设计

将实验设计为组内（within-subjects）重复测试。测试了两种条件：在没看过该页面的前提下进行转录，以及在它已经被看过至少一次的前提下进行转录。因为数据的正态性假设和同方差性都满足，我们进行四因素方差分析（four-way ANOVA）实验，独立变量分别是时间、rWER 和 WSR。

7. 结果讨论

总体来说，可以断言，在有效性方面三种引擎并没有明显的差异，也就是说，用户可以用所提出的任意一种引擎来实现自己的目标。然而，在效率方面 IHT 引擎似乎是更好的选择。对于用户的满意度，图 12.6 清楚地表明，IHT 引擎是三个系统中最受欢迎的。现在来深入到更详细的分析中，以获得更多的结果。

为了替用户节约时间，后期编辑引擎总是第二个参与测试。然而，必须强调，平常在使用手写文本转录辅助系统时，一般都没有事先见过待转录页面（用户通常只读一次待转录页面，并在同一时间转录该页面）。

（1）时间分析。

整体而言，后期编辑引擎在时间方面是最优的。这是意料之中的，因为在两次测试过程中，在测试该引擎之前，用户已经阅读过测试页面一次了。而纯人工引擎和IHT引擎则是在相同的条件下进行的测试，并且观察到IHT引擎比纯人工引擎快大约 1 min。在这种情况下，这些差异在统计意义上并不明显（$F_{2,76}=1.98, p=0.14$）。一般来说，最后测试的系统用时最短，因为用户已经知道文本的内容了。重要的结论是，当用户第一次阅读某一页时，选择的是哪个引擎并不是决定性因素，因为用户必须花时间去适应书写风格，熟悉笔迹等。另外，可以计算给定一个用户时某系统优于其他系统的次数，由此可以测

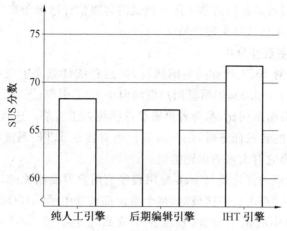

图 12.6   根据 SUS 调查问卷的用户满意度

量"改进的可能性"(Probability Of Improvement,POI,或称"改进余地")。在这种情况下,与纯人工引擎和后期编辑引擎相比,IHT 引擎的 POI 分别是53% 和 42%。

(2)rWER 分析。

整体而言,在所有情况下,IHT 引擎的 rWER 都是最佳的,尽管这些差异在统计意义上并不明显($F_{2,75}=0.67,p=0.51$)。有趣的是,IHT 是所有系统中最稳定的,甚至比在纯人工引擎上转录已读过页面的效果还好(后期编辑系统也具有类似的表现,因为它总是第二个进行测试的)。回顾 rWER 的定义,"rWER 稳定"的系统意味着剩余转录错误比较少。在这种情况下,考虑用户第一次阅读页面的情况,与纯人工引擎和后期编辑引擎相比,IHT 引擎的POI 分别是69% 和 68%。

(3)WSR 分析。

有趣的是,由于固有误差的存在(一些用户无法正确地解读出所有的文字),使用纯人工引擎时的 WSR 低于 100%。这意味着,一些用户在输入最终转录结果时,缺失了一些单词。整体而言,方差分析(ANOVA)结果表明,IHT 在两种情况下的表现都是最佳的,这个差异在统计意义上也很显著($F_{2,76}=1\,014.71,p<0.0001,\eta^2=26.7$)。这意味着与其他系统相比,在 IHT系统中用户需要写出或者纠正的单词数更少。此外,这个事实增加了实现高品质最终转录的可能性,因为用户只需要执行较少的交互动作就可以取得较高的准确率。在这种情况下,与纯人工引擎和后期编辑引擎相比,IHT 引擎的POI 分别是100% 和 65%。值得注意的是,平均来说,由参与者取得的实际

WSR 与对相同页面进行的基于用户测试的客观估计结果非常相近,甚至更接近测试集的整体估计结果理论值。

（4）用户主观性分析。

根据用户对 SUS 调查问卷的回答,虽然在统计意义上没有显著的差异（$F_{2,32} = 0.11, p = 0.9$）,但明显用户更倾向于 IHT 引擎（图 12.6）。更重要的是,与后期编辑引擎相比,参与者更愿意选择纯人工引擎。这就可以解释为什么当面对困难的转录任务时,用户通常拒绝对传统 HTR 系统的输出结果做后期编辑,因为它有太多的识别错误。

大部分用户的评论是与 web 应用程序的用户界面相关的,而不是转录引擎本身。例如,"点击文字区域时,整个单词都被选中了（用户可能只是想将光标定位在单词中的某个位置,修改某个或某几个字母,而不必替换整个单词）","一些［键盘］快捷键很难记住"或"应该给出一个清晰直观的用户手册,没有必要让用户在使用系统之前了解所有的东西"。此外,四个用户抱怨文本行的分割,"好多字母的上伸和下延部分（例如 b 的上半部和 p 的下半部）都被切掉了,读起来太费劲了"。另一方面,有三个用户注意到,标点符号对改善 IHT 系统的预测没有任何帮助。事实上,在训练 IHT 引擎时,这些标点符号就被从语言模型中去掉了,因为使用的是 *bi*-gram 模型,标点符号并不会显著提高预测能力。

8. 实验的局限性与结论

有很多原因致使目前还没有办法得到在某些情况下所测试的三种引擎之间的显著统计学差异。首先,大多数参与者在实验之前都没有接触过真实的转录引擎和 web 用户界面,因此他们在真正使用这种系统时有一个学习的过程,遵循逻辑学习曲线。第二,测试系统的 web 界面只是一个简单的原型,而众所周知,一个精心设计的用户界面是实施 IHT 技术的首要因素。第三,页面的文字质量已经退化了,使用户的阅读变得困难。出于这个原因,用户第一次转录一个页面与随后再次转录该页面之间有很大的差别。第四,后期编辑引擎并没有在与其他两个引擎相同的情况下进行测试,即它总是第二个被测试的。因此,一个重大的偏差被人为地引入到系统间的对比中,虽然对纯人工引擎和 IHT 引擎间的对比来说没有影响（这两个引擎是在相同的条件下进行的测试）。最后,由于用户样本的数量有限,必须在实验中引入一些非专业人员。然而,虽然有上述的局限性,当用户面对系统选择时,IHT 系统显然比其他两个系统更受欢迎。此外,还观察到,与纯人工转录引擎和后期编辑引擎相比,IHT 引擎的改进可能性（POI）表明这种转录模式是有价值的。

12.3 交互式语音转录：IST

将音频语音信号转录成文本在很多官方机构（如欧盟议会，联合国会议，西班牙的加泰罗尼亚和巴斯克议会等）和私人公司都是一项重要工作。但是，语音识别系统并不是完美的。总会有一些自动系统不能处理的特殊情况出现，导致转录不准确或不完整。在实际应用中，这样的系统通常需要人工后期处理以校正系统中可能出现的错误。

在本节中，将介绍一种交互式语音转录（Interactive Speech Transcription，IST）系统的原型，是在第4章介绍的通用交互式模式识别方法的基础上开发得到的。相对于传统语音转录的后期处理技术，这个原型系统提供了一种可以获得高质量结果，同时提高工作效率的交互式框架。

12.3.1 原型描述

Java界面提供了所有可行的交互机制，允许用户和原型系统之间进行高效通信（图12.7）。首先，界面要求用户创建一个新的转录项目，或打开以前创建的项目。"项目"是一组待转录的音频文件，同时也储存已经得到的转录结果。主界面屏幕显示内容如下：一方面给出当前项目的文件列表，用户可以自由选择将要转录的文件（图12.8）。另一方面，在图形面板上显示当前文件的波形，并在一个文本框中显示当前系统给出的建议以及不同用户做过的交互（图12.9）。用户可以在这个文本框内进行交互，使用鼠标或键盘来选择无差错的前缀。此外，也可以用键盘来修改系统给出的建议。

用户交互协议与在前一节中IHT使用的协议类似。

12.3.2 技术

1. 预测引擎

预测引擎是一个通用的，与说话者无关的连续语音识别器（ATROS）。这个引擎是一个独立的应用程序，能够从麦克风的实时输入或从一个音频文件识别语音。

给定一个输入语音时，识别器首先对信号进行预处理——执行边界检测算法，并用预加重滤波器提高语音信号中高频分量的幅度。接下来，对输入信号的每一帧进行特征提取，得到梅尔频率倒谱系数（Mel Frequency Cepstral Coefficient，MFCC）矢量。然后，加上能量与一阶和二阶导数建立该帧的最终特征向量。当特征提取过程结束，开始识别过程。

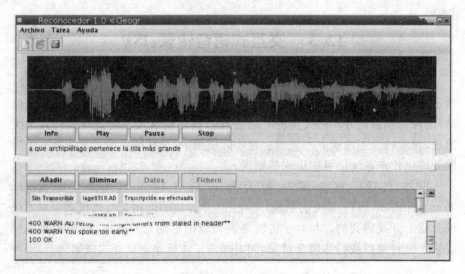

图 12.7　MM－IST 用户界面

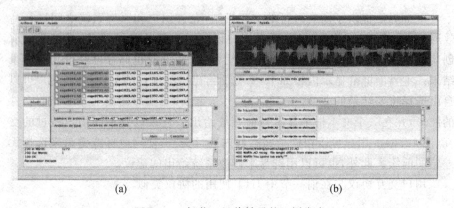

(a)　　　　　　　　　　　　　　(b)

图 12.8　加载一组待转录的口语发音

识别器用三状态从左到右隐马尔可夫模型作为声学模型。有限状态自动机作为词目,语言模型用有限状态网络实现。Viterbi 算法用于寻找集成网络(声学模型＋词汇模型＋语言模型)中最可能的路径。最后,与该最佳路径相关联的单词序列作为识别结果给出。

2. 通信模块

由于预测引擎和用户界面是用不同语言开发的,因此需要一个通信模块来将用户界面的用户反馈发送给引擎,并收集不同的预测结果。这个模块目前是通过将通信 API 装在识别器上实现的。这个 API 是用 Java 本地接口(Java Native Interface,JNI)实现的,JNI 允许 Java 程序调用 C/ C＋＋函数。

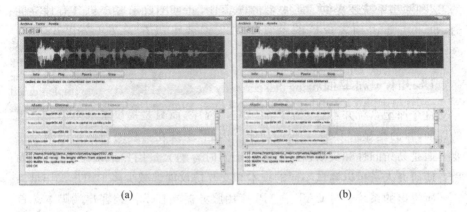

(a)   (b)

图 12.9   IST 原型系统转录过程中,已转录语音部分(黄色波形) 和未转录语音部分(绿色波形)(见插页)

通过这种方式,将 API 包含进识别器的构建过程,从而使该接口能够在运行期间执行合适的函数调用。API 内定义了三个主函数,分别负责初始化识别器,设定新的用户前缀,以及从引擎索取新的预测。值得一提的是,目前正在实现基于 web 的 CAT — API 原型系统(参见 12.1.1 节)。

12.3.3   评估

为了评估上面讨论的 IST 方法,进行了不同的实验,读者可以回到 4.6 节和 4.6.3 节阅读。实证结果明确证实了 IST 方法在测试语料库上的有效性。

12.4   交互式机器翻译:IMT

WWW 便利的信息存取和用户间的即时通信为翻译者在物理和地理上提供了极高的自由度,这在过去是无法想象的。 计算机辅助翻译(Computer-Assisted Translation,CAT)是机器翻译的一种替代方法,将人类的专业知识整合到自动翻译过程中。交互式机器翻译(Interactive Machine Translation,IMT)可以看作是一种特殊类型的 CAT 范式。文献[24]对 IMT框架进行了扩展,引入了拒绝给定后缀的可能性。上述 IMT 框架在基于 web的结构中具有良好的性能。

在本节中,将第 6 章所讨论的理论知识付诸实践。在类似的基于 web 的自然语言处理系统中,用户反馈已被证实可以提高系统的准确率,同时还能增强系统的人机工程学和用户友好度。 由于用户是在 web 浏览器中进行操作的,这种原型系统还提供了跨平台的兼容性,并且不要求客户机具有计算能力,也不需要占用客户机的磁盘空间。读者可以在 $http://cat.iti.upv.es/imt/$ 访问该在线演示系统。

12.4.1　原型描述

这个原型系统并不是一个产品级应用程序,而只是提供了一个简单直观的界面,目的是显示 IMT 系统的功能。因此,系统在搭建时所注重的两个主要方面是易访问性和灵活性。前者对于同时容纳大量用户来说是必要的,而后者使研究人员可以测试不同的技术和交互协议能够减少多少用户工作量。

所提出的系统通过 CAT — API 库用服务器端技术协调客户端脚本。首先,web 界面加载所有可用语料库的索引。每个语料库都包含一个从自动生成的翻译存储交换(Translation Memory eXchange,TMX)文件中解析出来的 web 文档①。通过这种方式,就有可能恢复出源文档的原始格式,并将其应用于翻译文档(图 12.10)。

(a) 源文档示例,由 EuroParl 语料库创建　　　(b) 翻译示例文档,保留原始格式,未翻译语句高亮显示

图 12.10　用 IMT 系统翻译文档(见插页)

然后,用户导航到某一页面,并开始根据文本片段翻译文档。用户可以用键盘和鼠标对翻译结果做出修正。用户的反馈由 IMT 引擎进行处理。IMT 用户界面如图 12.11 和 12.12 所示。

1. 用户交互协议

交互过程的协议包括以下几个步骤:

(1)系统给出选定文本片段的完整翻译。

(2)用户验证翻译结果中最长的无差错前缀,并纠正后缀中的第一处错

---

①　TMX 是用于交换翻译文档的开放 XML 标准

(a)IMT 索引 　　　　　　　　　　(b) 演示界面布局

图 12.11　IMT 用户界面(见插页)

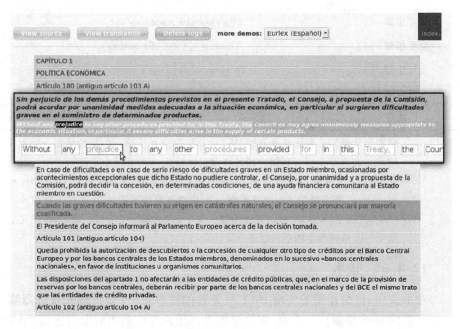

图 12.12　IMT用户界面,用置信度标出,哪些单词可以直接确认,哪些单词可能需要
用户修改(见插页)

误(如果有)。修正可以通过键盘输入或鼠标点击操作完成。

（3）通过这种方式,产生了一个基于先前已验证前缀和交互修正的新扩展整合前缀。系统利用这个新前缀给出一个合适的新后缀接续。

（4）步骤（2）和（3）迭代进行，直到产生用户想要的翻译结果。

2. 系统交互模式

这里提出的系统既可以工作在单词级也可以工作在字符级，也就是说，用户在与系统的交互过程中，既可以修改整个单词，也可以修改单个字符。交互过程中的操作类型可以划分为四种：

① 验证前缀（Validate prefix，VP）：验证（确认）鼠标指针左侧的文本。

② 按键／鼠标点击（Key/Mouse stroke，KS/ MS）：用键盘或鼠标插入下一个翻译字符。

③ 拒绝（Reject，R）：指出指针右边的文本是错误的。

④ 接受（Accept，A）：（最终）文本是完全正确的。

图 12.13 显示了一个典型 IMT 会话的例子，涉及上述四种交互模式（按键操作用方框表示，拒绝操作用竖线表示）。

源语句	Para ver la lista de recursos：
交互步骤－0	To view the resources list：
交互步骤－1	To view ｜ a list of resources
交互步骤－2	To view a list ⃞i ng resources
交互步骤－3	To view a listing ⃞o f resources：
接受	To view a listing of resources：

图 12.13　将西班牙语句子翻译成英语的 IMT 会话。在交互步骤－0，系统给出一个翻译建议。在交互步骤－1，用户通过移动鼠标验证（VP）前 8 个字符"To view "（包含空格），并拒绝（R）紧随其后的单词，然后系统给出建议接续"a list of resources"补全语句。在交互步骤－2，用户再次移动鼠标，接受接下来的 6 个字符，并按下（KS）"i"键。交互步骤－3 与交互步骤－2 类似。最后，用户完全接受（A）系统给出的建议结果

12.4.2　技术

在本节中，将描述用于实现 IMT 服务器的技术，以及客户端和服务器端通信所需的 web 界面。一方面，客户端提供的用户界面利用前面所述的 CAT－API 库通过 Web 与 IMT 引擎进行通信。客户端的硬件要求很低，因为翻译过程在远程服务器上进行。所以几乎任何计算机（包括上网本、平板电脑或 3G 手机）都能够使用该系统。另一方面，服务器不知道 IMT 客户端的具体实现细节，只是用统计模型去执行翻译任务。

1. 交互式 CAT 服务器

IMT 服务器使用基于短语的统计翻译方法，根据用户给定的前缀产生合适的后缀，从而得到新的整合前缀。当前最先进的 SMT 系统利用特征的对数线性组合来生成翻译结果。在常用于对数线性组合的特征中，最重要的是统计语言模型和统计翻译模型，统计语言模型是用 n-gram 语言模型实现的，而统计翻译模型是用基于短语的模型实现的。标准的 SMT 系统需要稍加修改才能在 IMT 框架下使用。

2. Web 界面

客户端－服务器通信是通过异步 HTTP 请求进行的，因此提供了更丰富的交互体验，而服务器－引擎通信是通过二进制套接字进行的。所有修正均被存储在服务器上的纯文本日志中，以便用户可以随时重新调取它们，同时也允许其他用户帮助翻译整个文档。

12.4.3　评估

从不同的任务中得到实验结果（见 6.4 节）。值得注意的是，这里给出的实验是模拟真实用户，测量其在生成无差错翻译结果过程中所付出的工作量。结果表明，在给定源文本需要生成高质量翻译结果时，与简单地直接键入整个翻译结果相比，所提出的系统能够大大减少用户的打字工作量。具体来说，根据 Xerox 语料库和欧盟语料库的实验结果，打字工作量分别减少了 80% 和 70%。

12.5　交互式文本生成：ITG

在许多现实世界的情况中，在打字上花费的时间（也包括思考想要输入什么）是相当多的。另外，在某些情况下，打字是一项缓慢而又不舒服的任务。例如，在一些设备上，如移动电话，没有舒适的输入机制可用。此外，有些残疾人无法快速打字，而不幸的是，在某些情况下，这对他们来说是进行沟通的唯一方式。

本节提出一个系统，将以上所有因素都考虑在内，以协助用户完成文本生成任务。关于本主题的前期研究方法可以在文献中找到。大多数方法只是试图预测用户想要输入的下一个单词，或者补全用户所输入新单词的剩余字符（文献[30]）。而另一些系统则只专注于度量离线文本预测的准确性（文献[3]）。本节中介绍的系统更具有普遍性，不仅能预测单个单词，还能预测多个单词组成的片段甚至完整的语句，预测是通过交互式框架进行的。

12.5.1 原型描述

一个基于 IPR 框架的交互式文本预测原型系统已经被实现了,其主要特征如下:

① 用用户配置文件存储用户偏好和交互数据。

② 可以选择语言或领域(也就是使用哪个语言模型)。

③ 可以使用不同的交互模式(参见 12.5.1 节)和预测选项(单词级或字符级,预测长度等)。

④ 预测集成到主文本编辑器中。

⑤ 系统维护有关使用情况的统计数据。

⑥ 用一个额外的工具来记录用户会话,跟踪用户和系统的所有动作,其目的是在原型系统的回放模式下分析用户和系统的行为。

在正常操作模式下,系统也能够利用所生成的文本来改善统计预测模型。这个想法背后的理由是让系统适应于特定用户,以便系统能够学习用户的写作风格(或者一个新的任务或领域)。此外,即使系统没有事先受过训练,它仍然可以使用。在这种情况下,所有的学习过程都是在线进行的。最初,系统会给出一个毫无用处的预测,但随着用户产生越来越多的文本,预测结果将随着在线训练过程逐步改善。最终,将得到一个针对当前任务经过特别训练的预测模型。

1. 系统架构

ITG 原型系统被分成两个不同的子系统:用户界面(UI,见图 12.14)和预测引擎。用户界面允许用户与系统进行交互,以及设置不同的配置选项。用户界面的主要组件是文本编辑器,用户在这里键入文字,系统在这里显示建议的后缀。用户可以通过使用键盘或鼠标选择接受、修改或废弃这些建议的后缀。用户界面还可以显示系统使用过程中的统计数据,以及回放以前保存的会话。另一方面,预测引擎根据当前前缀,搜索最合适的后缀(或后缀集合)。

这种划分使得预测引擎可以部署在一台单独的计算机上,甚至可以在一个分布式计算系统上部署多个引擎(例如,每台计算机都可以运行一个单一的语言模型)。考虑到这一点,预测引擎可以放在一个服务器(或多个服务器)上,允许瘦客户机(如 PDA,移动电话等)访问并使用这种技术。该系统基于 MIPR CAT 客户端—服务器体系结构(参见图 12.1),使用套接字接口和 TCP 协议与不同的子系统通信。

2. 用户交互协议

系统根据当前已经输入的文本给出预测建议,用户阅读该预测直到发现

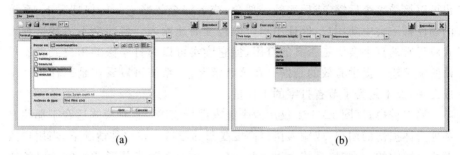

(a)   (b)

图 12.14 　 (a) 加载具体任务的语料库;(b) 与 ITG 原型系统交互

错误。接着,用户修正这个错误,然后系统据此给出一个新的接续后缀(图 12.15)。在这种情况下,追求的目标是最大限度地减少用户交互的次数(即节省用户的工作量)。根据这个标准,一个能够根据当前输入的文本(前缀)给出最可能接续单词建议的简单贪婪策略是这种情况下的最佳选择。值得注意的是,这种方法可以很容易地扩展成多词预测,将每个预测出的单词看作是新前缀的一部分,重复此过程直到预测单词的数量达到预期目标。

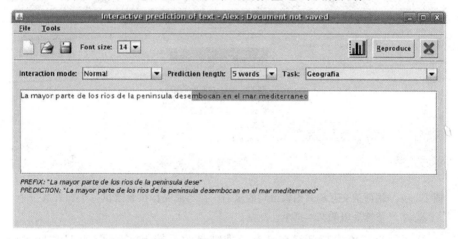

图 12.15 　 通过基于键盘的交互模式编辑一条语句的示例。白色背景的文本是当前
已经验证过的前缀,灰色背景的文本是系统给出的建议后缀

3. 系统交互模式

已经有两种不同的交互模式被实现了,除了这两种模式外,如先前所讨论的,系统还可以在单词级和字符级两个层面运行。

第一种模式(图 12.15)是通过键盘(或类似的输入设备)进行工作的。用户可以高速打字,而预测不会减慢这个过程。这种模式只预测一个后缀,直接接在已输入文本的后面。这个后缀将高亮显示,表示它还没有被验证过。用户可以接受整个后缀,或后缀的一部分,或者完全忽略它。任何情况下,系统的建议都不会中断用户,保证用户可以持续高速输入。目前尚不清楚这种方式对正常的打字会话是否真的有用,但它确实可以为打字慢的用户或者非母语的文字输入提供有效的帮助。在这些情况下,系统可以看作是一种语言生成助手,而不是为了节省打字的工作量。

第二种模式(图 12.16) 仅用两个键来进行工作。这种模式适合于那些有某种身体损伤的用户,或输入接口高度受限的设备。在这种情况下,当用户按下两个键中的一个时,系统会以 n-best(n — 最优) 列表的形式给出一组备选后缀。这时,用户可以用同一键浏览该列表,并用另一键选择一个建议后缀。如果列表中没有合适的后缀,系统会以字母表顺序给出一个包含所有字符的新列表。然后,用户可以选择其中的一个字符,系统将再次给出一组新的预测后缀,用户可以从中选出一个合适的接续。

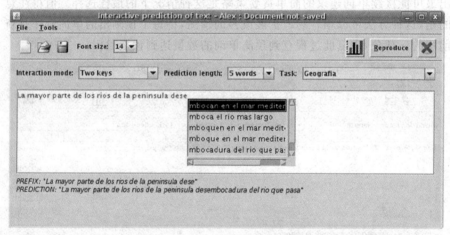

图 12.16　用两键交互模式编辑语句的示例。在当前光标位置给出一个含有若干个
　　　　　备选后缀的文本菜单

这两种交互模式都已经在具有标准键盘的系统上实现了,并且这两种模式可以很容易地应用到任何类型的硬件上,不论是多键输入设备(第一种模式) 还是两键输入设备(第二种模式)。例如,两键模式(第二种模式)可以很自然地应用到两键鼠标(或任何其他具有两个按键的设备) 上。

12.5.2　技术

原型系统由三个不同的子系统构成:

① 自动文本预测器。基于 n-gram 语言模型,用 C ++ 实现。

② 图形化用户界面。该图形界面为所有交互引擎提供用户和原型系统之间的高效通信,用 Java 编写。

③ 文本预测器和图形界面之间的通信模块,负责将用户界面的信息发送给预测器。这个模块以服务器－客户端的方式,基于网络套接字实现。

语言建模和搜索策略的技术细节分别在 10.2.1 节和 10.2.2 节进行了详细介绍。

12.5.3 评估

为了评估原型系统是否便于用户与计算机的交互,用真实用户进行了一些初步(非正式)实验。根据使用计算机应用程序的基本经验和使用标准输入设备的技能将测试用户划分成组。每个用户都将进行多个会话并回答最后的调查问卷。初步评估结果显示,在大多数情况下该原型系统是非常有用的。不过,对于那些使用计算机经验较少的用户,通常需要某种形式的辅助。

已经完成了一些针对不同任务的实验,并计算了其相应的度量指标。评估主要是用测试集离线进行的,计算击键率(KSR)和单词键入率(WSR),其定义详见 2.6 节。在所有测试场景中估算出的节省工作量都很显著。例如,在简单 EuTrans 任务中,该系统做到了 14% 的 KSR 和 50% 的 WSR,而对于打印机技术手册(Xerox 语料库)任务,KSR 和 WSR 分别为 19% 和 66%。

12.6　多模交互式解析:MM－IP

解析,也称为语法或句法分析,被认为是计算语言学(Computational Linguistics)中的一个根本问题。解析这个概念除了自然语言处理(Natural Language Processing,NLP)领域外,也已应用到许多其他研究领域中,因为"语句"的概念可以很容易地扩展到其他对象上,例如数学公式。拥有完美的注释语法树(annotated syntactic tree)可使用户训练和改进其他 NLP 系统的统计模型,如机器翻译、问题回答或话语分析等。然而,到现在为止这些树的语法构造仍然是手动完成的,而且是一项非常费力的任务。

在本节中,将介绍一种在 WWW 上进行操作的多模原型系统,该系统基于 9.2 节描述的交互式解析(Interactive Parsing,此后简记为 IP)框架,可通过网址 $http://cat.iti.upv.es/ipp/$ 在线访问。在该原型系统中,用户的反馈通过传统的键盘／鼠标操作来提供,甚至可以是笔画。用户的交互反馈可以改善系统的准确度,而多模态可以提升系统的人机工程学和用户的舒适度。此外,由于它是基于 web 的,这种系统允许在全球范围内多个用户之间进行协作。

12.6.1　原型描述

原型系统通过 CAT－API 库用服务器端技术协调客户端脚本。该系统的体系结构基于 CAT 网络设置(图 12.1)。开始时,用户界面(图 12.17)加载所有可用语料库的索引。然后,用户导航到所选语料库中的一页,并开始对句子逐条解析。用户可以使用键盘和鼠标来进行更正,而用户的反馈将由 IP 服务器进行处理。

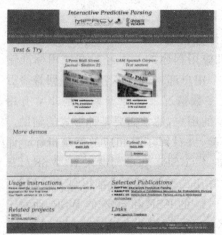

索引与帮助
分页
已验证的行
被部分注释的行
被锁定的行
将被编辑的行
参考树
未激活的行
命令

(a) 索引页面　　　　　　　　　　　　　(b) 界面部分

图 12.17　MM－IP 布局描述(见插页)

多模态以这样的方式实施:接口接受两种类型的用户交互,即通过键盘的交互(确定型信号)和通过鼠标的交互。而后者又提供两种类型的操作:鼠标动作(即点击和绘制动作)和鼠标反馈(手写手势),其中鼠标反馈是一个非确定型信号,需要通过一个在线 HTR 系统来完成解码,例如在 12.2.1 节描述的子系统。无论是键盘操作还是鼠标反馈,都主要用于修改解析树的成分标签。另一方面,可以用鼠标动作来改变上述树的成分跨度(span)(例如,通过点击一个树叶来缩减跨度;通过画一条从一个成分到某个文字标记的线来增加跨度)。

预测交互以这样的方式实现:主数据流和反馈数据流互相协助,以优化系统的整体性能和可用性。主数据流与已验证的子树结构本身有关,而反馈数据包含用户所提供的信息。如前文所述,由于用户是在 web 浏览器中进行操作的,该系统还提供了跨平台的兼容性,并且既不要求客户机具有计算能力,也不需要使用客户机上的磁盘空间。图 12.18 为原型系统用户界面的布局。

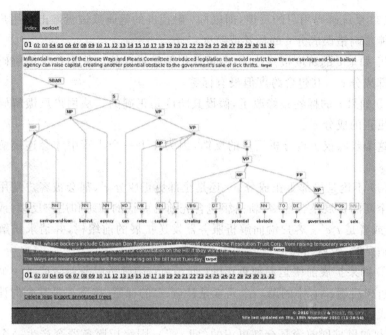

图 12.18　MM－IP 用户界面。解析树可以缩放或平移,以便用户添加注释(见插页)

　　每个经过验证的用户交互信息都保存在服务器端的日志文件中。通过这种方式,用户可以重新调取解析树的最近状态,并允许其他专家来帮助解析完整的语料库。

1. 用户交互协议

　　每个解析树 t 都由若干个成分 c_i 组成。每个成分都包含一个标签,或者是语法标签(syntactic label),或者是词性标签(Part-of-speech,POS),和跨度(或称跨距,将输入语句子串分割成成分的起始和结束索引)。

　　该过程中的协议按照下面的步骤进行。

　　(1)解析服务器根据输入语句给出一个完整的解析树 t,显示在客户端的界面上。

　　(2)用户找到最长的无错前缀树[1],并开始修正剩下的后缀中第一个(不正确的)成分 c(可以通过在线触摸屏笔画输入,或者通过键盘修正)。这种操作隐式地验证了前缀树 t_p。

---

　　① 树的访问顺序是从左到右深度优先

（3）系统解码用户的反馈，即鼠标 / 触摸屏的笔画或键盘敲击。用户的反馈可能影响错误成分 c 的标签或跨度：

① 如果 c 的跨度被修改了，假设其标签是错误的。从用户反馈解码中得到局部成分 c^*，其包含跨度但没有标签。

② 如果 c 的标签被修改了，假设其跨度是正确的。从用户反馈解码中可得到更正的成分 c'。

这个步骤仅负责分析用户的反馈，因为在下一个步骤中才会连接解析服务器。

（4）不论是局部更正成分 c^* 还是全部更正成分 c'，都会被客户端用于创建一个新的扩展整合前缀，新前缀包含先前已验证的前缀和用户反馈：或者是 $t_p c^*$，或者是 $t_p c'$。客户端向解析服务器发送扩展的前缀树，并请求该解析树的合适延续，或解析树后缀 t_s：

① 如果扩展前缀是局部更正的（即 $t_p c^*$），则解析服务器会产生一个合适的解析树后缀 t_s，t_s 中的第一个元素是补全 c^* 的标签，接下来是其余的计算出来的成分。

② 如果扩展前缀是全部更正的（即 $t_p c'$），则解析服务器会产生一个合适的解析树后缀 t_s，t_s 包含其余的计算出来的成分。

（5）上述步骤迭代进行，直到最后产生一个完美的解析树。

可以注意到，本协议与 9.5 节中介绍的用户模拟子系统有一些相似。在本协议中，树的成分可以通过适当修改左侧相邻成分的跨度来进行删除或插入。图 12.19 和图 12.20 给出了现场交互的实例。

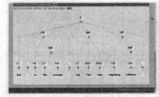 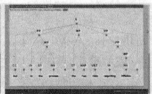

(a) 系统：输出树 1　　　(b) 用户：修改跨度　　　(c) 系统：输出树 2

图 12.19　IP 原型系统中鼠标交互的实例。用鼠标缩减一个成分的跨度（见插页）

12.6.2　技术

1. 解析系统

用一个定制的 CYK－Viterbi 解析器和一个语法模型一起作为解析服务器。此系统可以使用两种语法，一种是用 Penn 树库中大约 40 000 条语句构建的英语语法，另一种是用 UAM 树库中 1 400 条语句构建的西班牙语语法。

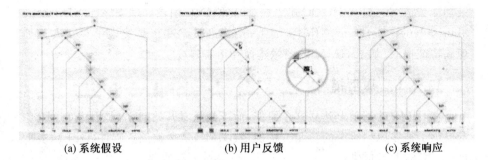

(a) 系统假设　　　　　　　　(b) 用户反馈　　　　　　　　(c) 系统响应

图 12.20　IP 原型系统中多模交互的实例。置信度指标（第一幅子图中用不同色彩标示成分）可以帮助用户快速找出错误。可以通过笔画或键盘输入（如图（b）中的圆圈所示）来修正树的成分，从而得到新的预测树（见插页）

值得注意的是，即使是一个从少量语句中构建出来的语法，如 UAM 语料库的西班牙语语法，系统也能取得良好的表现。关于具体实施和语法构建的更多细节请参见 9.5 节。

2. Web 界面

客户端与 Web 服务器之间的通信基于异步 HTTP 连接，提供了更丰富的交互体验——不需要刷新页面，只需改变语料库就可以进行解析。Web 服务器通过二进制 TCP 套接字与 IP 引擎进行通信。因此，响应时间是满足要求的。如果用鼠标反馈更正成分的标签，一个在线 HTR 将对信号进行解码，并将信息传递回 IP 引擎。此外，跨域请求是可能的。这样，用户可以在同一个用户界面切换不同的 IP 引擎。

12.6.3　评估

如 9.5 节所述，与对基准系统的输出结果做人工后期编辑相比，预期用户使用该系统可节省约 40% 的工作量。

12.7　基于 GIMP 的交互式文档转录：GIDOC

即使是最先进的自动文本转录技术也难以处理手写文本的转录，甚至几乎无法处理某些老式印刷文本的转录。

在本节中，将介绍一种基于第 5 章所提方法的演示系统——基于 GIMP 的交互式文本文档转录（Gimp-based Interactive transcription of text DOCuments，GIDOC），它是一个针对手写文本图像的计算机辅助转录系统原型。它首次尝试将交互－预测式页面布局分析、文本行检测和手写文本转录功能集成到一起。GIDOC 建立在著名的 GNU 图像处理程序(GNU Image Manipulation Program,GIMP)之上,用标准技术和工具实现手写文本预处理和特征提取、基于 HMM 的图像建模和语言建模。

12.7.1　原型描述

在 GIMP 的基础上建立这个原型,而不是从零开始建立,是因为 GIMP 免费提供了很多原型所需的功能。特别是,GIMP 是一款免费软件(GPL),多平台,多语言,并且提供:

(1) 高端图像处理用户界面。

(2) 大量的图像转换驱动和低层处理例程。

(3) 自动执行重复性任务的脚本语言。

(4) 可安装用户自定义插件的 API。

GIDOC 原型实际上就是一组 GIMP 插件的集合。

GIDOC 被设计用于处理(大量)同质(即具有相似的结构和书写风格的)文档。通过(部分)监督统计模型给出的假设,对文档依次注释,而统计模型也随着已注释文档数量的增加被不断更新。这是在不同的注释层次上完成的。要运行 GIDOC,用户必须首先运行 GIMP,并打开一幅文档图像。GIMP 将显示出其高端用户界面,不过该界面经常被设置为只显示主工具箱(带有停靠对话框)和一个图像窗口。可以通过操作主菜单的六个条目从图像窗口的菜单栏访问 GIDOC(图 12.21)。

① Advanced(高级):一个将 GIDOC 的实验功能进行分组的二级菜单。

② 0:Preferences(首选项):打开一个对话框配置全局选项,以及关于预处理、训练和识别的具体选项。

③ 1:Block Detection(块检测):对当前图像执行块检测。

④ 2:Line Detection(行检测):检测当前块的文本基线(直线)。

⑤ 3:Training(训练):读取所有已经被转录的文本行图像,并用它们来训练用于预测转录的统计模型。

⑥ 4:Transcription(转录):打开 GIDOC 的交互 - 预测转录对话框。

由于是基于 GIMP 开发的,GIDOC 由 GNU 通用公共许可证(GNU General Public License)许可,并可在 $http://prhlt.iti.es/w/gidoc$ 免费获取。关于此原型系统的更多细节,读者可参见 $http://prhlt.iti.es/projects/handwritten/idoc/gidoc/manual/$。

1. 块检测

在逻辑上,(文本)块检测先于文本行检测和手写文字识别。在技术上,

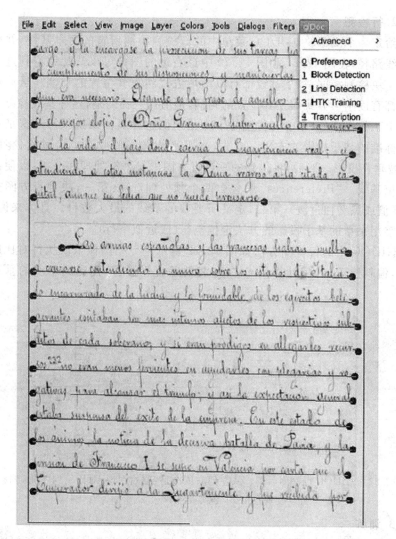

图 12.21　GIDOC 菜单和样本图像窗口

文本块被表示为由带有句柄（handler）的四个"角"围成的闭合路径，用户可以通过图形方式对其进行调整。在开发过程中，GIDOC 已经在一本旧书上进行过测试了，旧书中的大部分页面只包含在规则横线上书写的书法文字，如图 12.21 所示。正如前面提到的，GIDOC 被设计用来处理这种同质文档，充分利用了"同质性"这个优点。具体来说，GIDOC 菜单中的块检测使用了一种新的文本块检测方法，该方法用文本块位置的"历史"模型改进了传统无记忆的技术。

2. 行检测

给定一个文本块,GIDOC 菜单中的行检测检测所有的文本基线,并标记为直线路径,在图 12.21 和图 12.22 中最右边的图像可以清楚地看到这一结果。与块检测相同,每条基线都有以图形方式纠正其位置的句柄。虽然每条基线都有以图形方式纠正其位置的句柄,但值得一提的是,这种基线检测方法实际上工作得很好,至少对像图 12.21 给出的这种页面来说很好。这是一种非常标准的基于投影的方法。首先,水平平均像素值或黑 / 白过渡(亮度跃迁)被垂直投影。然后,将得到的垂直直方图进行平滑处理并分析,以便准确地定位基线。"Preferences"中包含两个预处理选项:第一,决定直方图类型(像素值或黑 / 白过渡);第二,定义所要找的基线的最大数目。具体来说,这个数字用来帮助基于投影的方法定位空行(或近似空行)。

GIDOC 中的行检测方法如图 12.22 所示。原始图像依次执行对比度归一化,偏斜校正,然后计算黑 - 白过渡的垂直投影,从而得到基线的垂直位置。

图 12.22　GIDOC 行检测示例。从左到右依次是:原始图像,对比度归一化,偏斜校正,黑 - 白过渡垂直投影,基线检测

3. 训练

GIDOC 基于标准技术和工具,功能包括手写文本预处理和特征提取,基于 HMM 的图像建模,以及语言建模。手写文本预处理过程对给定的文本(行)图像应用图像去噪、偏斜校正和垂直尺寸归一化。 它可以通过"GIDOC/Preprocessing"选项进行配置。有一个选项允许使用自定义过程,还有两个选项定义上部横线和下部横线相对于基线的位置(界限)。

HMM 图像建模可由著名的隐马尔可夫模型工具包(HTK)(可免费获取)和开源 SRI 语言建模工具包(SRILM)实现(分别见文献[32]和[28]);或者也可以用内置的免费训练器软件进行训练。训练需要有样本,因此必须事先转录一些页面。随着转录样本数量的增加,模型也变得更加完善。因此,每转录几页文档,就需要进行一次训练。通过这种方式,识别系统的性能能够得到大幅提升。具体来说,这一过程有两种方式可选:从头开始训练所有模型,或重新估计当前模型。

4. 转录

主菜单中的"GIDOC/Transcription"打开一个交互式转录对话框(参见图 12.23)。它包括两个主要部分:在窗口中部的图像区域和在窗口底部的转录区域。文本行图像显示在图像区域中,如果已经生成了转录结果,在转录区域内的分离可编辑文本框中显示转录结果。将编辑光标放置在相应的编辑框中来选定要转录(或只是想监督)的文本行。该文本行的基线被突出显示,GIDOC 尽可能地移动行图像及其转录结果,使其显示在图像和转录区域的中央位置。假设用户按从上到下的顺序转录或监督文本行,输入文本,用方向键或鼠标移动编辑光标。不过,用户也可以根据喜好使用他想用的特定顺序。

图 12.23   GIDOC 交互式转录对话框(见插页)

每个可编辑文本框的左边都有一个按键,标有其相应的行数。通过点击该按键,可以提取出与之关联的文本行图像,并进行预处理,转化为特征向量序列,利用(用主菜单中的"GIDOC/Training")训练过的 HMM 模型和语言模型进行 Viterbi 解码。用于适当组合 HMM 模型和语言模型的语法比例因子(Grammar Scale Factor,GSF)与单词插入惩罚(Word Insertion Penalty,WIP)的值,在"GIDOC/Preferences"中的识别部分定义。另外还有一个选项来调整束（Beam）的值，从而调整执行 Viterbi 解码的计算开销。在这种方式下，没有必要输入当前行的完整转录，而一般只需对解码输出做少量的修正。显然，这是有前提条件的，首先，文本行被正确地检测出；第二，HMM 模型和语言模型得到大量训练数据的充分训练。因此，假设转录任务的前期阶段是由人工进行转录的，然后再用这里介绍的方法进行辅助。

除了图像区域和转录区域，图 12.23 所示的对话框还包括位于顶部的多个控件，以及位于底部的几个按键。顶部的控件允许用户选择待转录图像的当前块、当前行，以及显示的行数等等。底部的按键不言自明。

如果启用了校验功能，可疑的单词用橙色（既非可靠，也非完全不可靠）或红色（完全不可靠）突出显示，如图 12.23 所示。如果调整适当，校验功能可以帮助用户快速定位可能的转录错误，并且只需监督系统突出显示的那几个单词，就可以验证系统的输出。行的验证是在监督过后按下回车键完成的。需要注意的是，只有经过验证的行才能通过"GIDOC/Training"来重新训练系统。

5. 用户交互协议

给定一幅手写文本图像，用户按照步骤一步一步地执行，最终转录出完整的一页文字。首先，用户打开一幅图像，设置该项目的首选项，包括预处理、训练和识别选项。然后，用户创建一个矩形选中一块文本区域，以此来定义图像中的文本块。交互式转录对话框出现后，用户先手动转录几行文本，以训练系统。由此，系统模型被生成，用户转入交互式转录过程，基于检测出的文本行进行工作。值得一提的是，GIMP 还通过命令行提供非交互式的功能，所以GIDOC 也可以用这种方式工作。例如，可以从（一组）手写文本图像中提取文本行，进行预处理，并将结果保存在任何目录中。

12.7.2　技术

如先前在 12.7.1 节所述，GIDOC 实质上是一组 GIMP 插件，因此必须首先安装 GIMP。此外，训练和预测引擎是基于第 5 章描述的方法。

12.7.3　评估

在真实用户对 GIDOC 原型系统的早期测试中，测试结果显示，GIDOC 能够减少整个转录任务平均 25% 的转录时间，转录对象是中等复杂度的文本文档。在开发过程中，GIDOC 曾被古文字学专家用于注释文本块、文本行，以及转录 GERMANA 数据集。图 12.21 所示的例子对应于该数据集的第 144页。读者可以回到 5.6 节回顾这个原型系统的详细评测结果。

12.8 相关图像搜索引擎:RISE

经典的基于内容的图像检索(Content Based Image Retrieval,CBIR)方法可以根据图像的视觉内容来帮助组织数词图像,涉及众多学科领域,如计算机视觉、机器学习、人机交互、数据库系统、统计学等。然而这里面有两个问题,一方面,手动地注释所有图像是不可行的;另一方面,某些图像(特别是抽象的概念)是无法翻译成单词的,这被称为语义差异。相关反馈(Relevance feedback,RF)是一种试图通过迭代反馈和查询优化来捕捉用户精确需求的查询修改技术。

在本节中,将展示在第 11 章中描述的方法,它是用后期融合方法在相关图像搜索引擎(Relevant Image Search Engine,RISE) 中实现的。融合在这里用于结合描述查询的两种模式:基于图像或视觉的,以及基于文本或语义的。对于一些应用,视觉相似性可能比语义相似性更重要,反之亦然。后期融合的概念允许用户将用于检索相似图像的文本信息和视觉信息混合起来,从而克服上述的语义差异固有问题。在线演示系统可以访问 $http://risenet.iti.upv.es/rise/$。

12.8.1 原型描述

1. 用户交互协议

总体来说,用户头脑中有一组相关(未知)图像的集合,RISE 的目标是在固定的有限的图像集合 C 中,交互式地找出其中的 n 个"相关"图像。该过程描述如下:

① 首先,用户在系统中输入查询 q。

② 然后,RISE 根据适当的标准从数据库中找出 n 个图像,作为初始集合 $X_0 \in C$。

③ 这些图像提供给用户进行判别,用户通过选出相关图像(同时也隐式地选出了不相关的图像)提供反馈。

④ 系统用后期融合方法结合该反馈信息,根据 q 的性质,即文本特性和视觉特性,给出一组新的图像集合 X_1。

⑤ 重复该过程,直到用户得到满意的结果,即所有检索到的图像 X_i 都是相关的。

2. Web 界面

在索引页面(图 12.24(a)),用户可以调整基于文本的引擎和基于视觉的引擎之间的融合程度(图 12.24(b))。当用户向系统提出查询请求时,系统将显示一组图像,允许用户浏览并交互式地检查一些图像属性,如像素尺寸、文件大小、引用网址(图 12.25)。

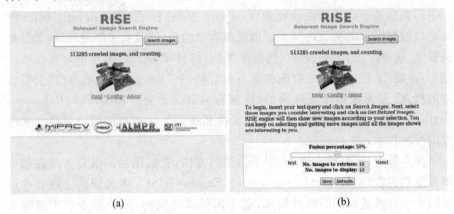

(a)   (b)

图 12.24   RISE 索引页面

图 12.25   RISE 用户界面。输入文本查询内容后,用户会看到一组图像,然后从中选出他 / 她认为相关的图像(绿色突出显示)。当鼠标悬停在图像上方时,会显示更多信息(见插页)

12.8.2   技术

为 CBIR 上的用户相关反馈构建了一个概率模型(在 11.2 节已经详述,也可参见文献[15]),并用后期融合技术进行加强。对于这个演示系统,考虑一个简单(但很有效)的评分标准,该评分标准基于 $N-$ 最佳列表的加权线性组合,即(相关)图像的最佳排序 R_b 通过视觉排序 R_v 和文本排序 R_t 的线性组合来计算: $R_b(\%)=\alpha R_v+(100-\alpha)R_t$,其中 α 是自动调整的,表示视觉检索策略和文本检索策略之间的融合比例,细节参见 11.3 节。

1. 开始

为构建图像集合 C,用韦氏(Merriam−Webster)在线词典生成查询列表以备搜索。在打乱了初始列表中 35 000 个单词的顺序后,用 GNU wget 应用程序(此后称之为"图像抓取工具")通过主流搜索引擎(包括 Google、Bing 和 Yahoo)对每个词典条目执行 1 500 次搜索。

2. 收集图片

图像抓取工具以一种优化的表示方法存储缩略图和特征向量以供用户搜索,因此只需要很少的存储空间,例如,1 000 000 幅检索图像及其相应的文字描述只需要占用 10 GB 存储空间。图像出现处的上下文语境通过隐式语义索引(Latent Semantic Indexing,LSI)方法从所包含的 HTML 文档中提取。LSI 的工作原理是,将给定文档的概念语境与其相关的单词关联起来。这种结构用截断奇异值分解方法(Singular Value Decomposition,SVD)进行估计。

3. 自动图像标记

主要的代码在 Beautiful Soup HTML/ XML 解析器库的帮助下用 Python 实现。图像标记过程中的第一步是从检索到的网页中删除所有不相关的元素(如表或脚本)。接下来,用特定的 HTML 标记对具体单词指定其重要性,例如,可以对出现在页面标题、标头、IMG 标签的属性中的关键词分配不同的权重。此外还决定利用一些相关的搜索引擎的信息。举例来说,图像离搜索结果的第一页越近,这幅图像就越重要。根据每个单词在 web 文档中出现的频率,并伴随着单词的权重,生成一个字典。然后,在应用一些规范化规则后(例如,过滤屏蔽词,单词小写化),图像注释(包括它们的权重)被存储在数据库中。

4. 检索过程

首先,用文本查询来缩小将被呈现给用户的初始图像集合,即用户在文本框内输入他想查找的图像类型。然后,使用结合了后期融合的交互式相似图像查询模式(见 12.8.1 节)。

12.8.3　评估

实验和评估都已经在前面的 11.3.5 节进行了阐述。总体来说可以观察到,根据查询内容不同,有时纯视觉策略可以帮助获取完整的相关图像集合,

而在另外一些情况下,纯文本检索的性能可能更好,例如图 12.26 所示的例
子。

(a)　　　　　　　　　　　　　　　　(b)

图 12.26　与 RISE 原型系统交互。用户键入(不明确的)查询单词"tiger",系统给出一些
　　　　　与猫科动物相关的图像(图(a))。然而,实际上用户想找的是运动员"Tiger
　　　　　Woods",因此用户选出他/她认为相关的图像,然后系统根据用户的反馈来
　　　　　改进它的搜索结果(图(b))(见插页)

在第 11 章中曾比较了相对于纯文本检索和纯视觉检索,最佳 α 对应的准
确率,这里所得到的结论与前面的结论一致。

12.9　结　　论

在本章中,介绍了多模交互模式(MIPR)识别应用中的几个演示系统。
这些演示系统作为实例验证了本书所描述的 MIPR 框架。正如所看到的,这
些系统涉及很多不同的真实世界任务,包括文本图像和语音转录、机器翻译、
文本生成、解析和图像检索。书中介绍的这七个原型系统都基于三种用户交
互协议中的某一个,并结合用户反馈完善系统的输出。这些原型系统最显著
的特征总结如下:

第一,多模交互通过主数据流和反馈数据流之间的合作,优化系统的整体
性能和可用性。交互过程被反复执行,直到用户认为系统的输出是完全正确
的,从而保证了完美、高质量的输出结果(因为用户紧密地参与到系统的内部
处理过程中)。第二,对每个演示系统都给出了详细的介绍,以使读者对底层
技术有所了解。上述原型系统中的大多数目前正被用于在线演示,从而吸引
潜在的用户。第三,所有系统都已由真实用户进行了初步评估,所得到的结果
验证了交互－预测模式在实际应用中也是有效的,表明该模式非常有前景。
最后,因为系统对客户机的要求非常低,鼓励读者亲自测试这些基于 web 的原
型系统,观察它们的特性,并将其应用到实际中。

本章参考文献

[1] Alabau, V. , Romero, V. , Ortiz-Martínez, D. , & Ocampo, J. (2009). A multimodal predictive-interactive application for computer assisted transcription and translation. In *Proceedings of international conference on multimodal interfaces* (*ICMI*)(pp. 227-228).

[2] Barrachina,S. ,Bender,O. ,Casacuberta,F. ,Civera,J. ,Cubel,E. ,Khadivi,S. , Lagarda,A. L. ,Ney,H. ,Tomás,J. ,Vidal,E. ,& Vilar,J. M. (2009). Statistical approaches to computer-assisted translation. *Computational Linguistics*,35(1), 3-28.

[3] Bickel,S. ,Haider,P. ,& Scheffer,T. (2005). Predicting sentences using n-gram language models. In *Proceedings of human language technology and empirical methods in natural language processing* (*HLT/EMNLP*)(pp. 193-200).

[4] Bisani,M. ,& Ney,H. (2004). Bootstrap estimates for confidence intervals in ASR performance evaluation. In *Proc. ICASSP* (pp. 409-412).

[5] Cascia,M. L. ,Sethi,S. ,& Sclaroff,S. (1998). Combining textual and visual cues for content-based image retrieval on the world wide web. In *IEEE workshop on content-based access of image and video libraries* (pp. 24-28).

[6] Craciunescu,O. ,Gerding-Salas,C. ,& Stringer-O'Keeffe,S. (2004). Machine translation and computer-assisted translation: a new way of translating? *Translation Journal*,8(3),1-16.

[7] Datta,R. ,Joshi,D. ,Li,J. ,& Wang,J. Z. (2008). Image retrieval: Ideas, influences,and trends of the new age. *ACM Computing Surveys*,40(2),1-60.

[8] Jelinek,F. (1998). *Statistical methods for speech recognition*. Cambridge: MIT Press.

[9] Koehn,P. ,Och,F. J. ,& Marcu,D. (2003). Statistical phrase-based translation. In *Proceedings of the HLT/NAACL* (pp. 48-54).

[10] Lease,M. ,Charniak,E. ,Johnson,M. ,& McClosky,D. (2006). A look at parsing and its applications. In *Proc. AAAI* (pp. 1642-1645).

[11] Likforman-Sulem, L. , Zahour, A. , & Taconet, B. (2007). Text line segmentation of historical documents: a survey. *International Journal on Document Analysis and Recognition*,9,123-138.

［12］Moran,S. (2009). *Automatic image tagging*. Master's thesis,School of Informatics,University of Edinburgh.

［13］Oncina,J. (2009). Optimum algorithm to minimize human interactions in sequential computer assisted pattern recognition. *Pattern Recognition Letters*, 30(5),558-563.

［14］Ortiz-Martínez,D. ,Leiva,L. A. ,Alabau,V. ,& Casacuberta,F. (2010). Interactive machine translation using a web-based architecture. In *Proceedings of the international conference on intelligent user interfaces*(pp. 423-425).

［15］Paredes,R. ,Deselaer,T. ,& Vidal,E. (2008). A probabilistic model for user relevance feedback on image retrieval. In *Proceedings of machine learning for multimodal interaction* (*MLMI*)(pp. 260-271).

［16］Pérez,D. ,Tarazón,L. ,Serrano,N. ,Castro,F. -M. ,Ramos-Terrades,O. ,& Juan,A. (2009). The GERMANA database. In *Proceedings of the international conference on document analysis and recognition* (*ICDAR*)(pp. 301-305).

［17］Plötz,T. ,& Fink,G. A. (2009). Markov models for offline handwriting recognition: a survey. *International Journal on Document Analysis and Recognition*,12(4),269-298.

［18］Ramos-Terrades,O. ,Serrano,N. ,Gordó,A. ,Valveny,E. ,& Juan,A. (2010). Interactive-predictive detection of handwritten text blocks. In *Document recognition and retrieval XVII* (*Proc. of SPIE-IS&T electronic imaging*)(pp. 219-222).

［19］Rodríguez, L. , Casacuberta, F. , & Vidal, E. (2007). Computer assisted transcription of speech. In *Proceedings of the Iberian conference on pattern recognition and image analysis*(pp. 241-248).

［20］Romero,V. ,Toselli,A. H. ,Civera,J. ,& Vidal,E. (2008). Improvements in the computer assisted transciption system of handwritten text images. In *Proceedings of workshop on pattern recognition in information system* (*PRIS*)(pp. 103-112).

［21］Romero, V. , Leiva, L. A. , Toselli, A. H. , & Vidal, E. (2009). Interactive multimodal transcription of text images using a web-based demo system. In *Proceedings of the international conference on intelligent user interfaces*(pp. 477-478).

［22］Romero,V. ,Leiva,L. A. ,Alabau,V. ,Toselli,A. H. ,& Vidal,E. (2009). A web-based demo to interactive multimodal transcription of historic text images. In *LNCS*: *Vol.* 5714. *Proceedings of the European conference on digital libraries* (*ECDL*)(pp. 459-460).

[23] Sánchez-Sáez, R. , Leiva, L. A. , Sánchez, J. A. , & Benedí, J. M. (2010). Interactive predictive parsing using a web-based architecture. In *Proceedings of NAACL* (pp. 37-40).

[24] Sanchis-Trilles,G. , Ortiz-Martínez,D. ,Civera,J. ,Casacuberta,F. ,Vidal,E. , & Hoang,H. (2008). Improving interactive machine translation via mouse actions. In *EMNLP* 2008: *conference on empirical methods in natural language processing*.

[25] Serrano, N. , Pérez, D. , Sanchis, A. , & Juan, A. (2009). Adaptation from partially supervised handwritten text transcriptions. In *Proceedings of the 11th international conference on multimodal interfaces and the 6th workshop on machine learning for multimodal interaction* (*ICMIMLMI*)(pp. 289-292).

[26] Serrano,N. ,Tarazón,L. ,Perez,D. ,Ramos-Terrades,O. ,& Juan,A. (2010). The GIDOC prototype. In *Proceedings of the 10th international workshop on pattern recognition in information systems* (*PRIS* 2010)(pp. 82-89).

[27] Smeulders,A. W. M. ,Worring,M. ,Santini,S. ,Gupta,A. ,& Jain,R. (2000). Content-based image retrieval at the end of the early years. *IEEE Transactions on Pattern Analysis and Machine Intelligence*,22(12), 1349-1380.

[28] Stolcke,A. (2002). SRILM—an extensible language modeling toolkit. In *Proceedings of the international conference on spoken language processing* (*ICSLP*)(pp. 901-904).

[29] Toselli,A. H. ,Juan,A. ,Keysers,D. ,González,J. ,Salvador,I. ,Ney,H. ,Vidal, E. ,& Casacuberta,F. (2004). Integrated handwriting recognition and interpretation using finite-state models. *International Journal of Pattern Recognition and Artificial Intelligence*,18(4),519-539.

[30] Trost,H. ,Matiasek,J. ,& Baroni,M. (2005). The language component of the fasty text prediction system. *Applied Artificial Intelligence*,19(8),743-781.

[31] Wang,J. Z. ,Boujemaa,N. ,Bimbo,A. D. ,Geman,D. ,Hauptmann,A. G. ,& Tesic,J. (2006). Diversity in multimedia information retrieval research. In *Proceedings of the 8th ACM international workshop on multimedia*

information retrieval (pp. 5-12).

[32] Young, S. , et al. (1995). *The HTK book*. Cambridge University, Engineering Department.

附部分彩图

	Input	(x)	Si alguna función no se encuentra disponible en su red
0	System	$(\hat{s})$	If any feature not is available on your network
1	Handwriting	(t)	If any feature | ᴕ
	System	(d)	in
	User	(p)	If any feature | **is**
	System	$(\hat{s})$	not available at your network
2	Handwriting	(t)	If any feature is not available | ᴕ
	System	(d)	in
	User	(p)	If any feature is not available in↑
	System	$(\hat{s})$	your network
3	User	(p)	If any feature is not available in your network #
	Output	(h)	If any feature is not available in your network

图 7.4

图 11.3

图 11.5

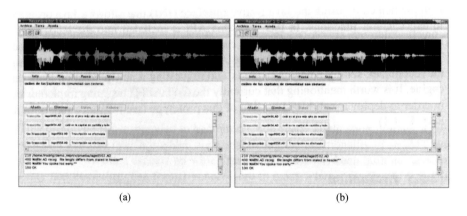

(a)   (b)

图 12.9

(a) 源文档示例，由 EuroParl 语料库创建

(b) 翻译示例文档，保留原始格式，未翻译语句高亮显示

图 12.10

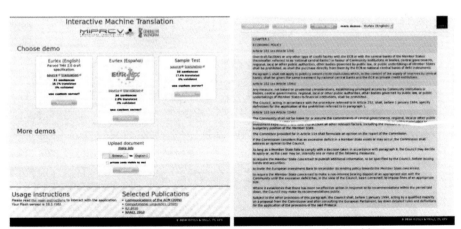

(a)IMT 索引

(b) 演示界面布局

图 12.11

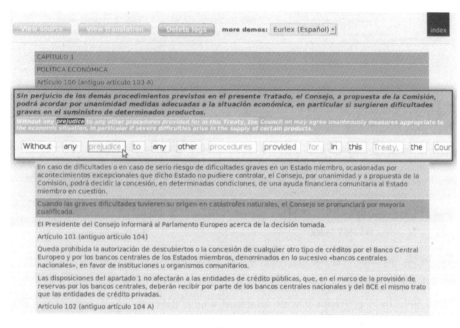

图 12.12

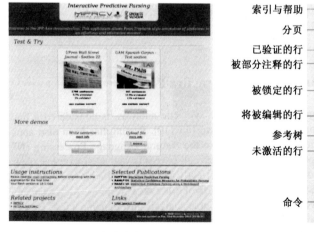

<table>
<tr><td>(a) 索引页面</td><td>(b) 界面部分</td></tr>
</table>

图 12.17

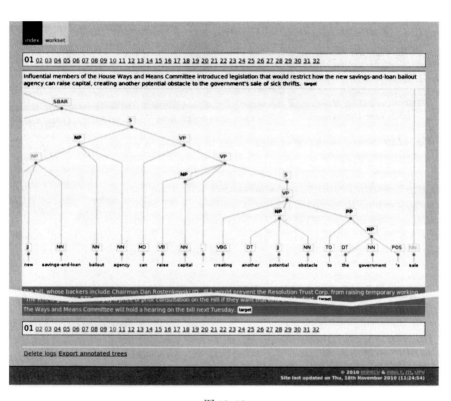

图 12.18

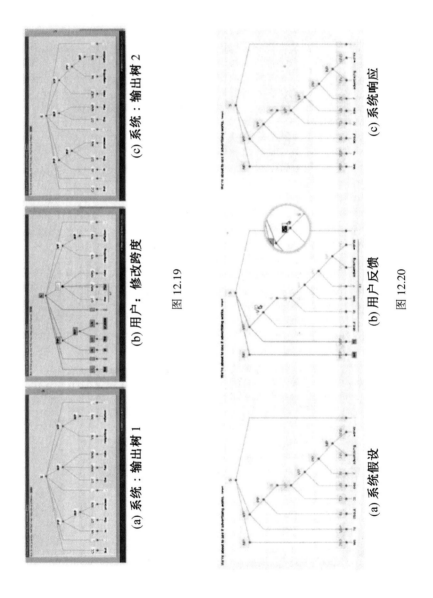

(a) 系统：输出树 1　　　(b) 用户：修改跨度　　　(c) 系统：输出树 2

图 12.19

(a) 系统假设　　　(b) 用户反馈　　　(c) 系统响应

图 12.20

266

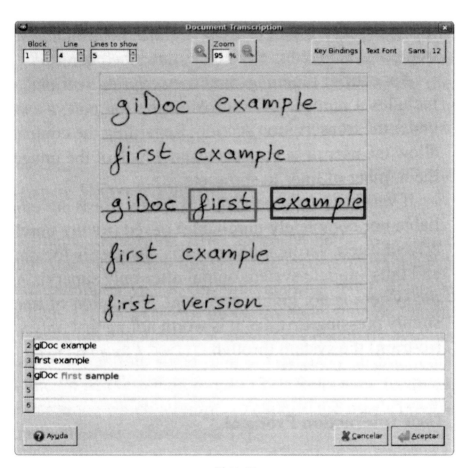

图 12.23

图 12.25

(a)   (b)

图 12.26